Psychedelics

The revolutionary drugs that could change your life – a guide from the expert

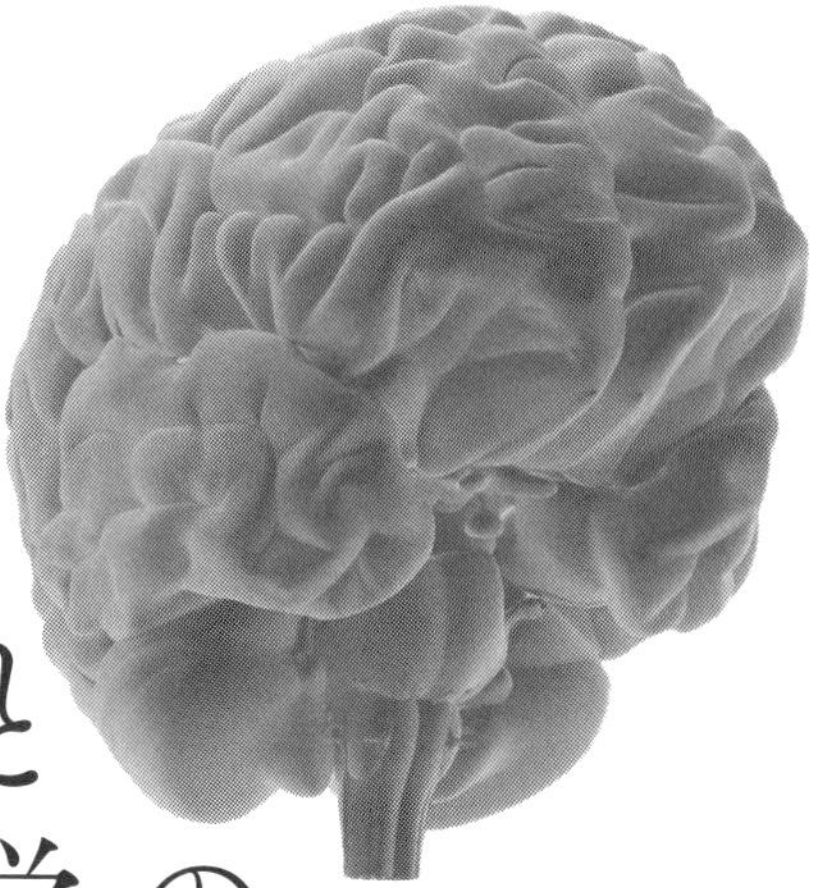

元・英国精神薬理学会会長、精神科医
デヴィッド・ナット
Professor David Nutt
鈴木ファストアーベント理恵［訳］

幻覚剤と精神医学の最前線

草思社

PSYCHEDELICS by Professor David Nutt

Published by arrangement with Rachel Mills Literary Ltd.
Japanese translation published by arrangement with Professor David Nutt
c/o Rachel Mills Literary Ltd through The English Agency (Japan) Ltd.

幻覚剤と精神医学の
最前線

目次

著者は、いくつかの幻覚剤を医学的治療に用いることを提唱するとともに、幻覚剤の医学的有用性に関する研究を推進している。しかしながら、本書の内容は医学的アドバイスとしてとらえるべきではなく、かかりつけ医や専門医の指示を受けることなく実践すべきではない。健康に関するすべての事柄は、服用する薬を含め、かかりつけの医師と相談すること。

英国においても日本においても、嗜好用の幻覚剤所持は依然として違法であり、本書のいかなる記述も、娯楽目的での違法な幻覚剤使用を奨励するものではない。著者および出版社は、本書に掲載された物質がいかなる人物により使用された場合であっても、直接的、間接的を問わず、生じたあらゆる事態に対して責任を一切負わない。

［編集部注記］

◆幻覚剤はいわゆる規制薬物である。規制薬物にはさまざまなものがあり、精神および身体に与える影響の観点からは、大まかに次のように分類される（『令和2年版犯罪白書』を参考に作成）。

①精神刺激薬――アンフェタミン、メタンフェタミンなどの覚醒剤。コカイン、ＭＤＭＡもここに分類される。

②中枢神経抑制薬――アヘン、モルヒネ、ヘロイン、フェンタニルなどのオピオイド。ベンゾジアゼピン型薬剤などの鎮静薬・睡眠薬。

③幻覚薬――ＬＳＤ、メスカリン、サイロシビンなど。解離性麻酔薬のケタミンもここに分類される。ＭＤＭＡは幻覚薬にも分類される。

④大麻――マリファナなどの乾燥大麻やハシッシュなどの樹脂状大麻ほか。

⑤危険ドラッグ――右記の①～④の薬物などに化学構造を似せてつくられ、それらと同様の薬理作用を有するものが含有されている。精神・身体に与える影響が十分わかっていない危険ドラッグも多い。

⑥有機溶剤――トルエン、酢酸エチル、メタノールなど。

本書で扱う「幻覚剤」とは、このリストの③に該当するものである。

◆本文中の〔　〕で囲まれた部分は、訳者による注記。ルビ扱いで入っている数字は原注番号で、原注は巻末にある。

◆引用されている文章の訳文は、本書訳者によるものであり、各書籍等の日本語版にある訳とは異なることがある。

はじめに

幻覚剤（サイケデリクス）が、神経科学と精神医学に新たな革命をもたらそうとしている。ここ数年の間に、幻覚剤を取り巻く世界は劇的な変化を遂げた。ニクソン大統領によって1960年代の米国で火蓋が切られた「麻薬戦争」は、薬物を取り締まる世界的な闘いへと発展し、幻覚作用を持つ化合物も50年にわたり極めて厳格に禁止されてきた。

ところが、その米国でも今では、2、3年以内にサイロシビンとMDMA（別名エクスタシー）が医薬品として位置づけられるようになるだろうとバイデン大統領が明言している。数年のうちにヨーロッパもそれに続くと期待されている。米国とカナダの一部の町や州では現在既に、マジックマッシュルームが合法となっている。本書執筆中の2023年2月、オーストラリアでは薬品・医薬品法が改正され、2023年7月1日づけでサイロシビンとMDMAの医療目的での利用が認められることになった。米オレゴン州では間もなく、マジックマッシュルームに含まれるサイロシビンが、同州内で認可を受けたクリニックで使用できるようになり、米カリフォルニア州とカナダのコロンビア州でも近く同様の措置が取られる見込みだ。

この精神薬理学の新たな取り組みこそが、私が過去15年の研究キャリアを通して力を注いできたテーマであり、私のもっとも重要な研究成果でもある。2018年、ロビン・カーハート＝ハリス博士（現在は教授）と私はともに、世界初となる幻覚剤の学術研究センターを設立し、ケタミン、LSD、マジックマッシュルーム、MDMAを含む幻覚剤研究の、グローバル規模でのリバイバルの一端を担った。かつてこれらのカテゴリーの薬物は危険で依存性があると考えられ、単なる研究でさえ科学者としてのキャリアの階段からの転落につながりかねなかったが、今日では、神経科学と精神医学における革命的存在へと驚くべき発展を遂げているのだ。

2006年、私たちの研究グループはベックリー財団（Beckley Foundation）の協力のもと、幻覚体験の特性の根底にある脳の機能をより深く究明することを目指していた。その頃は、自分がじきに幻覚剤をうつ病の治療薬として利用する研究の助成金申請書を書くことになるなどとは、夢にも思っていなかった。その研究は、私のキャリアにおいて最大の驚きをもたらした。60年代のサイケデリック運動を牽引したティモシー・リアリー博士（米国の心理学者。1920－1996）は、「Turn on, Tune in, Drop out（スイッチを入れ、波長を合わせ、脱落せよ）」と唱えた。しかし研究の結果、思いもよらぬことに、幻覚剤はこれっぽっちもスイッチを入れないことがわかったのだ。もう少し正確に述べるなら、幻覚剤は、脳のスイッチを「オン」にするのではなく、脳の一部、特に抑うつ的な思考を促す領域を「オフ」にしたのである。この発見から得られた洞察こそが、私たちを治療抵抗性うつ病患者（複数の抗うつ薬を一定期間使用しても改善しないうつ病を患う患者）を対象とした研究へと導いた。そしてそれら一連の研究から、サイロシビンによる1度のトリップ（幻覚体験）が、単一の治療法としてこれまでのもっとも効果があり、けっして少なくない人が苦しんでいる治療抵抗性うつ病患者の困難な症状を改善することが明らかになった。

幻覚剤は、心的外傷後ストレス障害（PTSD）、強迫性障害（OCD）、摂食障害、一部の疼痛など、うつ病以外の症状に対する治療としても期待されている。従来の治療では効果が得られなかったり、不十分だったりする患者の大多数に、そして精神科医や心理学者にも、幻覚剤は希望を与えている。なにせ、精神科治療の分野における50年ぶりのブレークスルーなのだ。神経科学と脳画像技術の飛躍的な進歩にもかかわらず、長年、治療法に顕著な進化は見られなかった。幻覚剤に似た効果を持つケタミンは、既に治療抵抗性うつ病の治療に用いられている。これが可能なのは、ケタミンが多くの国で何十年も麻酔薬として使用されてきた経緯があり、幻覚剤やMDMAとは異なり、医薬品として認可されているためである。

私たちのグループは、世界有数の幻覚剤研究拠点となった。特に、脳画像を用いた幻覚剤療法のメカニズムや意識に与える影響の理解において、草分け的存在になっている。それというのも幻覚剤は、大きな可能性を秘めた薬であると同時に、脳のメカニズムや意識に関する理解を深めるためのツールでもあるからだ。まさに、ウィリアム・ジェイムズ〔米国の心理学者・哲学者。幻覚物質の影響について著述した最初の学者として知られる。1842－1910〕が100年以上前、幻覚体験の後に述べているように。

「私たちの、普段目覚めているときの意識は……それは1つの特殊な形の意識に過ぎないのだが……その意識の周りには、極めて薄い膜によって隔てられた、まったく異なる、潜在的な意識の形態が存在する……このような別の形態の意識をすっかりないがしろにしたままでは、森羅万象を全体として説明する試みは、最終的なものとはなり得ない。潜在的な意識をどのようにとらえるか、これが問題だ。なぜなら、それは通常の意識とは、あまりに連続性がないためである」

私もジェイムズに同意する。これらの変性意識状態は、亜原子粒子の研究や宇宙の起源の探究に匹敵するほど重要な科学の問いである。現代の神経画像技術により、幻覚剤がさまざまな脳領域におよぼす影響を可視化できるようになった。そして何より、トリップ中からトリップ後にかけて、これらの領域間の結びつきに生じる変化を調べることもできる。

幻覚剤影響下の意識研究における脳画像技術は、素粒子物理学にとっての大型ハドロン衝突型加速器のようなものだと言って差し支えないだろう。そして素粒子物理学と同様に、私たちもまた、真の理解へと続く旅路の出発点に立ったばかりだと感じている。以下は、20世紀前半の英国の医学者J・B・S・ホールデン〔1892－1964〕の言葉だ。「さて、私の疑念は次の通りだ。宇宙は私たちが想像しているよりも奇妙であるだけでなく、私たちが想像できる範囲を超えて奇妙なのではないか……」。脳についても、これと同じことが言えるのではないだろうか。

第1章 幻覚剤研究のルネサンス

今や幻覚剤はうつ病治療研究の中心的存在

私たちは今、精神医学の革命の入り口にいる。禁止され、犯罪扱いされ、汚名を着せられて50年、ついに科学は幻覚剤が通常は危険でも有害でもないことを証明しつつある。それどころか、検証された安全かつ倫理的なガイドラインに従って使用すれば、精神医療における次の革命になり得るのだ。

皆さんが本書を手に取ったのは、治療抵抗性うつ病に対するサイロシビンの画期的な研究について耳にしたからだろうか。それとも、心的外傷後ストレス障害（PTSD）の治療薬としてMDMAが使われていることを知ったからかもしれない。2023年7月1日以降、オーストラリアではサイロシビンとMDMAの両方が医薬品となり、[1]米国とカナダでも医療目的でのMDMAの使用が承認間近だ。

伝統的な幻覚剤アヤワスカを用いたアマゾン地域でのリトリートツアーに参加して精神状態が劇的に改善したと語る友人の話から、この本に興味を持った読者もいるかもしれない（リトリートとは、日常を離れて内省や黙想など自分の心身に向き合う静かな時間を過ごすこと」。あるいは、LSDやマジックマッシュルームを微量摂取（マイクロドージング）してみたところ、生産性や創造性が高まったり、気分が良くなったりしたことがきっかけだろうか。幻覚剤の摂取が本当に安全なのか、実際に効果があるのか、いぶかしく感じている読者もいよう。もしかしたら、オランダ、ジャマイカ、米国のオレゴン州やコロラド州など、幻覚剤の使用が認められている国や地域に旅行して、合法的にその恩恵にあずかることに価値があるかどうか検討している最中だろうか。

本書は、15年にわたる研究と科学イノベーションの成果をまとめたものである。マジックマッシュルーム（サイロシビン）、アヤワスカ、LSDを含む、幻覚剤と幻覚剤類似薬物に関する皆さんの疑問に答えていく。これらの薬物は現在、うつ病、依存症、PTSD治療研究の中心を占めており、さらに強迫性障害、摂食障害、一部の疼痛の症状に対する効果も有望視されている。

この本で取り上げるのは、薬物だけではない。幻覚剤と心理療法を組み合わせ、両方の治療法の長所を引き出した新しいアプローチにより、精神疾患の治療でも最良の結果が得られる。私は、神経科学者であり精神薬理学者（薬物と脳を研究する職業だ）であると同時に、精神科医でもある。だからこそ、これらの薬剤が、既存の治療では効果がなかったり、不十分だったりする患者の多くに有効な治療という希望をもたらしていること、それがどれほど重要であるかをよく理解している。

各章を通して、インペリアル・カレッジ・ロンドンの私の研究グループによる発見、たとえば、幻覚剤が脳にどのように作用し（第4章）、幻覚剤が現在の臨床精神医学の標準である抗うつ薬とはまったく異なる働きをすること（第5章）などを説明していく。1つの疾患の治療に際して、医学的アプローチの選択肢が多いほど、患者がより良い結果を得られる可能性が高まるため、これは大事なことである。従来の薬は効果が現れるまで数週間、時には数カ月かかるのに対して、幻覚剤は即効性があり、通常、わずか数回の服用で効果が得られることが研究で明らかになっている。つまり、短期間で患者を回復させることができるのだ。これまでの精神医学分野の治療では、まず考えられなかったことである。

幻覚剤研究が実質的に禁止されるまでの歴史

幻覚作用を持つこれらの薬物は、50年もの間ほとんどの国で違法であったにもかかわらず、今では、医学の世界のみならず、文化、学術、そしてビジネス界にも姿を見せるようになっている。その契機になったのは、ネットフリックスのドキュメンタリーシリーズにもなった、マイケル・ポーランの優れた著作『幻覚剤は役に立つのか』である。最近では、ヘンリー王子が著書『Spare（スペア）』の中でアヤワスカやマジックマッシュルームの体験についてオープンに語っている。しかし、幻覚剤が近い将来に医薬品として認められるために重要な点は、医学界の主流派もこの波に乗りつつあるということだ。米国精神医学会の前会長であるポール・サマーグラッド教授は、自身を精神医学の道へと導いたのは、昔のLSD体験だったと述べている。

「自分自身に対する考えをも変えてしまうほど、深遠な、神秘的な体験であった。それ以来私は、神経生物学と意識についてよく考えるようになった。もしこのようなごく少量の薬物で人間の知覚をこれほど大きく変えることができるのだとしたら、心と脳の関係を理解するうえで、これは何を意味するのだろうか。さらに精神医学に関連して言えば、精神疾患の病因を理解するうえで、これは何を意味するのだろうか」[2]

幻覚剤研究ルネサンスの最初の波は、私の大学を含む、複数の大学で新たに立ち上げられた研究グループによって引き起こされた。それに、専門製薬企業を中心とする第2の波が続いた。幻覚剤研究に注力した企業のいくつかは現在、数十億ドルの企業価値があると評価されている。幻覚剤研究が主流派によって受け入れられているのは、今まさに権力の座にある世代が、若い頃に幻覚剤を試した経験を持つからかもしれない。そのような経験を最初におおやけにした人物の1人がスティーブ・ジョブズだ。ＬＳＤは人生でもっとも重要な経験の1つだった、と語っている。「ＬＳＤが私に与えた影響を表現する言葉を持ち合わせていない。だがあれは、私の人生を一変させるポジティブな経験であり、経験できて良かったと思っている」[3]

1960年代に幻覚剤が脚光を浴びるようになるまでのストーリーには、つい引きこまれてしまう。1943年に、幻覚剤としてのＬＳＤの効果が発見されたのは偶然だった。ＬＳＤを合成した科学者アルバート・ホフマンが、ＬＳＤに指先で触れ、誤って口にしてしまったのだ。[4]

ホフマンはその後、マジックマッシュルームに含まれる同様の有効成分が、サイロシビンであることも突き止めている。今では想像しがたいが、ホフマンが勤めるスイスの製薬会社であるサンド社は1950年代、これらの化合物をそれぞれデリシッド、インドシビンと名づけ、商用化を目指し、世界中の研究者たちにサンプルを提供して医療用途での活用方法を探った。

その結果、1950年代から1960年代にかけて第1次幻覚剤研究ブームが起こり、何百もの臨床試験が行われ、幻覚剤、とりわけＬＳＤに関する症例報告は数千件に上った。[5] 米国政府の研究助成機関である国立衛生研究所（ＮＩＨ）がこの時期に幻覚剤研究へ拠出した研究助成金は、１３０件を超えると推定されている。[6]

幻覚剤は、生物学的精神医学の発展に著しい変化をもたらした。化学物質が精神と脳を混乱させ得るという事実が明らかになったことで、精神障害を薬によって治療できる可能性が示されたのである。

現代の精神医学研究は、これらの初期の研究の上に成り立っている。精神科医は、患者が抑圧された記憶や感情にアクセスできるようにするため、また心理療法でなかなか前に進めない患者の心のブロックを取り払うために、幻覚剤を使い始めた。「精神の顕現」を意味する、サイケデリクス（Psychedelics、幻覚剤の意）という呼称が生まれたのも、この頃のことである。第7章で取り上げるが、もっとも成功した幻覚剤の応用例の1つがアルコール依存症の治療であった。

20世紀半ばの幻覚剤研究には暗部もある。米国の幻覚剤研究の大半は、米中央情報局（ＣＩＡ）、軍部、その他の政府機関によって行われるか、これらの組織から資金援助を受けていた。彼らは兵士と民間人の両方を対象に、同意のうえで、時には同意なしで、ＬＳＤ実験を行った。幻覚剤を冷戦時代の兵器として利用できるかを探るためだ（ＭＫウルトラ計画。第13章を参照）。ソ連がＬＳＤを化学兵器に転用し、西側諸国の兵士に散布して無能力化しようとしているだとか、水道水に混入させて都市全体を麻痺させようとしているといった噂がまことしやかに囁《ささや》かれていた。[7,8] この種の恐怖が西側諸国での幻覚剤研究を加速させた。英国軍も例外ではなく、独自の実験を行った。これらの研究の多くは、当時の基準に照らしてもけっして倫理的ではなかったが、幻覚剤が脳に与える影響に関する研究の端緒を開いたと言える。

1960年代に、LSDが研究室の外に持ち出されたことで、芸術や音楽の分野で創造性が爆発し、政治改革を求める運動が激しさを増していった。米国では、サンフランシスコのハイト・アシュベリー地区が若者たちの新たなカウンターカルチャー運動の中心となり、彼らは「スイッチを入れ」、普段の生活から「脱落《ドロップアウト》」していった。ベトナム反戦運動、環境保護運動、公民権運動が展開され、そして当時は「ウーマンリブ」と呼ばれたフェミニズムが生まれた。

サマー・オブ・ラブ〔ヒッピー・ムーブメントのピークを指す〕として知られる1967年に中等教育を終えた私は、これらの運動に参加するには少し遅かった。その代わり、学校の授業参観の日に、ささやかな反抗としてLSD化合物の球棒モデルを作ったことがある（本当は、得意だった化学の授業でLSDそのものを作りたかったのだが）。あの頃は、世界がポジティブな方向に変化しているという感覚につねに包まれていたように思う。「Make Peace, Not War（戦争ではなく平和を）」が良いことだと理解するのに、LSDを摂取する必要はないのだ。

サンフランシスコの「ヒューマン・ビーイン（人間らしさの回復）」の集会を皮切りに、音楽フェスティバル（フェス）が次々と開催されるようになった。音楽は、初めて幻覚剤を体験する多くの人にとって重要な役割を果たした（第6章で、幻覚剤療法において音楽が重要な理由を説明する）。ドラッグは、グレイトフル・デッド、ドアーズ、ジミ・ヘンドリックス、そしてビートルズの『サージェント・ペパーズ・ロンリー・ハーツ・クラブ・バンド』を生み出した。マジック・アシッド・テストのバスツアー〔作家ケン・キージーが率いたLSD普及活動。LSDはアシッドとも呼ばれる〕が始まり、平和、愛、音楽という急進的なメッセージを広めていった。

ポール・マッカートニーは後年、LSDに似た効果を持ち短時間で幻覚を引き起こすジメチルトリプタミン（DMT、第2章参照）を摂取するまでは、無神論者であったと告白している。「たちまちソファから動けなくなった。そして神を見たんだ。驚くほど巨大にそびえ立つ神を。恐れを感じたよ」と述べている。そして、そのとき目にしたものをこう表現した。「とてつもなく大きな……てっぺんが見えないほど巨大な壁で、僕はその足元にいた」[9]（幻覚剤のスピリチュアルな側面については、第9章で詳しく説明する）

そして1967年、米国ではLSDが、スケジュール1（規制物質法により米国では薬物がスケジュール1から5に区分され、もっとも危険性と依存性が高く医療用途がない薬物が1に該当する）の薬物として禁止されることになった。非常に危険で毒性があり、有用な医療用途など持たない薬物だという烙印を押されたのだ。米国当局は世界規模での幻覚剤禁止キャンペーンを主導し、わずか数年後、1971年に採択された国連の薬物に関する条約でも、LSDはスケジュール1に分類されるに至った。そしてほとんどの国が、国連の動きに追随した。サイロシビンやメスカリンといった他の幻覚剤も、有害性はおろか使用に関するエビデンスがほとんど存在しないにもかかわらず、禁止薬物に含まれることになった。

歴史を振り返れば、幻覚剤はその有害性を理由に禁止されたわけではなかったことがわかる。非合法化されたのは、幻覚剤が世界の重大問題に対する人々の考え方を変えようとしていたからであり、体制側がそれを恐れたからであった。幻覚剤には、治療の助けにならない思考を改めさせる力があり、それがうつ病や依存症を含む心理的な問題の治療に非常に役立つことが判明している（第5章および第7章を参照）。しかし、当時の政権に対して、とりわけ軍事・外交政策や資本主義の優位性について異議を唱える社会的混乱と幻覚剤が結びついたとき、権力の座にある人々には、幻覚剤の特性に価値

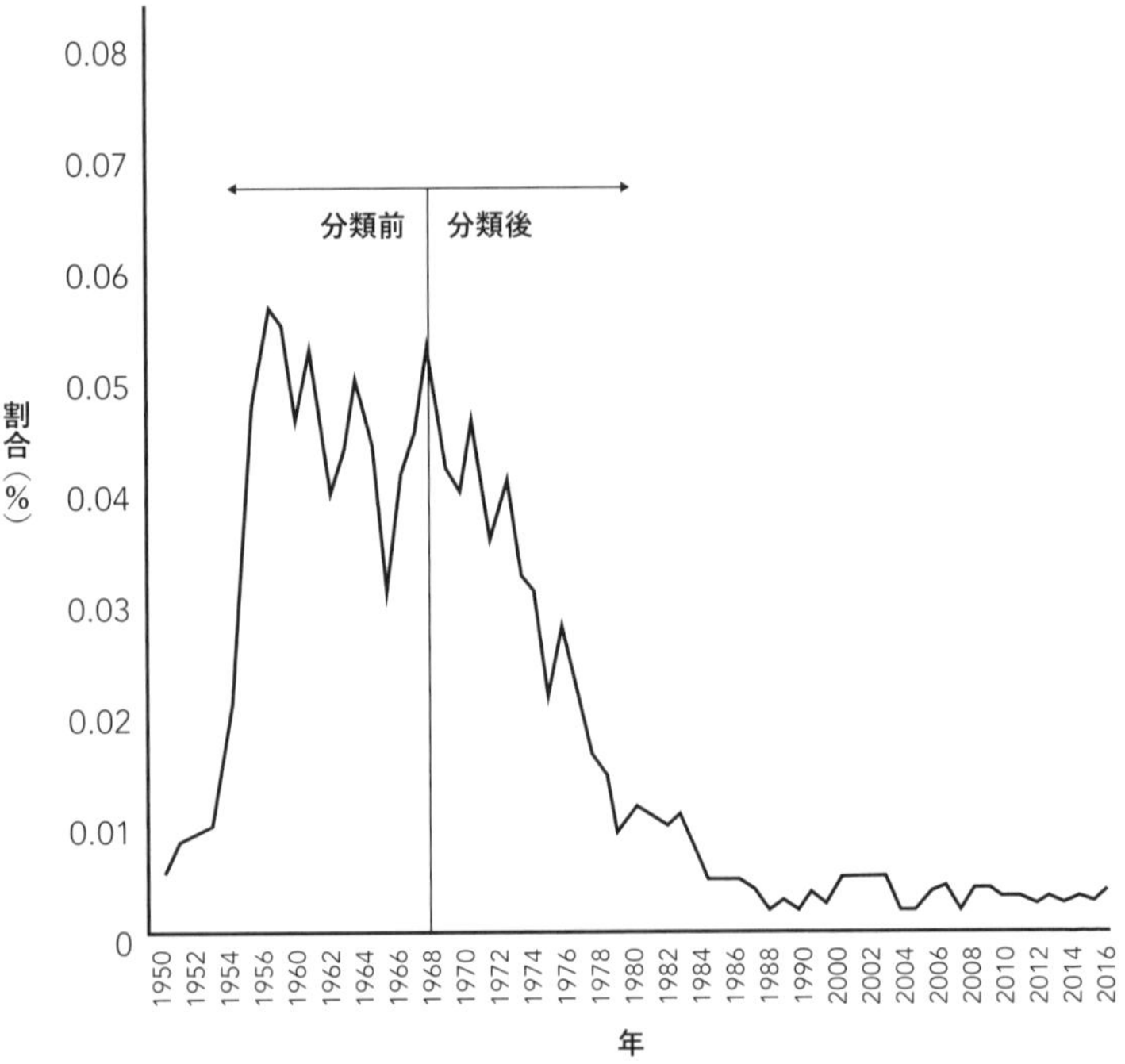

図1＿スケジュール1への分類が幻覚剤研究論文に与えた影響（1950~2016年）

出典：Adapted from Rucker JJH, Iliff J, Nutt DJ, 2018, Psychiatry & the psychedelic drugs. Past, present & future, *Neuropharmacology*, Vol: 142, Pawges: 200-218, ISSN: 0028-3908

があるようにはとても思えなかったのである。幻覚剤の非合法化は、米国政府が社会不安をコントロールする力を取り戻すための試みだったのだ。言い換えれば、ベトナム戦争の反対運動を犯罪扱いすることはできないので、代わりにLSDを禁止したというわけだ。

これらの薬物が、スケジュール1に分類されるべきでなかったことは明白だ。それほど危険なものではなかったし、医学的な用途だってあったのだから。反戦運動は最終的にベトナム戦争を終結させたが、幻覚剤は今に至るまで禁止されている。

スケジュール1に分類されたことによって、幻覚剤研究は50年以上にわたり、実質的な検閲を受けることになった。科学研究の数は、ゼロまで減少したと言っても過言ではない（図1）。それまでの研究は一転、違法かつ危険なものと見なされるようになり、無視され、許容される精神医学研究ではなくなった。

私が精神科医としての研修を受けていた1970年代には、幻覚剤に関する肯定的な研究結果を耳にしたことはなかった。幻覚剤の禁止を正当化するために、政府は、幻覚剤が実害リスクをともなうことを明らかにする研究に財政的支援を与えた。そのため、すべての研究が幻覚剤のネガティブな面に焦点を当てるようになった。メディアが広める恐怖を煽るようなストーリーも、この流れに一役買った。たとえば、LSDを摂取すると失明するまで太陽を見続けることになるとか、空を飛べると思って窓から飛び降りることになるといった類のものだ。LSDが染色体を傷つける、青少年を堕落させると警告する記事もあった。そして何より、トリップしたまま元に戻れなくなったり、正気を失ったりする可能性について警鐘を鳴らしたのであった（詳細は第13章を参照）。

人類は先史時代から幻覚剤を摂取してきた

幻覚剤の悪評は今も根強い。そこで本書では、いくつかの神話や誤解の払拭にも努めていきたい（第12章および第13章を参照）。強力な薬物であり、取り扱いに慎重を期す必要がある点はその通りだ。

だが、ほとんどの人がいまだに、これらの薬物は非常に危険で依存性があり、医学的価値がないという主張を頑なに信じている。私は、上級レベルの精神薬理学者や精神科医をはじめ、専門家と呼ばれる、本来ならば科学的知見をより深く正確に理解しているべき人たちの啓蒙にたくさんの時間を費やしている。国連の方針に反するとして、英国ではこれらの薬物を医薬品として扱うことはできないと思いこんでいる政治家や官僚もいる。だがそれは誤りだ。薬物に関するセンセーショナルな、恐怖を煽る記事を好んで発信する一部のメディアも今なお健在だ。

幻覚剤の違法性と実際の害の間に非常に深い溝が存在することを思い知ったのは、1990年代に政府のアドバイザーとして働き始めたときだった。

たとえば英国では、毎年秋のマジックマッシュルームの生育シーズンになるとおそらく100万人ほどがこれを採取して、使用していた。ところが2005年、生のマジックマッシュルームはヘロインやコカインと並んで、ただ所持するだけでもっとも厳しい罰則が科されるクラスAに分類された(乾燥マジックマッシュルームは、それ以前からクラスA扱いであった)。

このときのマジックマッシュルームの安全性に関する評価は明らかに論理的でなかった。人類がさまざまな植物を採取するようになったそのときから、マジックマッシュルームを利用していたことを示す証拠がある。意識を変えるため、快楽や逃避のため、そしてさらに、より深い部分で自分の脳の可能性を探究するため、さらには成人の儀式のため、集団の結束のため、精神的および宗教的な理由のために使ってきたのだ。

先史時代にさかのぼれば、たとえばヒンドゥー教の起源はソーマ(後に、オルダス・ハクスリー(1894－1963)が小説『すばらしい新世界』で人々に多幸感をもたらす薬物にこの名前を使っている)

という総称で知られる、精神の変容をもたらすさまざまな薬の使用にあるという説がある。非常に古い文献にわずかな記述があるだけなので、ソーマの正確な配合は不明であり、今も議論が続いている。幻覚キノコの専門家であるR・ゴードン・ワッソンは、サイロシビンを含むマジックマッシュルームやアマニタ・ムスカリア〔ベニテングタケ〕（フライ・アガリクスとも呼ばれる。第3章を参照）などの幻覚キノコ、カンナビス〔大麻のこと〕などの他の植物の抽出物が含まれていたと考えている。[10]

これとほぼ同時期にあたる紀元前1500年頃、古代ギリシャ人も、女神デメテルとその娘ペルセポネを祀る秘密の宗教的祭典で幻覚剤を使用していたと言われている。エレウシスの秘儀と呼ばれ、紀元前1600年頃から2000年もの間、毎年行われた。10日間の祭りの間、人々は断食をしながら、アテネからエレウシスのデメテル神殿まで11マイル〔約18キロ〕を徒歩で移動する。そしてその後に、神聖なサイケデリック飲料であるキュケオーンを飲むのだ。キュケオーンはワインに穀物由来の麦角菌を加えたものと考えられており、LSDに似た分子が生成される。[11]

近代における幻覚剤使用の証拠はまず、南米を侵略したスペインの征服者たちからもたらされた。彼らは、南米と中米の複数の地域で、マジックマッシュルーム、アヤワスカ、メスカリンなどの幻覚薬物が使用されていると報告している。スペイン人は、精神作用のある植物に関する記録や知識を跡形もなく消し去ろうとし、使用した者は死刑としたが、[12]幻覚剤の使用習慣はスペイン人たちの攻撃に順応するように姿を変えながら存続した。実際、征服者たちが生き残った人々にスペインの言葉と文化を強要すると、先住民たちはメスカリンの使用をやめるどころか、痛快なことに、サボテンに天国の門番・聖ペテロにちなんだサンペドロという名前を与えたのである〔メスカリンはサボテンから抽出される〕。近年では、古代のアヤワスカ宗教儀式の人気が世界的に広まっている。

南米の歴史は、２０００年代に私が英国政府の薬物乱用諮問委員会（ＡＣＭＤ）で行っていた仕事を思い起こさせる。その頃、政府が人々に使用をやめさせようとして苦戦していた薬物はＭＤＭＡ（エクスタシー）だった。私たちの委員会による公式調査の結果によれば、エクスタシーは悲しいことに若者の死亡の原因となっていたものの、その分類が示唆するほどには危険でないことが明らかだった。ＭＤＭＡはクラスＡに位置づけられていたので、もっとも重い刑罰が科された。このことが動機となり、私は、薬物の有害性に関する科学的エビデンスに基づいた、公正で論理的な薬物法の制定のための活動に取り組むことになった。

第12章でも触れるが、２００９年、私は同委員会の委員長職を罷免された。さまざまな薬物の相対的な有害性について忖度することなく発言し、特にＭＤＭＡの有害性が誇張されていると公言したためである。これを機に、薬物の害を評価する、信頼に足る手法の考案にも着手した。

そして3年後、研究を通して私は、ＭＤＭＡの臨床試験が安全であること、それはサイロシビンについても同様であると確信するに至った。

第6章と第12章で説明するように、過去15年にわたる研究によって、幻覚剤の有用性と有害性に関する体系的かつ詳細な分析が積みあげられてきた。医薬品と同じように適切に使用すれば、危険ではないことが示されている。使用にともなうリスクは、慎重に用いられる限り、医薬品への格上げを阻む障害にはならない。実際のところ、すべての医薬品は不適切に使用されれば危険なのである。

幻覚剤は脳科学にとっても重要なツール

私が幻覚剤の研究を始めたのは、脳と意識についてもっと知りたいと考えたからだった。精神薬の合成で有名な薬理学者であり化学者、ドクター・エクスタシーの愛称を持つアレクサンダー（サーシャ）・シュルギン〔1925－2014〕の言葉を借りるなら、「私は絶えず、精神プロセスの機械構造に関心を持っていた」[13]のだ。

幻覚剤は、どのような種類の薬物と比べても、もっとも深淵かつ興味深い方法で脳を変化させる。とりわけ雄弁に、そして説得力ある洞察を持ってこの深遠な作用に関して述べたのはオルダス・ハクスリーで、その文章は1954年の革命的な著作『知覚の扉』に見出すことができる。ハクスリーの発想は、脳に関する理解がまだあまり進んでいない時代に書かれたにもかかわらず、後の科学研究の展開を暗示する予見的なものであり、非常に刺激的である。

普段の知覚の決まりきった枠から振り落とされ、永遠のように感じられる数時間、自分の内面と外の世界を見せられる。それも、生き残りのことばかりを考える動物としてではなく、言葉や考えに取り憑かれた人間でもなく、遍在精神（Mind at Large）によって直接的かつ無条件に理解する存在として。これはすべての人にとって、とりわけ知識人にとって、計り知れない価値を持つ経験である。[14]

1950年代、アルバート・ホフマンは、マジックマッシュルームの有効成分であるサイロシビンが神経伝達物質セロトニンに似た化学構造を持つという結論を導き出し、さらにLSDも部分的にそれに似ていると推論した。[15] だが当時は、セロトニンの脳内での役割や作用についてはまったく解明されていなかった。

脳科学に大きな転機が訪れたのは１９７０年代だ。脳は大部分が化学反応の集合体であり、機械のようなものであることが発見されたのである。私たちの思考や機能、プロセスを生み出す情報は、電気を介してニューロンに伝わり、神経伝達物質（セロトニンを含む化学物質群）を使ってニューロン間の隙間（シナプス）を飛び越えるのだ。

その後、遺伝子クローニングと呼ばれる新しい技術によって、脳内には15種類のセロトニン受容体があること、幻覚剤がそのうちの１つである５－ＨＴ２Ａ受容体（単に２Ａ受容体とも呼ばれる）に結合することで、典型的な幻覚作用が生じることが知られるようになった。

幻覚剤は精神を混乱させるので、人間の意識、そしてより重要なことに、私たちの気分におけるセロトニン受容体の役割を理解するうえで、また、人間の精神の働きに対するセロトニンの全体的な貢献を知るうえで、重要なツールとなる。

現代の私たちには、幻覚剤が受容体に結合すると何が起こるかを明らかにする神経画像技術という武器がある。脳磁図（ＭＥＧ）を使えば、電気的な活動である脳波を目で確認することができるのだ。

また、機能的磁気共鳴画像法（ｆＭＲＩ）は、幻覚剤によって脳のさまざまな領域がどのように変化し、またそれらの領域間のつながりがどのように変わっていくかを明らかにする。陽電子放射断層撮影法（ＰＥＴ）は、薬物が脳のどこへ届き、脳のどの部分に結合し、どのくらい脳内にとどまるかを見せてくれる。

幻覚剤は今なおスケジュール１に指定されているため、このような研究を行うためには、コスト面をはじめ、数々の障害が立ちはだかる。幻覚剤が50年にわたり禁止され続けてきたことにより、幻覚剤研究には50年分の穴が開いている。その影響は世界中におよんでおり、これは史上最悪の研究検閲と言える。今日、幻覚剤が医薬品に位置づけられようとしている事実は、幻覚剤はそもそも禁止されるべきでなかったことを示している。医療目的はもちろんのこと、おそらく娯楽目的の使用であったとしても。精神疾患や依存症を抱える人々は、50年もの間、利用できるはずだった最良の治療を受けることが叶わなかったのだ。

本書は、この検閲を覆すための、幻覚剤ルネサンスのための1つの試みである。現代科学でもっともエキサイティングな分野の1つだ。最終ページに到達する頃には、私がそう断言する理由を理解してもらえると信じている。

第2章
幻覚剤とは何か
古典的幻覚剤：LSD、マジックマッシュルーム、アヤワスカ

古典的幻覚剤はいずれも2A受容体に作用する

本章のサブタイトルに列挙した薬物ファミリーの顔ぶれは、一見、互いに何の関連性もないように思えるかもしれない。LSDやマジックマッシュルームだけでなく、南米で儀式の際に用いられるお茶であるアヤワスカも含まれている。これは現代のスピリチュアル探索者たちが好んで使う薬物だ。それに「神の分子」と呼ばれるトード〈ヒキガエルの意〉もここに分類される〈名前の通り、ヒキガエルから分泌される幻覚剤だ〉。そして最後にメスカリン。メスカリンは、化学的に同定された最初の幻覚剤であり、ハンター・S・トンプソン〈米国の作家、ジャーナリスト。1937－2005〉が小説『ラスベガスをやっつけろ』で描いた「アメリカを横断する野蛮な旅」で、トランクいっぱいに詰めこんだドラッグの1つである。

それぞれの生い立ちや歴史、評判は大きく異なれども、古典的な幻覚剤はすべて同じ働きをする。セロトニン作動性幻覚剤という別名が、その仕組みを物語っている。古典的な幻覚剤の個々の分子は、

その構造の一部がセロトニンに類似しており、脳や腸にあるセロトニン受容体の1つ、あるいは複数に結合することができるのだ。セロトニン（5－ヒドロキシトリプタミン、略称5－HT）は神経伝達物質であり、睡眠、記憶と学習、気分と感情、性行動、空腹感、知覚など、さまざまな脳の機能に関与している。セロトニンは、精神医学分野の他の薬物治療の標的でもあり、その1種である選択的セロトニン再取り込み阻害薬（SSRI）はうつ病や不安神経症に用いられる。

受容体とは、神経伝達物質がくっついて作用する標的タンパク質だ。人間の脳には、セロトニン受容体のサブタイプが少なくとも15種類あり、そのほとんどが異なる働きをする。古典的な幻覚剤がひとつのグループにまとめられるのは、どれも5－HT2A受容体（2A受容体）に結合することによって、幻覚体験を引き起こすためである。

今のところ、ほとんどの西洋諸国で、古典的な幻覚剤の大半は非合法化されている〔日本も同様〕。ところが、研究に対する規制や財政的な障壁にもかかわらず、サイロシビン〔マジックマッシュルームの有効成分〕が目下、再開された幻覚剤研究の焦点となっているのだ。その結果、サイロシビンはMDMA（これについては次章で取り上げる）に次いで、認可薬の最有力候補の1つと目されている。

古典的幻覚剤が生じさせる幻覚効果

2A受容体との結合により生じる幻覚効果は、多岐にわたる。古典的な幻覚剤を摂取すると、知覚、認知、感情、そして時間、場所、自己の感覚が変化する。幻覚剤を使用した人々が報告する主な効果には、次のようなものがある。

1）視覚の変化。これには、歪み、色彩や質感、輪郭、光の鮮明化、大きさや形に関する知覚の変化、物体の移動などが含まれる。人々は、世界を「より高い解像度」で見たり感じたりしたと述べる。単純な幻覚では、動く模様（クリスマスツリーの色とりどりのイルミネーションのような）が見えたり、複雑な幻覚の場合は、人間、都市、銀河、動物、植物、時には神の姿を目にしたりすることがある。

2）音や音色、音楽の認識など、聴覚の変化。共感覚（音や音楽による聴覚の変化によって視覚が変化するなど、ある感覚が別の感覚に影響をおよぼすこと）。

3）気分の変動。畏怖から驚嘆、高揚、霊的な喜び、静寂、歓喜、愉快、興奮、愛から不安、心配と恐怖（特にトラウマに関連したメンタルヘルスの問題を抱える人に見られる）までさまざま。

4）大きさや形に加え、自分が置かれた場所や時間など、自身の身体に対する知覚の変化。体外離脱の体験。

5）自意識の変化や自意識の不在。これは、自分自身を新たな視点で見るようになること、自我の消滅、周囲に溶けこむような感覚まで、さまざまである。

6）過去の重要な記憶の追体験と再評価。深い内省と心理的洞察。

7）他者や自分が置かれた環境に対する肯定的な感情の高まり。他者との関係では、信頼、共感、結びつき、思いやり、許しなどが報告されている。

8）発想の転換やアイデアの新たな組み合わせなどによる創造性の向上、問題解決といった認知的変化。

9）スピリチュアルあるいは神秘体験。神や宗教的シンボルを目にするなど、体験者の特定の信仰に関連する場合もある。より一般的なのは、宇宙とのつながりの確認だ。

10）他の生き物や存在との接触、あるいは相互作用の知覚。

古典的な幻覚剤の中には、消化管のセロトニン受容体を刺激するものもある。それが、幻覚剤の使用が、時に吐き気や嘔吐をともなう理由だ。たとえば伝統的なアヤワスカの儀式では、各参加者に専用のバケツが手渡される。嘔吐は「浄化」を意味し、しばしば体験の一部と理解されている。

古典的な幻覚剤には、その他にもネガティブな効果がいくつかある。筋肉のけいれん、体温の変動、てんかん発作、めまい、妄想やパニック発作、不安、混乱、集中力の欠如などである。その一部は、

2A受容体を刺激することに起因するニューロンや脳回路の変化によるものと考えられ、いくつかはおそらく、他のセロトニン受容体サブタイプが活性化されることで起こる。さらに、ドーパミンやノルアドレナリンといった別の受容体の活性化に原因がある可能性も考えられる。[12]

摂取方法と摂取量による効果と持続時間の違い

幻覚剤を使用した人の体験談を読んだことがあれば、同じ人が同じ薬物を摂取しても、同じトリップを経験することはないと知っているかもしれない。1人の人に2回、同じ幻覚剤を同量与えたとしても、それぞれのトリップの内容に明白な関連性は見られないのだ。

幻覚剤が視覚の変化やさまざまな幻覚体験を引き起こす理由は説明できるものの（第4章を参照）、幻覚体験の中身を決定する要因については、まだほとんど解明されていない。これに関してマイケル・ポーランが、その著書『幻覚剤は役に立つのか』で読者に次のようなヒントを与えている。すなわち、幻覚体験の内容は、体験直前のその人の思考や意図に由来するというものだ。たとえば、ポーランは、直前にコンピュータ上でトリップの視覚的影響についてリサーチしたときは、自分自身がコンピュータのハードディスクから抜け出せなくなるという幻覚を見たそうだ。また、亡くなった両親の家の庭にいたときは、2本の古い木が彼の母親と父親となって現れた。

うつ病に関する私たちの研究（第5章を参照）では、被験者の幻覚体験の内容は、トラウマとなった過去の人間関係に関するものが多かった。ただし、これについては実験者側がそのように誘導したことを付記しておく。

幻覚剤の種類により、異なる幻覚効果が得られるものと考える人が多いが、効果の多様性は、薬物の違いによるものではない。古典的な幻覚剤をそれぞれ同量摂取し、脳内の同じ数の受容体と同じ相互作用をするように調整したならば、どれも同じ効果をもたらすだろう。ばらつきの理由の一部は摂取量に、一部は摂取方法に起因する。ある研究では、ＬＳＤの投与量を25マイクログラムから２００マイクログラムまで変えながら、テストを行った。すると、投与量が多いほど、被験者が報告する幻覚効果も増加した。[3]

薬物の摂取方法により、薬物が脳内に入るまでの時間に違いが生じる。より迅速に脳内に到達すれば、より急速に意識が変化する。私たちの脳は、つねに脳内そして外部の環境に適応し、均衡を保とうとしている。薬物の侵入が速いほど、脳が適応するまでの時間が短くなり、平時の意識から大きくかけ離れた体験をすることになる。

たとえば、ＤＭＴ〔ジメチルトリプタミン〕のような古典的幻覚剤を注射したり、吸引したりすると、脳内に非常に速く到達するため、非常に強烈なトリップとなり、臨死体験のように感じられることもある。[4] いつもと何かが違うと脳が気づいたときには、脳内は既に大きく変化しているというわけだ。幻覚剤を経口摂取した場合は、脳内の受容体にそれほど速く到達しない。調整のための時間が脳に与えられるので、効果はあまり極端にはならない（ただし、未解明の例外がある。ＬＳＤを静脈注射した場合に限り、効果が現れるまでのスピードが、経口摂取時と同程度になる傾向が見られる）。

ＤＭＴとトード（本章の後半を参照）は、古典的な幻覚剤の中でもとりわけ強烈だという定評がある。異次元の世界へと一気に放りこまれるような感覚と言われるが、これはＤＭＴが主に煙を肺に取り込むか、気化させて蒸気を鼻から吸引するためであろう。

古典的な幻覚剤が脳から抜け出るスピード、すなわち、効果の持続時間はさまざまである。たとえば、DMTの煙を吸引した場合のトリップの持続時間は10〜20分だが、LSDのトリップは約12時間だ。これほどまでに差があることの説明は、完全ではないものの、一部は理解が進んでいる。たとえば、DMTとトードは血液中で急速に分解されること、それに対して、LSDの分子は構造上、受容体と特に強く結合するため、効果がより長く持続することがわかっている。[5]

トリップの長さは、ある程度は摂取量にも左右される。上述のLSDの投与量を探る研究では、投与量が増えるにつれ、平均持続時間も6・7時間から11時間まで伸びるという結果が示された。[6]

幻覚剤の効果に違いをもたらす可能性のあるもう1つの変数は、遺伝である。幻覚剤を摂取しても、幻覚体験を得られない人がいる。インペリアル・カレッジの研究では、20人の被験者に75マイクログラムのLSDを注射した。[7]すると、20人中2人が、薬物による顕著な効果は何もなかったと報告したのだ。実験中、スキャナーで被験者たちの脳を観察していたので、2人が単に効果を否定しているだけでなく、脳内でも変化が生じなかったことを確認できている。人によっては、受容体に遺伝的な変異があり、薬物の作用を阻害している可能性がある。あるいは薬物の代謝が人より速く、そのために効果が減弱したのかもしれない。もしくは、何らかの理由で血中に入った量が少なかったことも考えられる（実験中、血中濃度は測定できなかった）。

最後に、トリップの内容は、セット（心構えや精神状態）とセッティング（周囲の環境）にも左右されるが、これについては第13章で改めて取り上げたい。

古典的幻覚剤入門

LSD（リゼルグ酸ジエチルアミド、略称LSD－25）

あらゆる古典的幻覚剤の中で、もっとも悪名高いのはLSDだろう。1960年代の反LSDプロパガンダのほとんどは根も葉もないもので、脳へのダメージに始まり、トラウマのフラッシュバック、精神の崩壊、中毒、がん、胎児の先天異常、ついには空を飛べると思って窓から飛び降りる人がいるというものまであった。中流階級家庭の白人ティーンエイジャーや若年成人層の親たちを対象に、LSDは子どもたちを中毒にし、挙げ句、学校や社会からドロップアウトせざるを得なくなるという警告が繰り返された。[8] LSDが若者世代と社会を崩壊させる、と恐怖を煽ったのである。

若者たちに、「スイッチを入れ、波長を合わせ、脱落する」ことを促すLSDは、悪者扱いされるようになった。このフレーズは、自称預言者でありスピリチュアル指導者であったティモシー・リアリー博士が、サンフランシスコのゴールデン・ゲート・パークで開催された3万人のヒッピーが集うヒューマン・ビーインで、群衆に向かって語ったカウンターカルチャーの呼びかけであった。リアリー博士は当時、こうも言っていた。「これからの6年間は、マリファナやLSDのようなサイケデリック・ドラッグの社会的受容に関連して劇的な変化の時代となるだろう。1970年までには、LSDを摂取する初の議員や、マリファナを吸う初の裁判官が誕生するだろう」。[9] LSDは1967年、非合法化された。

1960年代、リアリーはハーバード大学の臨床心理学者であった。LSDが人間の意識をより深く理解する鍵になり（詳しくは第9章を参照）、また精神疾患、特に依存症の画期的な治療法になるだろう（第7章と第13章を参照）と期待した、その時代の多くの科学者や精神科医の1人であった。

LSDの摂取方法

経口。1960年代には、無色無臭の溶液を角砂糖にたらして服用するのが一般的だった。今では、正方形の吸い取り紙に染みこませて、それを乾燥させ、数百回分にも細かく切り刻む、あるいは小さな錠剤（マイクロドット）や、ゼラチンでグミのようにして摂取することが多い。

LSDの持続時間

効果は30分で現れ、12時間持続するが、その間、効果が高まったり弱まったりすることもある。

スイスの化学者アルバート・ホフマンは、製薬会社サンド社に勤務していた1938年にLSDを合成した。後に彼は、この化合物を「問題児」と呼んでいる。LSDの合成には、有毒な菌類である麦角菌を用いた。麦角菌の成分はそれまでも長年にわたり、片頭痛の治療や、胎盤が排出された後の出血を抑えるために子宮収縮を促す目的で使用されていた。

ＬＳＤにまつわる神話の1つに、ＬＳＤの発見が偶然の産物であったというものがある。実際には、ホフマンは化学薬品の研究開発の標準的なプロセスに従っていた。つまり、ある分子を取り出し、それをさまざまな方法で精製して、特許を取得できるような有用な薬になるかどうかを調べるというプロセスだ。例を挙げれば、同様のプロセスを通して、柳の樹皮からアスピリンが誕生している。

ホフマン自身が、次のように書いている。「ＬＳＤは偶然による発見の賜物などではなく、より複雑なプロセスの成果であった。それは、明確なコンセプトから始まり、適切な実験によって追究され、その過程での偶然の観察が計画的な調査の引き金となり、ひいては実際の発見につながったのである」[10]

とはいえ、偶然の要素もあった。１９４３年、ＬＳＤを再度合成していたホフマンは、うっかりその一部を摂取し、史上初のアシッド・トリップ体験者となったのである。[11]

彼は奇妙な効果に気づいた。「私は、軽いめまいのような感覚をともなう、妙な落ち着きのなさに襲われた。家に戻って横になると、一種の酩酊状態に陥った。その酩酊状態は、けっして不快ではなく、極めて高い活量と想像力を特徴とするものだった。目を閉じて朦朧としたまま横になっていると（窓から差しこむ光がうっとうしいほどまぶしかった）、異常なほどの創造性と鮮明さを持ち、強烈な万華鏡のような色彩の戯れをともなう幻想的なイメージが途切れることなく押し寄せてきた。その状態は2時間ほど続き、徐々に薄れていった」[12]

ホフマンは自分自身の身体を使って、適切な条件のもとで改めて実験を行うことにした。これも当時は、標準的なやり方だ。そうして１９４３年4月19日、２５０マイクログラムのＬＳＤを摂取したのである。これならば少量に違いないと考えて。ところが、現代の私たちが知っているように、また、ホフマン自身がすぐに悟ったように、LSDの稀有な特徴は、他の薬物と比べて、ごく少量でとてつもない効果が得られることである。つまり、250マイクログラムは非常に高用量であることが判明したのだ。

40分後、ホフマンは次のように記している。「めまい、不安感、視覚の歪み、麻痺の症状、笑いへの衝動が生じた」。そしてひどく強烈なバッド・トリップ（恐ろしい幻覚体験）が始まったのである。[13] 戦時中で車が利用できなかったため、ホフマンは自転車で帰宅しなければならなかった。幸いなことに、助手に付き添ってもらえた。自宅までとはいえ、トリップ中の移動は危険であっただろう。「万華鏡のような、幻想的なイメージが押し寄せてきた。次から次へ、代わる代わる現れ、円形やらせん状に開いては閉じ、色とりどりの噴水のように噴出したかと思えば、絶えず変化し、位置を変え、交じり合うのだった」。[14] その後、医者を呼ぶ羽目になったが、時間の経過とともに、バッド・トリップは徐々にグッド・トリップへと変わっていき、翌朝には以前にも増して生命力に溢れ、世界と自然を新たな目で見ることができたと書き記している。

4月19日は今日では「自転車デー」と呼ばれ、世界中の人々が、ホフマンの発見と、この80年の間にLSDがもたらした精神と芸術、歴史の変革を祝っている。

人々の意識を変容させるLSDは、心についての理解を深めるための素晴らしいツールになるだろうというのが、LSDに対するホフマンの評価であった。サンド社の研究所は、「デリシッド」としてLSDの特許を取得し、どのような活用方法があるのかを探る目的で、世界中の精神科医や研究者に無料でこの薬物を配布した。1960年代後半に禁止されるまでは、LSDは幻覚剤に関する1000本を超える論文の中でもっとも頻繁に使用された薬物であり、論文で取り上げられた研究を通して、ＬＳＤが投与された被験者の数は約４万人に上る。[15]

１９９０年代の幻覚剤研究リバイバル以来、終末期の不安、痛み、うつ病、依存症（詳細は第７章を参照）とＬＳＤに関する研究がいくつも行われてきた。しかし、これまでのところ、サイロシビン研究に比べると、その数は見劣りする。もしかしたら研究者たちの脳裏に、ＬＳＤに対する歴史的な増悪や、ＬＳＤにまつわる恐怖が刻みこまれていて、ＬＳＤを用いた臨床研究に躊躇しているのかもしれない。ＬＳＤ研究は、許可の取得や必要資金の調達が難しいと思いこんでいる可能性もある。はたまた、ＬＳＤよりも幻覚体験の持続時間が短いサイロシビン（左記参照）の方が、研究のタイムスケジュールに都合がいいからだろうか。もう１つは、私が科学者相手によく言うジョークだ。サイロシビンがＬＳＤほど世間から厳しい目を向けられていないのは、政治家やジャーナリストがサイロシビンのスペルを諳《そら》んじていないからに違いない。

サイロシビン

サイロシビンをつくり出すキノコは、西洋人の意識のレーダーに引っかかったそのときから「マジックマッシュルーム」と呼ばれてきた。１９５７年に『ライフ』誌に掲載された記事内の「マジックマッシュルームを求めて」から生まれた造語だ。著者はニューヨークのＪ・Ｐ・モルガンに勤める銀行家、Ｒ・ゴードン・ワッソン。妻ヴァレンティナ同様、アマチュアだが熱心なキノコ採集家だった。メキシコのオアハカ州に住むマサテコ族の秘密のキノコ儀式、ヴェラーダ（徹夜祭）について耳にしたワッソンは、なんとか体験したいと考え、２年間手がかりを探し続けた。ついにマリア・サビーナという名のクランデラ（女性祈禱師、治療師）に接触し、儀式に参加することを許された。

妻ヴァレンティナ・ワッソンもサビーナのもとへ向かった。彼女の体験談は1週間後、日曜版の新聞の付録雑誌『This Week（ディス・ウィーク）』に掲載された。「私の心は無上の喜びに包まれて浮かんでいた。まるで、私の魂そのものがすくい上げられ、抜け殻のようになった肉体を泥壁の小屋に残したまま、天空の一点に連れていかれたようであった。しかし、意識は完全にはっきりしていた。シャーマンが『キノコは私たちを、神のおわす場所へ連れていってくれる』と言った意味が、このときやっと理解できた」と記している。[16]

サイロシビンの摂取方法

経口摂取。キノコは生のままでも、乾燥させて食べてもいい。あるいはすりつぶし、熱湯を加えてキノコ茶にすることもできる。浸出させてチンキ剤にする方法もある。キノコに含まれるサイロシビンは非常に安定した化学物質である。摂取すると、胃や血液中で代謝されて、有効成分のサイロシンになる。

オランダでは、マジックトリュフ（キノコの根茎にあたる土中部分）の摂取は合法であり、普通のキノコと同じように消費される。なお研究用の場合、私たちは合成されたサイロシビンを利用している。これは、投与量の調整がはるかに容易なためである。

サイロシビンの持続時間

経口摂取の場合は30分で効果が現れ、5〜6時間持続する。私たちの研究グループが行った最初の実験では、経口投与に十分な量のサイロシビンを購入する資金がなく、静脈注射を行ったため、数分で効果が現れた。

ワッソンは、メキシコで模範的な行動を取ったわけではなかった。彼の説明はこうだ。「そのキノコが治療目的で使われることはない。キノコそのものに治療の効果はないからだ。インディオは、深刻な問題に直面して心がかき乱されるようなとき、キノコに『助言を求める』のである」。だから、クランデラであるサビーナがワッソンの儀式への参加を渋ったとき、彼は息子についての問題をでっち上げて、キノコへの相談が必要だと言って、彼女を説得したのであった。[17]

儀式に関する秘密を堅持することを条件に、サビーナは最終的にワッソンの参加に同意した。そのためワッソンは『ライフ』誌の記事でもサビーナを仮名で紹介している。だが後に、彼女の本名や詳細を明かしてしまった。ワッソン夫妻の記事は、何百万人もの人々に読まれ、秘密はもはや公然の秘密であった。クランデラのサビーナが暮らす、人里離れた山村ワウトラ・デ・ヒメネスは、スピリチュアルな体験を求める観光客や、儀式を体験したいと望むヒッピーたちで溢れかえった。ジョン・レノン、ボブ・ディラン、キース・リチャーズ、ウォルト・ディズニーをはじめ、儀式に参加すべくメキシコへ向かったとされる有名人のリストは延々と続く。

サビーナの物語がハッピーエンドで終わることはなかった。数年後、彼女はメキシコ当局の強制捜査を受け、息子が殺害され、自宅には火が放たれた。サビーナの最期は栄養失調であった。[18]

ワッソンはメキシコからキノコをいくつか持ち帰り、アルバート・ホフマンに渡している。ホフマンは、マジックマッシュルームの有効成分がサイロシビンであると推論した。彼の雇用主であるサンド社は、サイロシビンをインドシビンと名づけ、LSDと並ぶ治療薬として製造販売を開始した。

現在では、少なくとも200種のマジックマッシュルームが存在することがわかっている。さまざまな歴史的証拠から、マジックマッシュルームは、人間社会で何千年にもわたり使われてきたと考えられている。知られているうちで最古の痕跡は、紀元前5000年頃と推定されるアルジェリアの洞窟壁画で、キノコを手にしたシャーマンが描かれている。[19]

マジックマッシュルームの生育地は、カナダ北部からニュージーランド南端に至るまで世界中に広がる。英国でもっとも一般的なマジックマッシュルームは、リバティキャップだ。米国ならばシロシベ・クベンシス、別名ゴールデンキャップである。キノコがなぜサイロシビンを作るのかは不明だ。食べられるのを防ぐためかもしれないし、逆に食べるように促すためかもしれない。いずれにしても、非常に多くの種類のキノコがサイロシビンを含有していることから、何らかの役割を持っているに違いない。

古典的幻覚剤のうち、最初に医薬品として認可される可能性が高いのがサイロシビンだ。米国では、早ければ2024年にも認められる見込みだ。前途有望な結果を示した予備試験を経て、米国食品医薬品局(FDA)はサイロシビンを、治療抵抗性うつ病と大うつ病性障害の両方に関して、迅速承認が可能となる「画期的治療薬」に指定した。

現在、複数の症状に対するサイロシビン研究と臨床試験が進行している。症状のリストには、がん患者やアルツハイマー病患者などに見られる複数タイプのうつ病、薬物依存(アルコール、ニコチン、コカイン、オピオイド)、神経性食欲不振症(拒食症)、強迫性障害などが含まれる。また、慢性疼痛症候群や頭痛（群発頭痛や片頭痛を含む）などの痛みに関する研究も実施されている（詳しくは第5章、第7章、第10章を参照）。

サイロシビンは現在、ほとんどの国で禁止されている。その例外には、オランダ（マジックトリュフとして）、ジャマイカ、米国のコロラド州とオレゴン州が挙げられる。スペインとポルトガル、米カリフォルニア州のオークランド、サンタクルーズ、ミシガン州アナーバー、そしてワシントンDCでは、非犯罪化が進められてきた。ジャマイカ、コスタリカ、スペイン、ポルトガル、オランダでは、サイロシビンを用いたリトリートが開催されている。オーストラリアでは、2023年7月より、治療抵抗性うつ病の治療薬としてサイロシビンの使用が認められる。

DMT（N、N－ジメチルトリプタミン）

DMTは、アヤワスカの有効成分としてよく知られている。アヤワスカは、アマゾン流域を産地とする濃厚な赤茶色のお茶で、シャーマンによる儀式で用いられる。ブラジルのサント・ダイム教会とウニアン・ド・ベジタル教会では、アヤワスカが正式なサクラメント（聖なる秘跡）となっており、これらの教会の信者は世界中に広がっている。カトリック教会でキリストの血を表すワインを、ここではアヤワスカが代替しているのである。米最高裁判所は2006年の判決で、ウニアン・ド・ベジタル教会に所属する信者が、米国内でもアヤワスカをサクラメントとして用いることを認めた。

DMTには他の形態もある。チャンガと呼ばれることが多い、南米産のアヤワスカの葉っぱバージョンは喫煙が可能だ。合成DMTは、黄色やピンク色の結晶化した粉末である。

DMTの摂取方法

DMTは、モノアミン酸化酵素という名の酵素によって、腸や肝臓であっという間に分解される。チャンガの場合は煙を吸引し、合成DMTでは煙や蒸気を吸引するのも、腸を経由しないで摂取できるようにという工夫である。この酵素の存在は、アヤワスカが2種類の植物——通常は、サイコトリア・ヴィリディスという低木と、バニステリオプシス・カーピという名のつる植物——から作られる理由でもある。前者にはDMTが、後者にはこの酵素を阻害する物質であるモノアミン酸化酵素阻害剤（MAOI）が含まれている。MAOIは、DMTが急速に分解されるのを阻止し、脳内に取り込まれるまでの時間をかせぐのである。

DMTの持続時間

DMTは即効性が特徴で、煙を吸引または静脈注射すると数秒で効果が現れる。多くの人が、異次元の世界に連れていかれる感覚だと表現する。また、しばしば強烈な幻覚をともない、実在物や想像物を見たりする。吸引、静脈注射とも、効果の持続時間は15分程度である。[20]

アヤワスカの効果はよりゆっくりと現れ、最長で5時間持続する。ただし、儀式では数時間おきに摂取することが多い。

アヤワスカは、お祭り騒ぎ用のパーティ・ドラッグではない。アヤワスカを服用するほとんどの人々にとって、それは娯楽のためではなく、より良い人間になることを目指してしかるべき場所へ到達するためのものなのである。サント・ダイム教会では、儀式は「ワーク」と呼ばれ、人々はワーク中、集団で踊ったり、讃美歌を歌ったりし、2、3時間おきにアヤワスカを飲む。長いケースでは、12時間続くこともある。[21]

2016年、私がBBCのドキュメンタリー番組「Getting High For God?（神のためにハイになる?）」の科学アドバイザーのポジションに就いていたときのことだ。同番組のエピソードの1つで、司会を務めるコメディアンのマワーン・リズワンが、アヤワスカを用いるブラジルの教会を訪れることになった。[22]

番組のプロデューサーから「アヤワスカを渡されたとき、マワーンはどのくらいの量を飲むべきだろうか」と相談を受けた私は、「他の人が飲んでいるのと同じものならば、コップ1杯分飲んでください」と答えた。プロデューサーが戻ってきて、「弁護士たちがマワーンの身の安全についてもう少し具体的に説明してほしいそうなのだが」と言うので、今度はコップの半量を飲むように提案した。弁護士たちはそれで納得したようだった。マワーンが無事に生還して、そのときの様子を語れたことを喜ぼう！（後述）

アヤワスカには、もう1つ「ラ・プルガ」という別名がある。「浄化」という意味だ。アヤワスカを摂取した人々が、吐き気をもよおしたり、実際に吐いたり、下痢をしたりするためだ（これらには浄化作用があると考えられている）。

マワーンの説明によると、トリップは吐き気から始まり、それが20分ほど続いた後、アヤワスカの効果が現れてきたそうだ。「儀式を率いる人たちがタブラ〔打楽器〕を演奏し、歌う中、私は目を閉じ、思考と幻視のスパイラルに完全に没頭していました。笑ったり、泣いたり、子どもの頃の出来事を目にしたりして、ものすごく不快でした」[23]。幻視のいくつかは辛く、目の前に立ちはだかる壁のようだったが、シャーマンたちは、逃げずにもっと深く入りこむように彼を促したそうだ。トリップは5時間続き、それからマワーンは眠りに落ちた。翌朝目覚めたとき、彼は人生について抱いていた疑問の多くに答えを見つけた気分だったという。

「魂のつる」あるいは「死者のつる」と訳されるアヤワスカは、何千年もの間、南米の先住民によって摂取されてきたと考えられている。16世紀、征服者たちはこれを悪魔の影響であると見なした。なぜなら、アヤワスカを飲んだ先住民たちは、蛇を目にしたからである。異文化間の誤解の典型例と言えよう。キリスト教文化では蛇は悪魔の象徴だが、これらの先住民の文化では、昔も今も、神聖なシンボルなのだ[24]。

この10年ほど、スピリチュアル・ツーリズムがブームとなり、アヤワスカの儀式を体験するためにたくさんの人が南米のジャングルを訪れるようになった。このことが地域に問題をもたらしている。セクシャルハラスメント被害や、欧米人の死亡事故も報告されている。おそらく、心の問題を抱えた人々が助けを求めて当地を訪れることと、リトリートの場が安全でなく保護対策も欠如していることが組み合わさった結果なのだろう。また、視覚効果を高めるために他の植物が添加されることもあり、それらの植物に有害な成分が含まれるケースもある。欧米でのリトリートで、つまり伝統的な儀式とは無縁の場で、アヤワスカ茶が提供されることも増えている。カナダの精神科医ガボール・マテ博士は、トラウマや依存症の患者の治療にアヤワスカを用いたと述べている。[25] アヤワスカがうつ病に優れた効果を持つことを示す、ブラジルで行われた臨床研究に関する論文も発表されている。[26]

私のチームは現在、カナダの製薬会社 Small Pharma（スモール・ファーマ）社が進める、大うつ病性障害（ＭＤＤ）に対するＤＭＴの効果を検証する研究を手伝っている。予備的な結果は非常に肯定的で、20分の単回注入とその前後に心理的サポートを組み合わせることで、うつ病関連のスコアが著しく低下した。[27]

その他にも、スイスでは MindMed（マインドメド）社による、より多くの症状をターゲットにした営利目的での研究も進められている。[28]

トード（ヒキガエル）あるいは5－ＭｅＯ（5－メトキシ－N、N－ジメチルトリプタミン、略称5－MeO－DMT）

ヒキガエルの分泌物から幻覚剤ができるなど、なかなか信じられないだろう。ところが、５－ＭｅＯは、コロラドリバー・ヒキガエルやソノラ砂漠ヒキガエルの腺から絞り出した、毒性成分を含む乳白色の分泌液に由来するのだ。５－ＭｅＯはいくつかの植物にも含まれており、シャーマンが用いる南米の植物性嗅ぎタバコであるヨポ、またはヴィロロの有効成分として知られる。ヨポの歴史は約３０００年におよぶと記録されており、その歴史は今も続く。５－ＭｅＯが最初に合成されたのが１９３６年、初めて植物から単離されたのが１９５９年である。

5－MeOの摂取方法

ヒキガエルの分泌物を乾燥させると乳白色の結晶ができるので、いぶして煙を吸入する。ヨポは、アナデナンテラという植物の種子を焙煎し、粉砕して作られる。それをシャーマンが鼻へ向けて吹きかけるのだ。なお合成の5－MeOは粉末状である。

5－MeOの持続時間

非常に強烈なトリップで、煙を吸引した場合は1分以内に効果が現れ、平均して20分持続する。粉末を鼻から吸引すると、持続時間がやや長くなる。[29]

ソノラ砂漠ヒキガエルは米国でもっとも大きい在来のカエルで、体長は19センチメートルにもなる。灰色がかった緑色のとても滑らかな皮膚にいくつかのイボがあり、腹部はクリーム色だ。米国の南西部からメキシコの北西部に生息し、肉食性で、小動物や昆虫をエサにする。身の危険を感じると、頭部の後ろにある腺から5－MeOを含む毒素を分泌する。

この毒素は、捕食者を追い払うために進化した可能性が高い。毒素を浴びた捕食者は、吐き気やめまいは、もう二度とごめんだと感じるだろう。もしかしたら、捕食者を実際に殺すために進化したとも考えられる。それというのも、成犬を殺すのに十分なほどに毒性が高いのだ。幻覚剤としての効果は、DMTの4〜6倍である。[30]

効果は摂取後たちまち現れ、強烈な幻覚体験になると言われている。トードが、「精神分子」ないしは「神の分子」と呼ばれるゆえんである。格闘技の解説者として知られるジョー・ローガンのポッドキャスト番組で、ボクサーのマイク・タイソンが次のように語っている。「人生のとらえ方が変わり、人の見方も変わりました。まるで一度死んで、生まれ変わったようなものです……従順になり、謙虚になり、傷つきやすくなる。それでも、すべてにおいて無敵なのです」[31]

ヒキガエルの分泌物の煙を吸引することに関する最初の報告は、1983年になってからのことで、ケン・ネルソンという名のアーティストによるものだ。車のフロントガラスの上でヒキガエルの分泌物を乾燥させ、それをいぶして吸ったのだという。それによって自分は変わった、永遠に、と述べている。その一方で、一部の愛好家たちは、カエルのイメージが含まれる古代芸術を引き合いに出しながら、トードには土着のずっと古い歴史があると主張する。

米国では2011年に違法となったにもかかわらず、使用者の数は急増している。その中心人物の1人が、何かと物議を醸すメキシコの医師オクタビオ・レティグ博士である。彼は2014年のTED講演で、覚せい剤（クリスタル・メス〔メタンフェタミン〕）中毒者の治療を目的としたトードの使用経験について語っている。このような、中毒に対する5－MeOの使用は、今まさに研究が行われている段階だ。

5－MeOの使用は大部分が無秩序に行われており、ヒキガエルの分泌物を安全とは言えない方法で摂取した人が死亡したという報告が複数ある。また、これを用いた心理療法士の中には、性的暴行、詐欺、深刻な虐待、心理操作のかどで告発された者が何人もいる。[32] さらに密猟や不法取引により、ヒキガエルの個体数が激減し、危機に瀕しているという警告も聞かれる。そのため、ヒキガエル由来ではなく、合成された5－MeOに切り替える心理療法士もいる。[33]

5−MeOについての研究は、これまでのところ数えるほどしか行われていない。トードを使用した人々を対象に実施されたジョンズ・ホプキンス大学医学部のアンケート調査では、不安とうつ病に効果がある可能性[34]、そして人生に対する満足度を向上させる可能性が示唆されている。[35]

インペリアル・カレッジでは現在、5−MeOと他の古典的幻覚剤との比較を行うための脳画像研究に必要な、最初の容量設定の探索研究に着手したところだ。

メスカリン（3、4、5−トリメトキシフェネチルアミン）

メスカリンの主な供給源は2つ、南米を原産とするワチューマ・サボテン（別名、サンペドロ・サボテン）と、メキシコと北米に自生するペヨーテ・サボテンである。テキサス州では、紀元前4000年頃のものとされるペヨーテ・サボテンから作られた人形が見つかっており、少なくとも6000年にわたり同サボテンが利用されてきたことを示している。[36]南米では、考古学者が、サボテンの花をすりつぶすための杵や臼、粉末を携帯するためのベルトポーチ、吸引するための陶製のストローなどを発見している。宗教的な儀式に加え、蛇にかまれたとき、火傷や傷、リューマチ、歯痛、発熱の治療に使われていたと考えられている。[37]

16世紀以降、スペインの征服者たちは「悪魔の根」であると非難し、アヤワスカと同様に、メスカリンの根絶に力を入れた。1620年、ローマ・カトリック教会は、ペヨーテを「新世界から根絶すべき悪」と呼び、そのための教会法を制定した。ペヨーテを使用した者は拷問にかけられ、処刑されることさえあった。[38]

メスカリンの摂取方法

メスカリンは白または茶色の粉末である。カプセルに入れて、もしくは液体として摂取されることが多い。メスカリンにも合成バージョンがある。

メスカリンの持続時間

効果は1～2時間で現れ、最長12時間持続する。

北米でのメスカリンの使用は、19世紀のネイティブ・アメリカンに対する迫害まで、サボテンの主な自生地であるテキサスに限られていた。先住民の人々は保留地に居住することを強いられ、また保留地から保留地へと移住させられた。長く暮らしてきた土地を追われたことと、アルコール摂取の習慣が取り入れられたこととがあいまって、社会的な結束が崩壊していくことになる。その結果として、ペヨーテ使用の伝統を持たない部族もが、ペヨーテを取り入れるようになっていった。ペヨーテの儀式が、極度の困窮状態に陥った共同体の連帯を強めるための手段となったのだ。

その後100年あまりの間、米国の薬物反対派たちは、成功の程度には差こそあれども、メスカリンの禁止に取り組み続けた。たとえば1880年、米国議会はペヨーテの所持で捕まった者は、最長90日間拘留され、政府からの食料配給を停止すると定めた法律を可決した。また、先住民の宗教的儀式も非合法化した。それに対する抵抗運動として1914年に設立されたのがネイティブ・アメリカン教会（NAC）であり、同教会はペヨーテをサクラメントとして位置づけた。NACの活動は勢力を増していき、ついに1994年、クリントン政権下で可決された「アメリカ先住民宗教自由法」の改正により、米国の先住民は「伝統的な儀式を目的」にする限り、ペヨーテを使用および所持する法的権利を獲得した。ネイティブ・アメリカン教会を例外として、米国では依然としてペヨーテとメスカリンは違法である。しかし同教会の規模は拡大しており、メンバーの数は現在25万〜50万人を数えると推定されている。[39]

ペヨーテ・サボテンは、危機に瀕している。成長が非常に遅く、種子から利用できる大きさになるまでに10年もの歳月を要するのだ。[40]だが今では、保護のための栽培農場もあり、アメリカ先住民はメスカリンを確実に手に入れることができるようになっている。一方、サンペドロ・サボテンは、ペヨーテよりも持続可能なメスカリン供給源である。

メスカリンは、化学物質が同定された最初の幻覚剤である。1897年のことで、ドイツ人化学者アーサー・ヘフターの功績だ。世紀の変わり目には、意識の探求のためのツールとして人気が高まり、科学者、芸術家、思想家たちが利用した。1930年代にジャン＝ポール・サルトルがバッド・トリップに陥ったときのことを、シモーヌ・ド・ボーヴォワールが描写している。「彼が目にした物体は、もっとも気味悪いものにその姿を変えた。雨傘はハゲワシになり、靴は骸骨になり、顔は怪物のようになった……」[41]

もっともよく知られたメスカリンの体験談は、間違いなくオルダス・ハクスリーのものだろう。著書『知覚の扉』でメスカリン体験を語り、「裸の存在の一瞬一瞬の奇跡」が示され、自分の周囲が「光だけとなり、あらゆるものに光が注がれ……一種の光り輝く生きた幾何学」であると書いている。[42]

同書は、「サイケデリックな1960年代」の火付け役の1つであった。ハクスリーは幻覚剤の熱心な支持者となり、ティモシー・リアリーやビート文学を牽引したアレン・ギンズバーグらに幻覚剤を紹介した。そしてカルト的な存在となり、全米各地で講演ツアーを行い、サイケデリック文化の体験と科学知識の両方を一般の人々の意識に浸透させた。

意識を探求するための科学的な道具として、またスピリチュアリティを学ぶための道具としての、幻覚剤に対する現代的な考え方を生み出したのがハクスリーだった。彼は、精神科医ハンフリー・オズモンドとの往復書簡を通して、「サイケデリック」という呼称の誕生にも貢献した。

マイケル・ポーランも、その著書『意識をゆさぶる植物』で自身のメスカリン・トリップに言及しており、「存在するものの無限の空間」という新たな認識を得た、そしてトリップのピークは〈ハクスリーの言葉を引用しながら〉「恐怖を覚えるほど素晴らしい」と述べている。そして、ショート・トリップでは終わらないのがメスカリンだ。「メスカリンの旅は延々と続く。もしも楽しめているのであれば、メスカリンは幻覚剤の中で群を抜いて気前がいいのである。そして私は12時間のトリップへと乗り出した」[43]

メスカリンは、他の古典的な幻覚剤とは異なり、トリプタミンではなくフェネチルアミンと呼ばれる分子であり、アンフェタミン〈覚醒剤〉やMDMAと同じ化学ファミリーに属する。だが、幻覚の効果は、他の古典的幻覚剤と同様に、2A受容体に結合することによって起こる。

最近の研究によって、ネイティブ・アメリカン教会のペヨーテ使用者は、不安、抑うつ、心理的苦痛に関するスコアの比較に基づけば、生涯にわたり酒を飲まない人々よりも心理的に健康であることが明らかになった。[44]

また、メスカリンの使用経験を持つ人々を対象にしたアンケート調査の研究では、うつ病、不安、PTSD、薬物依存に効果があったとの回答が示されている。[45]

危険ドラッグNBOMeの問題

NBOMeにはいくつもの種類があり、いずれも2000年代に新薬候補として開発された新しい幻覚剤だ。幻覚剤愛好家が嗅ぎつけ、娯楽目的で使用されるようになり、多くの国で非合法化されていった。商品名は、Nボム、ソラリス、スマイル、ウィザードなど、さまざまだ。NBOMeは、セロトニン受容体への刺激と、セロトニンの取り込みと放出への影響をあわせ持つ。そのため、非常に強力で、古典的幻覚剤よりも幅広い効果をもたらす。いくつかの死亡例が報告された後、ほとんどのNBOMeが禁止された。NBOMeの多くが古典的な幻覚剤よりもかなり毒性が強く、有害であることから、これは適切な対応と言える。動物実験のデータもほとんどなければ、ヒトを対象とした正式な研究に至っては、事実上、皆無なのだ。[46]

英国のケースでは、リチャード・フィリップスという名の26歳のIT専門家がNボムを摂取後、取り返しのつかない脳障害を負った。体温は急上昇し、発作と多臓器不全に見舞われた。[47]

当時、NBOMeの合成方法について検閲を求める声もあった。しかし、合成方法が一般に公開されたことで恐ろしい結果につながってしまったとはいえ、科学の検閲には問題がある。もし科学者たちが研究成果を発表できないとしたら、科学界はどうやって発展していけばいいのだろうか。発表できないものが、臨床的に有用であるとしたらどうか。実際私たちは、Ｃｉｍｂｉ－36と呼ばれる種類のＮＢＯＭｅを、2Ａ受容体のＰＥＴトレーサー（陽電子放射断層撮影法の放射性標識）として使用している。それというのも、Ｃｉｍｂｉ－36は、非常に強力で、極微量（幻覚剤としての用量よりもはるかに少ない）の投与でも受容体との結合を確認できるからである。[48]

ＮＢＯＭｅが問題なのは、非常に強力で毒性が強いからだ。だが真の問題は、ＬＳＤのような安全でよく知られた代替化合物が非合法であるのに対して、かつてＮＢＯＭｅが合法であったことだ。これもまた、禁止が合法的な代替品を生み出し、のちにその代替品がはるかに危険であることが判明した事例に他ならない。たとえば、大麻が禁止されたことで、合法ドラッグ（当時）であるスパイスが市場に出回るようになった（このような事態もあり、米国などでは大麻の規制緩和や合法化が進んだ）。こういったケースにおいて、国民を守る最善の方法は、まずＮＢＯＭｅの危険性を周知することだ。それにも増して優れた方法は、安全で理解の進んだ薬物を取り扱う、適切に規制・管理された市場を整備することではないだろうか。そうすれば、有毒な代替品の出番はなくなるはずだ。

第3章
非古典的幻覚剤入門
MDMA、ケタミン、イボガイン

2A受容体には働きかけない幻覚剤

本章で取り上げる化合物の共通点は、精神状態、特に知覚や思考プロセスに変化をもたらす幻覚剤ないしは幻覚剤類似薬物であることだ。セロトニン2A受容体には働きかけないため、古典的幻覚剤グループには含まれない。ケタミンやサルビアのように、古典的幻覚剤にいくらか似たような、深淵な意識変容を引き起こすものもある。MDMAに代表されるように、セロトニン神経系を通して作用し、治療効果を持つものもある。まだまだたくさんの化合物があるのだが、以下では現在、研究や治療の分野で関心を集めている化合物を紹介していきたい。

ケタミン

ケタミンは、1960年代に鎮痛剤および鎮痛作用を持つ麻酔薬として開発され、今でも医師や獣医師の間で広く用いられている。「ホース・トランキライザー（馬用の鎮静剤）」と呼ばれることもあるが、まさにその名前通りの目的で使われるためだ。ケタミンが特別な価値を持つのは、他の麻酔薬とは異なり、呼吸を抑制しない点にある。そのため、麻酔科医が不在、あるいは人工呼吸器が利用できない状況でも安全に用いることができ、非常に有用なのだ。だからこそ、戦場で負傷した兵士を助けるためにも、牧場や農場での馬の治療にも、ケタミンが使われる。私の研究グループのメンバーの1人は麻酔科医で、南スーダンの難民キャンプで働いていた経験を持つのだが、ケタミンであれば、そこにいた救急隊出身のレジデント〔研修医〕が手術時に投与してもまったく問題ないとされていたと話してくれた。

第5章で説明するように、ケタミンは既に抗うつ薬として適応外処方〔承認済みの医薬品を承認内容の範囲外の目的で使用すること〕されている〔日本でもケタミンの抗うつ薬としての適応外処方は行われている〕。

ケタミンの摂取方法

ストリート・ドラッグとして売られているケタミンは、白色または透明の結晶粉末で、通常は鼻から吸引する。クリニックや研究目的では、筋肉内注射（i．m．）もしくは静脈注射（i．v．）を行う。2019年には、ジョンソン・エンド・ジョンソン社が開発したエスケタミンと呼ばれるスプレー式点鼻剤が、Spravato（スプラヴァト）の商品名で販売された。同点鼻剤は、米国や英国を含む多くの国でうつ病の治療薬として認可されている〔邦訳版刊行時点で日本においては未承認〕。

ケタミン摂取後に起こる変化

摂取量によるが、酩酊感、身体の感覚の喪失、周囲の環境から切り離されたかのような感覚、混乱、吐き気、多幸感、視覚や聴覚の歪みなどが挙げられる。

ケタミンの持続時間

粉末として鼻から吸引すると5～15分で効果が現れ、1時間ほど持続する。

ケタミンはもともと、麻酔薬のフェンサイクリジン（ＰＣＰ）をベースに開発された。フェンサイクリジンは、せん妄を含む深刻な副作用をともなったため、この副作用を取り除く必要があったのだ。[1] フェンサイクリジンはストリート・ドラッグ「エンジェルダスト」の名前でよく知られており、アルコールと同じように、思考や記憶、感覚や運動を制御する大脳皮質の活動を鈍らせ、私たちの理性的な行動を妨げる。人を怪力にする作用もある。フェンサイクリジンを摂取してハイになった人が複数の警察官を相手にバトルを繰り広げた、車を持ち上げた、などという話を耳にするが、これもフェンサイクリジンの影響なのである。

これに対してケタミンは、鎮痛効果に加え、前述のように投与が簡単である点からも、フェンサイクリジンの優れた代替品になった。非常に安全で、医療訓練を受けていない兵士でも使用できたため、「相棒ドラッグ」というニックネームがつけられたぐらいだ。ベトナム戦争では、戦闘員たちにケタミンとモルヒネ注射液のセットが配布された。仲間の兵士が負傷したときに、ケタミンとモルヒネを併用投与して解離を促し、苦痛の軽減を図ったのだ。

ケタミンを静脈注射し、鎮痛剤として使用するケースが徐々に増えてきており、最近では、小型ポンプを用いた慢性疼痛症候群に対するケタミンの皮下注入も行われている。

ケタミンは、1990年代にストリート・ドラッグとして出回るようになり、2000年代に入って人気が急上昇した。当初は、MDMA摂取後のカムダウン〔ドラッグを摂取してハイになった後に生じる気分の落ちこみ〕を和らげるために使用されていたが、いつしかケタミンそのものが、パーティ・ドラッグとしてクラブシーンでの人気をさらった。

ケタミンの人気が高まったもう1つの理由は、比較的安価に入手できるからだ。医療外でのケタミンの使用が最初に流行した場所の1つが、英国西部の港町ブリストルだった。ブリストル出身の覆面アーティスト、バンクシーがかつて次のように述べたという都市伝説がある。「ブリストルで最高の金曜の夜といえば、シードルを8パイントとケタミンを2包み。それからブリストル橋に立って、川に向かって吐くんだ」

2004年、英国の薬物乱用諮問委員会（ACMD）がケタミンを違法とし、クラスCに分類するよう勧告したとき、私はACMDの専門委員会の委員長を務めていた。その当時、インドで大量生産されたケタミンが、「ローズウォーター」や「マッサージオイル」といった表示ラベルが貼られた巨大なドラム缶で輸入されていた。ケタミン中毒者の数が増えつつあり、年に10人前後が死亡する事態となっていた。たとえ死亡に至らずとも、膀胱障害や脳障害など、数々の長期的な健康被害が生じていた（第13章を参照）。

2015年には、中国が国連麻薬委員会（UNCND）に対して、世界的にケタミンをスケジュール1の薬物に分類するよう圧力をかけた。香港でケタミン乱用が広まっており、これを阻止したかったのだ。スケジュール1は医療用途を持たない薬物であり、これが実現していたら、ケタミンの医薬品としての使用にストップがかかっていたことだろう。[2]

私が立ち上げた非営利団体「Drug Science（ドラッグ・サイエンス）」は、国連に対してケタミンを禁止しないようにロビー活動を行った。そもそも、禁止さえすればケタミンの嗜好目的での使用を抑止できるという発想がお笑い種なのである。ヘロインやコカインに対する同様の禁止措置が、これらの薬物の娯楽利用の歯止めにならなかったことを考えれば、火を見るより明らかではないか。

ケタミンの禁止は多くの人にとって、有用な医薬品へのアクセスを絶たれることを意味する。これはまさに、オピオイド〔オピオイド受容体と結合して、鎮痛や多幸感を引き起こす物質。ケシに由来するモルヒネやアヘンなどが含まれる〕で起こったことだ。インドや中国をはじめとする多くの国が、強力なオピオイドを一切合切禁止するという国連のガイダンスに盲従した。その結果、世界人口の80％がオピオイド系鎮痛剤を入手できなくなってしまった。20世紀の社会医学分野における、並びなき失策の1つに数えられる。

もし国連が上記の勧告を採択し、英国がそれを批准していたとしたら、ケタミンの使用継続を望むすべての医師と病院は、そのためにライセンスを取得することを強いられていただろう。ライセンス取得に要する約1年の期間と面倒な申請手続きに加えて、5000ポンドの費用が生じることになる。ケタミンの臨床および研究利用は、事実上の停止を余儀なくされていたに違いない。幸いなことに、医師、獣医師、科学者によるロビー活動の努力が実り、ケタミンがスケジュール1に分類されることはなかった。その後に進展した、うつ病や依存症へのケタミンの使用に関する数々の研究をかんがみれば、このときの判断がいかに重要であったか、そのことに疑問の余地はない（第13章を参照）（日本ではケタミンは医薬品として認められているものの、「麻薬」に指定され、規制を受けている）。

ロシアは、ケタミンが違法とされている国の1つである。俳優ブリジット・バルドーの訴えが功を奏し、プーチン大統領は２００４年、特例として獣医によるケタミンの使用を認めた。

ケタミンは主に、脳の興奮や覚醒に関与するグルタミン酸の放出を抑制することで作用する。そのため、セロトニン２Ａ受容体と結合する古典的幻覚剤とは、幻覚効果も異なる。ケタミンを摂取した人々は、体外離脱、離人感、夢の中にいるような感覚、混乱、不安、吐き気を感じたと描写する。時間と空間の知覚が変化し、幻覚が現れる。

摂取量が多いほど麻酔の効果に近くなり、もはや動くことも、立ち上がることもできなくなる。「Ｋホール」と呼ばれる状態で、ぐったりと力なく、意識を失っているように見えるが、本人はその間、体外離脱や幻覚体験をしている可能性が高い。Ｋホールは、麻酔をかけられたときの体験のようであるが、後々思い出せないほど意識が失われることはない。

古典的幻覚剤とは異なる脳のメカニズムに作用するケタミンだが、ケタミン影響下の脳画像を観察すると、サイロシビンやＬＳＤを摂取した人のそれと区別がつかない。[3] スキャナーが映し出すのは、ニューロンの無秩序で断片的な、非同期の発火である。脳に対しては同じような影響をもたらす一方で、非常に安全な薬であることが証明されているケタミンは、英国や米国、そして欧州の多くの国々のクリニックでうつ病治療のために既に使用されている。

ニュージーランドでは、精神薬理学者のポール・グルー教授が、反復性うつ病や不安症の維持療法として、長時間効果が持続するケタミン錠剤の臨床試験を行っている。また、米国ではスプレータイプのエスケタミンがうつ病の治療薬として広く処方されている（詳細は第5章を参照）。

情報開示：筆者はAwakn Life Sciences（アウェイクン・ライフサイエンス）社の最高研究責任者を務めており、幻覚剤を用いた心理療法の開発に関与していることをここに記しておく。同社は現在、英国にクリニックを2カ所開設し、うつ病、中毒症、不安症、PTSD、摂食障害に対するケタミン支援療法を提供している。

MDMA（3、4－メチレンジオキシメタンフェタミン）

MDMAがパーティ・ドラッグとして姿を現したのは1980年代後半に入ってからのことだが、その誕生は100年前、1880年代までさかのぼる。そして1914年には、ドイツの製薬会社メルクが特許を取得している。MDMAの発明は、ドイツ兵の食欲を抑えるためであったなどという真偽のほどが定かでない開発秘話が伝わっているが、真実はそれほどドラマチックなものではなく、メルク社の特許もMDMAそのものを対象としていたわけではなかった。出血を抑える新薬製造の一環として取得された特許だったのだ。[4]

MDMAの摂取方法

錠剤（エクスタシーと呼ばれる）または粉末として摂取。研究室ではカプセルを使用する。

MDMA摂取後に起こる変化
摂取量にもよるが、全般的な幸福感、他者に対する好意、不安や恐怖の解消、高揚感、知覚の歪みが挙げられる。
MDMAの持続時間
6〜8時間。

ＭＤＭＡは、もともとは喘息患者の命を救うために用いられた薬物グループであるアンフェタミンファミリーに属する。アンフェタミン（覚醒剤として使われる薬物）が発明されるまで、喘息発作が起きたときに気管支を広げるために利用可能だった唯一の薬は、植物のエフェドラから作られるエフェドリンであった。製薬会社ベーリンガーがメタンフェタミン（単にメスとも呼ばれる〔これも覚醒剤〕）の合成に成功して以来、１００年にわたり、喘息の治療薬として使用された。１９７２年、まだ医学部の学生だった私も、重度の喘息発作を起こした男性にメタンフェタミンを静脈注射した経験がある（今日では、喘息患者向けにより的を絞った治療薬が存在するが、メタンフェタミンは今でも、一般に居眠り病と呼ばれるナルコレプシーの薬として処方されている）。

ＭＤＭＡの特殊な効果が明らかになったのは、１９７０年代になってからだ。ＭＤＭＡの価値を再発見したのは、医薬品化学者で精神薬理学者のアレクサンダー（サーシャ）・シュルギンであった。シュルギンは、薬物関連の裁判で専門家として証言を行うために、幻覚作用を持つ薬物の所持、分析、製造が認められるスケジュール1ライセンスを有していた。『Controlled Substances: A Chemical and Legal Guide to the Federal Drug Laws（規制物質：連邦薬物法に関する化学および法律ガイド）』と題した、薬物の取り締まりに関する本を執筆した人物でもある。[5]

だが、シュルギンの真の動機は法の執行を助けることではなく、人間の意識と精神作用を持つ化学物質の限界を探求することにあった。そのゴールを目指してひた走り、彼はキャリアを通して100以上の新たな幻覚剤を発明し、何千種類にもおよぶ既知の化学物質をテストした。

シュルギンはサンフランシスコのベイエリアにある自宅「ザ・ファーム」に、自身の研究室まで構えていた。彼の仕事場をおさめた写真が残っているが、天井から床まで実験パイプやガラス器具がぶら下がり、映画に登場するマッドサイエンティストの研究室のイメージそのものである。[6]

その仕事のやり方はといえば、まず自分自身に新しい物質をごく少量投与してテストするのである。うまくいった場合は、1日おきに投与量を増やしていく。続いて、セラピストである妻のアン、それから親しい友人たちに試す、という具合だ。「スケジュール1に分類されている化学物質の多くは、私が発明したものだ」とシュルギンは言う。「それが誇るべきことなのか、恥ずべきことなのかは私にもわからない」とも。『ニューヨーク・タイムズ』紙の記事によると、アンは自身の幻覚体験の数は2000回を超えると答え、シュルギンに至っては4000回以上だと述べている。[7]

MDMAの特異な性質に関するエピソードを耳にしたシュルギンは1976年、実際にMDMAを試してみた。そしてただちに、MDMAを摂取した人々が、感情の扉を開け放ち、他者に対する共感を示し、自分自身にも他人にも思いやりある目を向けることに気づいた。その後、間もなく、シュルギンと創薬化学者であり薬理学者でもあるデヴィッド・ニコルズ教授が共著論文を執筆、MDMAは

「感情的かつ官能的な含みを持つ、容易にコントロールできる変性意識状態」をもたらすと記した。シュルギンはこれを、ざっくばらんに「低カロリーのマティーニのようなもの」と表現している。[8]

シュルギンは、妻アン、そしてもう1人のセラピスト、レオ・ゼフとともに、セラピーやカップル・カウンセリングでMDMAを使用し、その効果を絶賛した。心理療法業界では、MDMAはセラピーの進捗を加速させる、行き詰まりの突破口になる、という評判が瞬く間に伝播していった。

MDMAの使用は、西海岸のセラピー・サークルから東海岸へと急速に広まり、そこからさらに、テキサスやスペインのイビサ島などのパーティで利用されるようになり、ここにドラッグ・パーティの幕が開いた。だが、1980年代後半から、世界中のほとんどの国で禁止措置が取られるようになっていく。

これに対するシュルギンの反応は、1991年、『PiHKAL：A Chemical Love Story（ピーカル：ケミカル・ラブストーリー）』と題した、MDMAと他の178の化合物質のレシピ、概要、そして投与量をまとめた本の自費出版である。PiHKALは、「Phenethylamines I Have Known And Loved（私が知り、愛したフェネチルアミン）」の頭文字を取ったもので、フェネチルアミンとは、MDMAとその他のアンフェタミンを含むドラッグファミリーを指す。[9]

化合物のレシピを公開したことで、シュルギンがこれらの薬物の見境のない使用を支持していたように思えるかもしれないが、それは彼の意図することではなかった。「土曜の夜に幻覚薬物を乱用してスイッチを入れたりしたら、精神的に最悪の場所にたどり着くことになる」と彼は右記の書籍で書いている。[10]

シュルギンが、世に送り出そうとしていたメッセージはむしろ次のものだ。「私たちは、自己認識の探究にあたり植物や化学化合物を精神の扉を開く手段として用いた場合に、それを犯罪であるとした初めての世代なのである」[11]

しかし当局が、シュルギンの考えに賛意を示すことはなかった。1994年、「ザ・ファーム」は米国麻薬取締局（DEA）の家宅捜索を受け、シュルギンは2万5000ドルの罰金を科せられ、麻薬取扱ライセンスも取り消された。[12]

だがシュルギンは粘り強い。古典的幻覚剤とその仲間たちを幅広く取り上げた『TiHKAL：The Continuation（ティーカル：続編）』を出版したのだ。なお、TiHKALは、「Tryptamines I Have Known And Loved（私が知り、愛したトリプタミン）」の略称である。[13]

そして今日、シュルギンの望みであったセラピーのツールとしてのMDMAの使用が、PTSD治療のために復活を遂げようとしている。MDMAは、米国食品医薬品局（FDA）から医薬品としての承認を受ける最初の幻覚剤になると見られている（セラピーでのMDMAの使用については、第8章で詳しく説明する）。

スコポラミン

スコポラミンは1880年、ナス科の植物から初めて抽出された。ベラドンナ・アルカロイドの1つで、多くの毒がそうであるように、医療にも役立つ。私が若手医師だった頃は、患者が手術中に窒息することのないよう、唾液の分泌を抑制する目的でオピウムとスコポラミンを投与したものだ。スコポラミンは今でも酔い止めとして使われており、たとえば、乗り物酔いの薬「Kwells（クウェルス）」錠剤や、手術後の吐き気止めパッチ（貼付剤）などがその代表だ。ちなみに、スコポラミンは馬の呼吸を助け、心拍数を増加させるため、競馬では禁止薬物に指定されている。[14]

スコポラミンの摂取方法
南米では、ブルンダンガと呼ばれる粉末を鼻から吸引する。また、アヤワスカの効果を高める目的でブレンドされることもある。

スコポラミン摂取後に起こる変化
混乱、めまい、興奮、眠気、幻聴、幻視など。

スコポラミンの持続時間
スコポラミン単独の場合、4〜6時間。

スコポラミンは、米国のホメオパシー医師ホーリー・クリッペン博士が1910年に、ミュージック・ホールの歌い手であった妻コリーヌ・ターナー、愛称コーラを毒殺するために用いた薬物として悪名をとどろかせている。パーティの後、コーラが音信不通になったことをいぶかしく思った友人たちに、クリッペンは彼女が米国に戻ったと説明した（その頃、夫妻はイングランドに居を移していた）。

しかし、疑念を抱いた友人たちが警察に通報。警察の取り調べに対してクリッペンは、コーラが他の男と出ていったのだと答えた。

その数日後にクリッペンが姿を消したため、警察が夫妻の自宅を捜索したところ、キッチン床下の石炭貯蔵庫から、頭部と性器のない死体が発見され、コーラのものと断定された。その死体から、致死量のスコポラミンが検出されたのである。

追跡の末、ミスター・ロビンソンとして旅行中のクリッペンが、ケベック行きの客船で発見された。若い男に変装した元秘書エセル・ル・ネーヴェも一緒である。船が接岸するまで逮捕が遅れたため、大西洋を横断中の船から毎日更新されるニュースをめぐって報道合戦が加熱した。その後、英国のオールド・ベイリーで裁判が行われ、陪審員たちは、クリッペンがスコポラミンでコーラを毒殺したという検察側の主張を支持した。クリッペンは死刑を言い渡され、間もなく絞首刑が執行された。エセルは無罪となった。[15]

（後日談：2007年、DNAの専門家デヴィッド・フォラン博士が事件の証拠を再調査し、遺体がコーラのものであることはあり得ないと結論づけた。主な根拠の1つは、死体がなんと男性のものであったことだ！）[16][17]

時代の針を進めよう。読者によっては、スコポラミンが「悪魔の吐息」と呼ばれているのを耳にしたことがあるかもしれない。これはブルンダンガ、あるいはボラチェロと呼ばれる南米産の粉末状のスコポラミンを指し、ブルグマンシア（別名：エンジェルストランペット）、または他のナス科の植物から抽出される。立証はされていないが、コロンビアやエクアドル、さらにパリで、ギャング団が人々の顔にブルンダンガを吹きつけて知覚を麻痺させ、強盗を働いたという話も聞く。
２０２１年には、たまたまスコポラミンに遭遇したあるTikTokユーザーの投稿が話題となった。カナダのトロントに住むシンガー・ソングライターのラファエラ・ウェイマンが親友と一緒に、「おいしそう」な香りのする黄色い花の匂いを嗅いでいるところを撮影したものだ。その黄色い花こそが、スコポラミンをはじめ、さまざまなベラドンナ・アルカロイドが含まれるエンジェルストランペットだったのだ。
「友人の誕生日パーティに呼ばれていたのに、到着したとたん、最悪の気分になって、仕方なく２人とも家に帰ることにした」とウェイマンはTikTok動画で話している。[18]
このときの彼女の体験から、スコポラミンの幻覚効果が、古典的幻覚剤のそれとは違うことがよくわかる。「ベッドに入ったところ、人生初の睡眠麻痺（金縛り）を経験しました。黒い服を着た誰かが私の部屋に入ってきて、ベッドの横に腰かけ、話すことも叫ぶことも動くこともできなくなるような注射を私にしたのだと思いました。私はただ、横になったまま、うめき声をあげることしかできませんでした」とウェイマンは『ニューズウィーク』誌に語っている。[19]
スコポラミンは記憶にも影響を与える。医師であり神経学者であるオリヴァー・サックスは、ほとんどすべての幻覚剤を試したことがあり、スコポラミンによく似た合成薬物であるアーテン錠も経験済みだ。
２０１２年に刊行された著作『幻覚の脳科学』で、自身の経験を次のように描写している。

友人たちが促す。「とにかく試してみろよ。20錠も飲めばいい。それでもある程度はコントロールできるから」「パーキンソン病患者へのアーテン錠の投与量は3〜4錠である」

そうして私はある日曜の朝、20錠を数え、口にふくんだ水でそれを一気に流しこみ、座って効果が現れるのを待つことにした……

お茶でも飲もうと、キッチンでやかんを火にかけたとき、玄関ドアをノックする音が聞こえた。友人のジムとキャシーだった。2人は日曜の朝、うちによく立ち寄るのだ。大きな声で「入ってくれ、ドアは開いてるよ」と伝え、彼らをリビングルームに招き入れた。「卵があるけど、どうやって食べたい？」とたずねると、ジムは片面だけ焼いた目玉焼き、キャシーは両面を軽く焼いた半熟目玉焼きがいいと言う。ハムと一緒に卵を焼きながら、私たちは会話を続けた。キッチンとリビングルームの間には、低いスイングドアがあるだけなので、お互いの声はよく聞こえた。そして5分もたった頃、「できたよ」と声をかけながら、ハムエッグをトレーに乗せてリビングルームに行くと、そこには誰もいないのだった。ジムもいなければ、キャシーもいない。彼らがそこにいた形跡さえない。頭がグラグラし、危うくトレーを落としそうになった。[20]

スコポラミンは意識を探求するための新しい扉を提供してくれるのだが、強い不快感のためか、これまでほとんど研究されてこなかった。スコポラミンを摂取したサックスの脳は、偽りの体験を創造しただけでなく、その体験の偽りの記憶をもつくり出した。サックスはこれに衝撃を受けた。スコポラミンがこのような効果を示すのは、神経伝達物質アセチルコリンを放出する、コリン作動性神経をブロックするためだ。記憶の定着や学習を助けるのが、アセチルコリン／コリン作動性神経系なのである。

起こってもいない出来事について記憶をつくり出すことが可能とは、興味をそそられる。脳画像技術を用いて、このような解離性の変性意識状態において脳内で何が起こっているのかを解明できれば、実りの多い研究となるだろう。アルツハイマー病の記憶障害に関する研究でも、スコポラミンが実験モデルとして用いられている。[21]

スコポラミンに抗うつ作用があることを示す研究もある。[22] その一方で、有望視されていたアセチルコリン受容体遮断薬の新たな合成型を用いた大規模臨床試験は失敗に終わっている。[23]

イボガイン

タベルナンテ・イボガの根から抽出されるイボガインは、西・中央アフリカで何世紀にもわたって神聖な植物として扱われてきた。ブウィティと呼ばれるスピリチュアルな伝統祭儀では、物事の本質を見抜くため、そして祖先や森と交わるために、今でもイボガの根が使われている。ブウィティの教えの1つを訳すと次のようになる。「すべての自然――植物、動物、人間、自分自身――を敬うこと」。何日も続く、ブウィティの儀式の主要部分を成すイボガのセレモニーは、大人になるための通過儀礼だ。[24]

イボガインの摂取方法
イボガ植物の根の皮を削ったものを噛むか、茶色の粉末として経口で摂取する。
イボガイン摂取後に起こる変化
体外離脱、目を閉じて夢を見ているかのような、幻覚をともなう催眠状態。
イボガインの持続時間
通常24時間だが、最大72時間持続することもある。幻覚効果がもっとも強いのは最初の8～12時間。

イボガインの使用に関する報告を初めてヨーロッパにもたらしたのは、ベルギーとフランスの宣教師たちであった。1930年代のフランスでは、ランバレネという名の精神刺激薬としてイボガインが市場に出回った。これはイボガインを薄めたチンキ剤で、「うつ病、無力症、病後の回復、感染症、（健康な人の）通常以上の肉体的努力や精神力の向上」がうたい文句だった。このチンキ剤に含まれていたイボガインの用量は非常に少なく、西洋世界で初めて商用化された幻覚剤の「マイクロドージング」と言える。[25]

イボガインの長く強力で、夢のような、そして心をかき乱すようなトリップは1日を超えて（最長72時間）継続し、自我の消失状態が数時間続くこともある。実際、あまりに長く続くため、元の状態に戻れるのか不安になるという声をよく聞く。

イボガインを好んで服用する人はほとんどいない一方で、依存症の治療に有効であることを示唆する事例証拠がたくさん存在する。特にオピオイド系薬物やコカインの依存症の治療と離脱症状（禁断症状）に、1980年代から広く使われてきた。

薬物中毒の治療とリハビリテーションを目的としたイボガインの歴史は、波乱に富んでいる。依存性薬物に対する欲望を抑える効果が初めて指摘されたのは、1962年のことである。19歳の米国人ヘロイン中毒者、ハワード・ロストフがイボガインを試したところ、ヘロインに対する欲求が消え去ったと報告したのだ。ロストフは、イボガインを依存症の治療薬として利用できるよう、生涯をかけた活動を開始した。ところが1960年代後半、米国は、他の幻覚剤と一緒にイボガインも禁止してしまった[26]。

ロストフが取り組んだ初期の研究では、被験者であるオピオイド系薬物中毒者のおよそ3分の2において、薬物使用の中止にイボガインが役立ったことが示されている。1986年には、ヘロイン、コカイン、アンフェタミン、アルコール、ニコチン、多剤乱用の治療に関する米国特許を取得することに成功している。だが、医薬品としての認可を得るために必要な安全性と有効性を証明する研究を完了させることは叶わなかった[27][28]。

イボガインには確かに、安全性の問題がある。心毒性作用があり、血圧を上昇させ、不整脈や心停止さえ引き起こす可能性があることが知られている。これまでに世界で約30件の死亡事故が報告されているが、命を落とした人の大半は、冠動脈硬化症や不整脈など、心疾患の既往症があったと考えられる。その他にも、吐き気や嘔吐、めまい、精神病、不安症などの副作用がある[29]。

イボガインの原産地である中部アフリカのガボンをはじめ、南アフリカ、メキシコ、タイ、カンボジア、フィリピン、スペインなどの一部の依存症治療センターでは現在、オピオイド系薬物依存症、特にヘロイン依存症に対するイボガイン治療が行われている。ただし、イボガインを使用するリハビリプログラムの中には、十分な規制を受けていない、あるいは管理されていないものもあり、治療の質や安全性はいろいろだ。心臓関連のリスクを最小化するためにも、イボガイン治療は医師による監視と心臓のモニタリングが可能な治療センターで実施されるべきである。

ニュージーランドでは、ヘロイン中毒の治療薬としてイボガインが承認されている。イボガインがオピオイド系薬物に対する渇望を抑制し、使用を中止させるのに役立つことはわかっているが、研究不足もあり、その正確なメカニズムは今なお解明されていない。複数の神経伝達系に作用すると考えられており、私たちは、インペリアル・カレッジで、イボガイン服用時の脳画像研究を計画しているところである。依存症については、第7章で改めて取り上げたい。

サルビア

「占い師のサルビア」という意味を持つサルビア・ディヴィノルムは、一般的に鎮静作用、さらに催眠作用を持つことで知られるシソ科の植物だ（通常の園芸種のサルビアとは別の植物）。幻覚作用を持つこの特別なサルビアは、「脳のためのバンジージャンプ」という異名を持つ。

サルビアの摂取方法
ハーブとしていぶした煙を吸ったり、嚙んだり、またチンキとして飲むこともできる。
サルビア摂取後に起こる変化
現実からの離脱、知覚の乱れ、幻覚、不快感など。
サルビアの持続時間
煙を吸引した場合は5〜30分、嚙んだ場合はより長く持続する。

サイロシビンと同様、サルビアは歴史を通して、メキシコのオアハカに住むマサテコ族のシャーマンが儀式に使用してきた。幻聴、幻覚、認知の範囲が狭まるトンネル・ビジョン、空耳、運動機能の障害、体外離脱、そして死を間近に感じさせるほど深い意識変容をもたらす。神々の世界にいるようだとも、このうえなく不快だとも言われる。実際、ほとんどの人が2度目を求めようとしない。サルビアを何度も使用する人々は、いわゆるサイコノート〔ノートは古代ギリシャ語の「船乗り」を語源に持ち、サイコノートは、幻覚剤を用いて内的世界を探索する者を指す〕である傾向が見られ、幻覚体験リストを端から端まで網羅するのに熱心なのだ。
サルビアはほとんどの国で合法だが、ニュージーランド、オーストラリア、英国、米国の一部の州では禁止されている〔日本では規制対象となっている〕。米デラウェア州で、若者の自殺の原因の1つにサルビアが挙げられて以来、米国全土でのサルビア禁止を求めるキャンペーンが展開されてきたが、実現には至っていない。わざわざ禁止しなくとも、サルビアは先に述べたように一生に一度の経験、いや、より正確には「もうこりごり!」な経験であることが多いせいだろうか。[30]

サルビアの有効成分はサルビノリンAで、カッパ(κ)と呼ばれるオピオイド受容体の1つに作用する。モルヒネやヘロインなどのオピオイド系鎮痛剤は、ミュー(μ)と呼ばれる別のタイプのオピオイド受容体を介して作用する。1988年、私は製薬会社レキット&コールマンの協力を得て、ブリストル大学に精神薬理学部を創設した。μオピオイド受容体ではなくκオピオイド受容体に働きかけ、オピオイドよりも中毒性の低い鎮痛剤の発見に取り組んだ。動物実験では、κオピオイド受容体を刺激する薬物は、強力な鎮痛剤となり得ることがわかっていた。

私たちは、開発した化合物を1人のボランティア被験者に試してみた。天井から自分の身体を何時間も見下ろしているような感覚を味わいこのまま元に戻れなくなるのではないかと思った、ひどい時間であったと、実験終了後、彼は私たちに語った。κオピオイド受容体をターゲットにした鎮痛剤を開発した製薬会社がこれまで1社もなかったのは、このためだろう。私たちも研究を中止した。

ジョンズ・ホプキンス大学の研究に基づけば、脳波計(EEG)や機能的磁気共鳴画像法(fMRI)を用いて脳画像を観察すると、サルビアの作用はケタミン、もしくは古典的幻覚剤のそれに非常によく似ている。ただし作用が、セロトニン受容体ではなく、κオピオイド受容体を介して起こっているという点で興味深い。[31]

その一方で、サルビアを摂取した人は、古典的幻覚剤とは異なる幻覚体験を報告する。つまり、脳画像から読み取れるものと被験者の主観的な体験との間に、おもしろいミスマッチが存在するのだ。インペリアル・カレッジでは現在、この違いについて研究を行っているところである。

主観的な幻覚効果の相違は、κ受容体が、セロトニン受容体とは異なる脳の領域に存在するために生じると考えられる。サルビアの幻覚効果が一般的に不快であるのに対して、古典的幻覚剤がそうではないことの説明も、この点にあるのかもしれない。

サルビアが将来、治療用途で使われることはないだろう。それというのも、サルビアを経験しても、何の気づきも得られないためだ。生きていて良かった！　と思わずにはいられないようだが。

ベニテングタケ（**アマニタ・ムスカリア**）

赤やオレンジ色の傘と白い斑点が特徴のベニテングタケは、おそらく世界でもっとも知られているキノコなのではないか。おとぎ話の挿絵に描かれるキノコ、と言えばすぐに思い浮かぶだろう。もともとは北欧とシベリアに自生していたキノコだが、輸出される木材にくっついて今では世界中に広がっている。

ベニテングタケの摂取方法

乾燥キノコとして食べたり、あるいはお茶として飲んだりする。チンキ剤として摂取することもある。

ベニテングタケ摂取後に起こる変化

摂取量によるが、眠気や安らぎ、多幸感、知覚の変化、鮮明な夢など。

ベニテングタケの持続時間

4〜8時間。

ベニテングタケの幻覚成分はムシモールである。ムシモールは、脳を落ち着かせる役割を担っている神経伝達物質GABAに働きかける。ベニテングタケには、イボテン酸という毒性も含まれている。ベニテングタケを食べた人が、発汗、吐き気、嘔吐、下痢、けいれんに見舞われるのは、このイボテン酸のせいだ。ベニテングタケを摂取して死亡する人がごく稀にいるが、主に心臓事象が原因である。ベニテングタケの英語名「フライ・アガリック（ハエキノコ）」の由来もここにある。イボテン酸はハエも殺すのだ。そのため昔は、ベニテングタケの欠片を牛乳に混ぜて殺虫剤を作っていた。なお、キノコを煮出してお茶にすると、イボテン酸は無毒化されるが、ムシモールはそのまま残る。[32]

少量の摂取であれば、ムシモールは眠気を誘い、リラックスさせる効果を持つ。シベリアでは今でも睡眠導入剤として使われており、痛む関節に擦りこむこともある。ムシモールを一定量以上摂取すると、幻覚を起こし、特に物の形や大きさが変わって見えるようになる。このベニテングタケの性質こそが、『不思議の国のアリス』に登場する「私をお飲みなさい」ボトルや「私をお食べなさい」ケーキの、身体の大きさを変える効果にインスピレーションを与えた可能性が高い。きっと、ゲーム『スーパーマリオブラザーズ』の、ちびマリオをスーパーマリオに変身させるスーパーキノコのヒントにもなったのではないだろうか。

知覚の変化はおそらく、大きさに関する決定を担当する脳の領域にＧＡＢＡ受容体がたくさん存在するために起こるのだと考えられる。ムシモールによって、思考のループ、すなわち思考の堂々巡り状態にはまり込んでしまうこともある。

人類が何千年もの間、ベニテングタケを利用してきた証拠がある。実は、ベニテングタケが組織化された宗教の起源であるという説まである。１９７０年に刊行された考古学者ジョン・アレグロ教授の著作『聖なるキノコと十字架：古代中近東の豊穣神信仰の中に、キリスト教の性質と起源を探す研究』（原書名：The Sacred Mushroom and The Cross: A Study of the Nature and Origins of Christianity within the Fertility Cults of the Ancient Near East）によると、初期のキリスト教徒が共同体を形成し、また神を理解するためにキノコを利用していたというのだ。その根拠の１つに挙げられているのが、フランスのプランクロー礼拝堂に描かれた13世紀のフレスコ画で、アダムとイブの間に、リンゴのなった生命の木ではなく巨大なベニテングタケが立っている。同書の発表直後こそ、あまりに大胆な仮説のおかげでアレグロ教授の評判は地に落ちたものの、その後、一定の支持を得るに至っている。[33]

ベニテングタケは、サンタクロース伝承の起源にもかかわっているらしい。このキノコはラップランド北部に生えていて、同地域では吹き寄せる雪をやり過ごすため、人々はしばしばユルトと呼ばれる円錐型テントにこもることがあった。隣人たちは、雪に埋もれたユルトの煙突から出る煙で雪の下の仲間の居場所を突き止めた。そのとき、煙突から乾燥したベニテングタケを落とし入れて、仲間たちを元気づけたのだという。これが本当なら、サンタクロースが赤と白の服を着て煙突から降りてくる理由はもちろん、トナカイが空を飛ぶのだって説明がつくではないか。

トナカイはベニテングタケを好んで食べる。そこで遊牧民たちは、事前に採集したベニテングタケを意図的に配置して、望む場所へトナカイを誘導するのだという。トナカイの体内に入ったムシモールは、排尿時にそのまま体外へ排出される。ベニテングタケを食べたトナカイの尿を、他のトナカイが飲むことも知られている。

どうやらその昔、人間もトナカイと同じ行動を取っていたようだ。中世のシベリアでは、ベニテングタケは誰しもが手に入れられるものではなかった。富裕な人々がキノコ・パーティを開くと、周辺の農奴たちも集まってきた。ムシモールが尿を介してリサイクルできることを知っていた彼らは、パーティの参加者が外に出て、桶に放尿すると、その尿を集めて飲んだと言われている。[34]

ベニテングタケは、ほとんどの国で禁止されていない。西洋では、他の幻覚剤ほど、ベニテングタケが広く利用されてこなかったからだろうか。加えて、ベニテングタケを摂取したところで、おもしろい体験はできるかもしれないが、古典的幻覚剤のように、既存の秩序や体制への疑いにつながるような洞察を人々にもたらすことはめったにない。

とはいえ、GABA受容体の特定のサブタイプに作用する薬が現時点では他に存在しないことから、研究に値する興味深い化合物である。

ムシモールとよく似た分子であるガボキサドールについては、2000年代に睡眠薬としての臨床試験が行われたが、乱用の懸念があるとして承認されずじまいであった。臨床試験を通して乱用の危険性が明らかになった際、リスクが臨床上の有用性を上回ると判断して、開発に携わっていた企業が医薬品としての開発を断念したのだ。過去にはハンチントン病を含む運動障害の薬として合成ムシモールの治験が行われたこともあったが、認可に値するほどの有効性は示されなかった。

情報開示：筆者は、ムシモールの抽出エキスを活用した人間用のウェルネス製品を開発するPsyched Wellness（サイケッド・ウェルネス）社の社外取締役を務めている。

第4章
幻覚体験中の脳内では何が起きているのか

幻覚剤が有望な医薬になるとは思っていなかった

幻覚体験中の脳内で何が起こっているのか、これは神経科学における大きな未解決問題の1つである。それでも15年前と比べれば、だいぶ理解が進んできたと言える。ロビン・カーハート＝ハリス教授が率いるインペリアル・カレッジの私の幻覚剤研究グループは、この分野で世界をリードする研究を行ってきた。幻覚剤は、意識に関する脳内の基本的な働きを理解するための強力なツールであり、その理解の鍵を握るのが最新の脳画像技術だ。

まだ博士課程の学生だったカーハート＝ハリス教授が、幻覚剤影響下の脳画像研究をやりたいと言ってブリストル大学の私の研究室の扉を叩いたのが15年前のこと。2008年に研究をスタートさせたとき、私は、幻覚剤を用いることで脳の機能を探究することができるだろう、もしかしたら脳のセロトニン系や、うまくいけばうつ病の原因に関する理解が進むかもしれないと考えていた。だが、幻覚剤それ自体が有望な薬になろうとは、つゆほども思っていなかった。

セロトニンとうつ病の関係を探る試行錯誤

1980年代、研究の一環として、私はセロトニン系について調べていた。読者の皆さんも、セロトニンがうつ病に関係していること、セロトニンが私たちを「幸せな気持ちにさせる」化学物質であること、あるいは、プロザックなどの抗うつ薬が選択的セロトニン再取り込み阻害薬（SSRI）と呼ばれていることを知っているのではないだろうか。だが、セロトニンやその不足がうつ病の直接的な原因であるかどうかは、まだよくわかっていないと言ったら驚くかもしれない。これまでの研究ではっきりしていることは、うつ病患者の間では、セロトニン受容体の数が増加していることだ。そこから導き出された1つの説が、セロトニンの不足を補うために、受容体の数の調節が行われているのではないかというものだ。

SSRIが普及する以前は、古いタイプの抗うつ薬がうつ病の治療に用いられていた。治療が困難なうつ病を治療する最終手段は、（当時も今も）電気けいれん療法（ECT）である。ECTでは、電気を使って脳の特定の部分のけいれんを誘発する。患者に麻酔薬と筋弛緩剤を与えた後、脳に電流を流して、30〜35秒間けいれんを起こさせるのだ。麻酔が切れて目を覚ました患者は、混乱したり、ぼんやりしていたりすることもあるが、数時間も経たないうちに抑うつ気分が改善していく（ECTについては第5章でも取り上げる）。

ECTを用いた治療に効果があるのは、私たちの脳が電気化学的な機械であり、約1000億個のニューロン（神経細胞）のネットワークで構成されているからだ。覚醒、睡眠、記憶の保存、嚥下といった、脳という機械の「出力」は、脳のニューロン・ネットワークを何百万ものメッセージが飛び交った結果なのである。それぞれのメッセージは電気信号としてニューロンの間を旅していく。ただし、ニューロン同士の間の隙間を埋める接点であり、メッセージの受け渡し役を担うシナプスは、セロトニンなどの神経伝達物質、つまり化学物質を使ってメッセージをやり取りしている。神経伝達物質は受容体に作用することで、この任務を遂行している。セロトニンのように、複数の受容体に作用するものもある。

ＥＣＴや古いタイプの抗うつ薬が、セロトニン２Ａ受容体に影響を与えることはわかっていた。そこで研究の一環として、２Ａ受容体をブロックすることが、うつ病の改善につながるかどうかを調べようとした。私たちはこれを明らかにするために、２Ａ受容体を遮断する、リタンセリンという新たに発明された化合物を使うことにした。臨床試験で健康な被験者にリタンセリンを投与し、脳波計（ＥＥＧ）で彼らの脳を観察した。ＥＥＧは、ワイヤーつきの水泳キャップのようなもので、頭皮上に配置した電極から脳波を読み取ることができる。

だがこの研究は失望とともに終わった。２Ａ受容体遮断薬を摂取しても、脳ではほとんど何の変化も起こっていないようだった。確認できたただ1つの違いは、もっとも深い睡眠ステージ（徐波睡眠）で発生する脳波である徐波（スローウェーブ）の増加であった。

深い眠りは回復をもたらす質の高い睡眠であることから、２Ａ受容体遮断薬が良い睡眠薬になるのではないかと考えた。だが、臨床試験でリタンセリン摂取後に睡眠が改善したと報告した者は1人もいなかった。これはおそらく、摂取した翌朝に倦怠感やふらつきを感じたためだろうと思われる。[1]

被験者にたずねてみると、睡眠薬ならば、モガドンなど既存の薬の方がいいという答えが返ってきた。これらの睡眠薬には、睡眠の質を改善する効果はないのだが。いずれにしても、製薬会社が2A受容体遮断薬の製品化に着手することはなかった。

続いて私は、2A受容体遮断薬の用途に関するもう1つの可能性を提案した。バッド・トリップの解毒剤になるのではないかと考えたのだ。2A受容体を阻害することで、幻覚剤の作用を邪魔することができる。救急外来で重宝されるのではないかと思ったのだが、ここに商業的なチャンスを見出す製薬会社はなく、開発には至らなかった。しかし、これらの遮断薬は現在、LSDトリップの持続時間を短縮する研究で活用されている。救急搬送されてきた患者が一晩中、病院のベッドを占拠する事態が解消されるかもしれない。

論理的に考えたら、2A受容体遮断薬の次に取り組むべきは、幻覚剤そのものの研究であっただろう。しかし、当時の科学者のほとんどにとってそうであったように、違法薬物の研究を行うことによって着せられるだろう汚名、化学物質の入手に必要となるコスト、研究の許可を得ることの難しさなど、幻覚剤研究の前にそびえ立つ障壁はあまりにも高かった。まさにこれらの理由によって、1967年以降、すなわち米国と国連が幻覚剤を禁止してからというもの、幻覚剤の臨床研究の数はほぼゼロに落ちこんでいた。

2000年代まで、そのような状況が続いていた。私の研究グループは、当初はブリストル大学で、後にインペリアル・カレッジ・ロンドンに移ってからも、科学の探究と治療の進歩の可能性を否定するという、この理不尽な、なんとも腹立たしい状況を是正しようと試みてきた。

幻覚剤影響下の脳を脳画像技術で観察する

予想していた通りだが、サイロシビン投与後の脳観察研究のために必要な倫理審査委員会からの承認と研究資金を獲得するまでに数年の歳月を要し、２００８年になってようやく研究を開始することができた。[2]

サイロシビンを選択したのには、いくつかの理由がある。まず、サイロシビンが非常に安全であることだ。世界各地で、何千年にもわたり何百万人もの人々が使用してきたにもかかわらず、サイロシビンが原因であると証明された死亡例はない。英国では、秋の収穫シーズンになるとティーンエイジャーや20代の若者がよくマジックマッシュルーム茶を作っているし、生のマッシュルームが違法となったのはつい最近、２００５年のことである。そして、研究に着手するために必要となる大学と倫理審査委員会からの承認を得るうえでもっとも重要な点は、おそらく、サイロシビンがＬＳＤではないことだ。サイロシビンは、ＬＳＤに50年にわたりまとわりついてきた恐怖や誤情報と無縁なのだ。

実験参加者には過去に幻覚剤を試したことのあるボランティアを募った。これは、バッド・トリップのリスクを最小化するための判断であった。なにしろ、画像撮影時の騒音がうるさく、誰でも閉所恐怖症になってしまいそうな狭苦しいｆＭＲＩ装置の中で、幻覚剤トリップへ旅立てというのだ。このことは、規制当局に承認を求める際にも重要なポイントとなった。薬物摂取経験のない無垢の人たちを、ドラッグの世界へ案内しようとしているわけではないと断言できたからだ。

スケジュール１に分類されている薬物は、がんじがらめの規制で管理されているため、調達コストが通常の研究用薬物の10倍に膨らむ。なんとか費用を抑えるために、私たちはサイロシビンを静脈注射で投与することにした。静脈注射ならば、投与量が10分の1で済む。

サイロシビンのもう1つの利点は、効果の持続時間が比較的短いことだ。特に静脈注射の場合に顕著で、経口投与ならば効果が4～5時間持続するのに対して、静脈注射では30分なのだ。たとえ不快な経験をする被験者が出たとしても、その状況がいつまでも続くことはない。実際には、私たちのこれまでの研究を通して、バッド・トリップを経験したのは、何百人もの被験者のうちたった1名であった。多くの被験者がｆＭＲＩ脳スキャナーに入った状態や、その他の装置に電気ケーブルでつながれた状態で幻覚体験をしたにもかかわらず、である。そしてその唯一のバッド・トリップは、ＬＳＤを使ったときに起こったものだ。

在来の研究助成機関は、違法薬物研究に対する支援を拒んだ。だが、共同研究者でもあるアマンダ・フィールディングと彼女が率いる公益を目的としたベックリー財団が研究のための資金と助言を提供してくれた。さらに、2つの幻覚剤研究団体からも少額の寄付を受けた。幻覚剤学際研究学会（Multidisciplinary Association for Psychedelic Studies：ＭＡＰＳ）と、Heffter Research Institute（ヘフター・リサーチ・インスティテュート）の関連財団である。私自身も、コンサルティング料や講演料を研究につぎ込んだ。

こうして資金をかき集めたものの、研究に必要なコストをすべてまかなうことはできず、医療スタッフの人件費や画像解析の費用など言わずもがなであった。それでもなんとか研究を前進させることができたのは、代休や有給休暇を使って、あるいは週末、夕方や夜間に無償で働き、貴重な時間と能力を惜しみなく提供してくれた研究者たちのおかげだ。私はこれを、ゲリラ薬理学と命名した。

幻覚剤は脳のスイッチをオンではなくオフにする

そのようにして始まった最初の研究では、ｆＭＲＩ脳スキャナーを用いて脳内の血流の変化を調べた。血流の変化を測定することで、脳の活動に生じる変化を読み取ろうという考えである。１９７０年代に生まれた1つの説は、幻覚剤が脳内の血流を増加させるというものだった。これは論理的に思えた。たとえば、それまでの研究で、錯乱状態にある人では、脳の視覚系における血流量の増加が幻覚に関係している可能性が示されていたからだ。だが、薬物によって引き起こされる幻覚を、脳スキャナーを使って研究することは、前人未踏であった。私たちは新境地の開拓に乗り出そうとしていたのだ。

研究ではまず、参加者それぞれに生理食塩水を投与し、それから彼らの脳を30分間スキャンした。平常運転時の脳の活動を測定するためである。次に、2ミリグラムのサイロシビンを静脈注射し、再び脳スキャンを行った。

被験者全員に、それぞれが経験した古典的幻覚剤の典型的効果を報告してもらった。大半の人が幻覚体験を「強い」と評価した。彼らは、主に長方形や多角形の明るい幾何学模様が視覚空間を動き回り、色や明るさに対する感覚が鋭くなるという単純な幻覚を経験した。また、視野が揺らぐような感覚をともなう視覚安定性の喪失や、時間や空間の知覚が湾曲することについての描写もあった。少数ではあるが、スピリチュアルあるいは超自然的な体験をしたという回答もあった。自分の身体から離脱し、ｆＭＲＩ装置の外に出たと説明する人も何人かいた。

参加者の幻覚効果に関する申告は、ほぼ予想の範囲内であった。問題は、続いて示された脳画像の結果である。それは、長い研究人生でもそうそうない、驚愕に値するものだったのだ。過去にも1度だけ、予測と正反対の実験結果を目の前に突きつけられたことがあった。そのとき私が考案した、科学の格言を紹介しよう。もし結果が予測と正反対であるならば、それは真実である可能性が非常に高い！

私たちは幻覚剤の摂取にともない、脳の血流、特に脳の視覚系の血流が増加するだろうと予測していた。ところが、視覚にかかわる脳領域の活動に変化はなかった。実際、脳のどこにも活動の増加は見られなかった。

だが、被験者全員に幻覚が現れた以上、何かがそれを引き起こしていなければならない。私たちが目にしたのは、脳の3つの領域で活動が著しく低下していることだった。そして強い幻覚体験をした実験参加者ほど、その3領域の活動が減退していたのだ。（ティモシー・リアリーが広めた）「スイッチを入れ、脱落せよ」が、「スイッチを切り、脱落せよ」に修正された瞬間であった。

この思いがけない最初の発見をきっかけに、私たちは幻覚剤を活用した脳の探究という魅惑の旅に出ることになった。そしてインペリアル・カレッジの研究グループは現在、この分野で世界の先端を走っている。これまでに、サイロシビンを用いた3件の脳画像研究を完了した。LSDの作用に関連する脳回路を明らかにした初の論文を発表した。[3] 直近では、ジメチルトリプタミン（DMT）投与時の脳画像を取得し、[4] 目下、5－MeOの研究に取り組んでいるところだ。

カーディフ大学との共同研究を通し、より高度かつ的を絞った画像技術を利用して脳の活動をより詳細に、微妙な差異まで追跡して、量だけでなく質についても調べることができるようになった。fMRI技術の1つであるBOLD（血流酸素濃度依存）を用いれば、脳の活動にともなう酸素濃度の変化を直接的に測定することもできる。また、脳波計（EEG）の特殊タイプである脳磁図（MEG）

ならば、脳の電気活動をより精確に計測できる。LSDを用いた研究では、サイロシビンよりも持続時間が長いことから、同日中に各被験者にBOLDとMEGの両方の検査を行うことができた〔それぞれの測定に10〜20分程度かかる〕。これには大きな利点がある。2つの異なる、しかし補完的な画像技術により、相互の結果を検証することが可能になったのである。

研究を1つ終えるたびに、幻覚剤が脳に与える影響の理解に一歩ずつ近づいてきた。しかしこのことが「意識」の理解においてどのような意味を持つのかと問われたならば、私たちはまだ出発点に立ったばかりであるように思える。本章では、私たちがこれまでの研究を通して学んできたことを説明しよう。

脳内のネットワークの働きと幻覚剤の影響

私たちの脳は、複数の脳領域が連携した、いくつものネットワークとして働いている。各ネットワークが協力することで、特定の機能を発揮するのだ。たとえば、視覚のためのネットワーク、聴覚のためのネットワーク、運動のためのネットワーク、という具合だ。他にも、注意、計画、外部環境の影響評価のためのネットワークがあり、さらに、これらすべてを統べるネットワークもある。

脳にとっての大きな課題は、右記のようなさまざまなネットワークを統合することだ。なにしろ、それぞれのネットワークが10億個ものニューロン〔神経細胞〕を使うのだから。これを担当するのが、大脳皮質第V層〔第5層〕の錐体細胞という、一連の特別なニューロンたちである〔大脳皮質は6つの層からなるとされる」。第V層のニューロンは、私たちの脳機能の中でも、もっとも高次のレベルで仕事をしている。加えて、幻覚剤が作用する受容体であるセロトニン2A受容体の濃度が脳内でもっとも高い。

前帯状皮質（ACC）と呼ばれる脳の領域にある第V層のニューロンは、意欲、感情、記憶を統合する仕事を受けもっている。後帯状皮質（PCC）のニューロンは、視覚、聴覚、位置感覚、触覚など、感覚器官からのインプットを統合している。このACCとPCCのコミュニケーション・ネットワークこそが、デフォルト・モード・ネットワーク（DMN）と呼ばれるネットワークの中核を成している（DMNについては後述する）。

私たちの耳が音をとらえると、第V層のニューロンが、どのように反応すべきか調整を行う。脳は、音の分析を最適化するために頭や身体を動かし（PCC）、その音を以前にも聞いたことがあるかどうか記憶の保存庫をチェックする（ACC）。認知的な反応に加えて、感情的な反応も取りまとめるのだ。そして、その音が重要であれば、脳はこれらの異なる要素をすべて取り込んだ新しい記憶を、記憶の保管庫に蓄える。

以上の調整はすべて、ネットワークの間を流れる電気の波、すなわち脳波によって行われる。脳波計（EEG）や脳磁図（MEG）を用いれば、頭蓋骨の下の脳波を測定することができる。脳波には、熟睡中に出るとてもゆっくりとしたものから、覚醒時、高い集中力を発揮している間に出る非常に速いものまで、いろいろな種類がある。目を閉じて静かに座っているときに現れるもっとも特徴的な脳波は、アルファ波と呼ばれるものだ。

幻覚剤を摂取するとDMNがオフラインになる

幻覚剤を摂取すると、脳内の全体に広がる第V層ニューロンの2A受容体に結合する。これにより、第V層のニューロンの興奮が引き起こされ、発火が劇的に増加する。脳波計や脳磁図を用いた私たちの研究では、幻覚剤の摂取により、脳の典型的な、リズミカルな脳波パターンが失われることが明らかになった。強いアルファ波が弱まり、代わりにより浅い、非同期の脳波が出現することが観察された。

このことは、常態では脳のすべてのインプットを統合し、高次の脳機能をつかさどるネットワーク(DMN)が、相互のコミュニケーションを停止したことを意味する。最初の研究で記録された血流の低下は、DMNがオフラインになったことを示している。

DMNは、すべての楽器がハーモニーを奏でるように保つ、オーケストラの指揮者にたとえることができる。指揮者がいなくなると、個々の楽器は予測不可能な一連の不協和音を響かせる。オーケストラが、バッハの代わりに、フリージャズを演奏するようなものだ。これと同じように、中央の制御がなくなると、脳のさまざまな部分がフリースタイルを演じ始めるのだ。脳は無秩序で混沌とした状態になり、幻覚剤影響下で見られる意識の変容が起こる。

脳は予測モデルを作ることで世界を「見て」いる

ここで、幻覚体験について、もう少し掘り下げてみよう。

脳と目は、目に見えるものをとらえるカメラのように機能すると考えている人がいるかもしれない。実際ははるかに巧妙だ。脳は、周辺世界のビデオ映像を撮ったり、何百万枚もの写真を撮ったりするわけではない。そんなことをすれば、あっという間に記憶容量を使い果たしてしまうだろう。私たちが「見る」ことができるのは、脳が網膜から届く信号に基づいて外界を再構成するからだ。このプロセスを説明したのが、図2である。

何かを目にすると、その物体から放たれる光子が網膜に飛びこんでくる。すると、網膜のニューロンが、その情報を電気的刺激として視神経を介して大脳皮質の視覚系に送る。視覚野のある領域は画像の位置を、他の領域は動きの有無と方向を、また別の領域は色を、さらに別の領域は形状を2次元と3次元で分析する。そして、視覚野はこれらすべての分析を総合して、外部にあるものを構成するのだ。

時を同じくして、高次の脳領域は、私たちが見ているものについての予測（神経科学者はこれを事前知識と呼ぶ）をつくり出す。そして脳は、感覚器官からの情報に基づく構成と予測とを比較し、結論を導き出す。もし予測が誤りであれば、修正されることになる。

たとえば、読者の皆さんにも、食欲をそそる食べ物らしきものを「見て」、それを食べようとしたことがあるだろうか。もしそれが本当の食べ物ではなく、色折り紙だったとわかったら、あなたは学習する。そして脳は、同じ間違いを繰り返さないように、予測を見直し、改善するのだ。

すべての感覚はこのように働く。自分の世界の構成は検証によって行われるのであり、その際に事前知識が有効であることが確認されるか、あるいはつくり直されるかするのである。事前知識は、見たり、嗅いだり、触れたりするものだけのためにあるのではない。思考や計画、想像など、あらゆるものに対して、私たちの脳は予測を行う。現実とは、「目の前にある」のではなく、私たちの脳がつくり出したものなのだ。

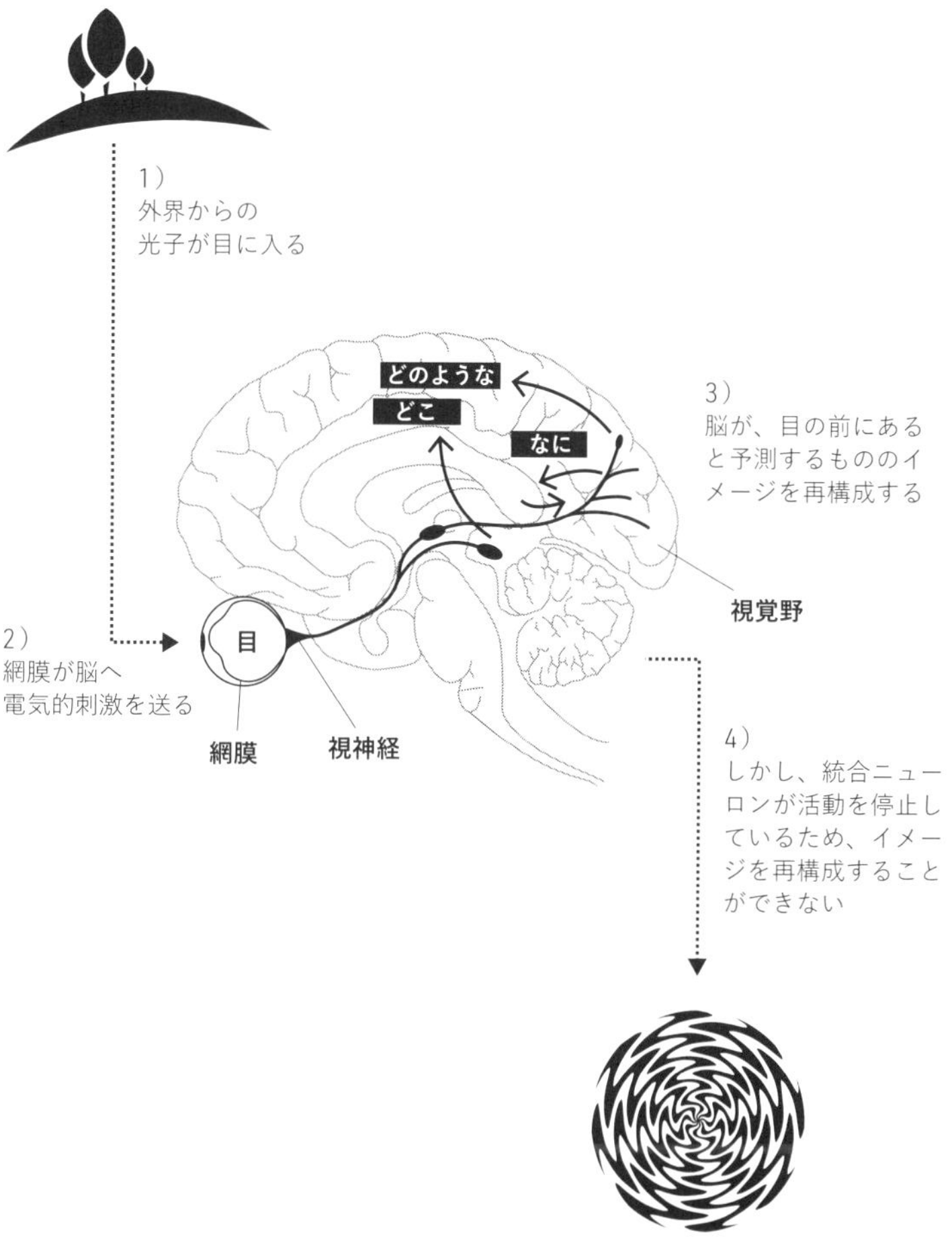

図2＿脳が何かを見るとき

脳は、網膜からの電気的刺激を解釈して、外界の予測を構成する。幻覚剤によって、これらのインプットを統合する視覚系の能力が影響を受けるため、幻覚が現れる。

脳のソフトウェアは分析に長けており、昨今の人工知能（ＡＩ）と同じように、絶えず構成したものを見直して、テストを繰り返している。そして脳は、どのようなコンピュータよりもずっとエネルギー効率が高い。近代神経科学の創始者の１人であるヘルマン・フォン・ヘルムホルツが１８００年代に述べたように、「脳は推論を行う機械」なのである。

たとえば、あなたは今、本書を手にしている。あなたにはなぜ、それがわかるのか。感覚器官からのインプットが、あなたがその物体に触れて、それを見て、その匂いを嗅いだと伝える。すると脳はこう言う。「それはおそらく本だな」。長方形で、文字が書かれていて、大きさもちょうどいいし、匂いも触った感じも紙のようだ、と。脳は、目や指から届く情報の分析を続け、本の「本らしさ」を確認するのである。

事前知識の作成は人生の非常に早い段階、つまり乳児が世界の探索を始めたときに始まる。これこそが学習の基礎だ。幼年期に私たちは、短期間のうちにこの事前知識をたくさん構成する。そして死を迎えるまで、新しい事前知識の開発は続くのである。

一般的な幻覚が幾何学模様である理由

カエルなどの動物を使った研究によると、脳がイメージをつくり出す最初の段階では、単純な幾何学的形状のイメージが作られる。通常これらは、ただちに全体的かつ完成されたイメージへと融合され、私たちはこれを外界として認識する。ところが、幻覚剤の影響下では、脳はこのプロセスを実行することができない。

このことは、一般的な幻覚が、クリスマスツリーのイルミネーションのようだと形容されることの多い、鮮やかな色をした模様や形である理由の説明となる。つまり、このような幻覚を目にした人は、その幾何学模様が、視覚系の初期段階の活動によって生み出されたところを見たことになる。私たちが最後にこのような模様を見たのは生後数カ月の頃、視覚系のネットワークが完全に発達する前だったはずだ。

マジックマッシュルームを摂取した人が、視覚の再構成が混乱したときに起きた、あまり一般的とは言えない体験について話してくれたことがある。印象的な、一生忘れることのないだろうトリップの最中に、目の前の世界全体の上下がひっくり返ったというのだ。さもありなん、と合点がいった。目の水晶体は外界からの光を反転させるので、網膜に映る像は上下逆さまになる。私たちの脳は、生後のごく早い段階でこの像を反転させることを学習する。推察するに、サイロシビンがこのプロセスを邪魔したのだろう。そのため彼は、網膜に映ったままの、反転していない世界を見たのだ。

幻覚剤がDMNをオフにすることで思考が混乱

幻覚剤の影響下で変化するのは、物体の見え方や経験だけではない。私たちの思考にも変化が起こる。なぜなら脳は、私たちが知覚する外部の世界に関する予測（事前知識）だけでなく、たとえば、言語、認知、感情といった、私たちの内面世界を支配するものの予測もつくり出すためだ。

これらの事前知識のための入力情報に具体性が欠けるほど、脳にとっては、検証と評価が困難になる。この事前知識の検証や評価には、自己観察や自己認識、そしておそらく他者とのコミュニケーションを必要とする。この作業は、先に言及したデフォルト・モード・ネットワーク（DMN）と呼ばれる脳のネットワークを介して行われる（その中核を成すのがACCとPCCだ）。DMNの仕事は、私たちの心を占める事柄や焦点、思考、計画、記憶を指揮統制することである。

DMNは脳のもっとも高いレベルで、脳全体を管理する指揮者なのだ。DMNの存在が発見されたのは、私たちが脳画像研究を始める10年ほど前のことである。DMNは、私たちがリラックスして内省しているようなとき、たとえば、自分自身について考えたり、[5] 1日の計画を立てたり、過去を振り返ったりしているときに、[6] そして何かをしているときよりも何もしていないときに、[7] もっとも活性化する。赤ん坊にはDMNの接続性はほとんど見られないが、成長するにつれ、大人になるまで接続性が増加していく。[8]

通常の脳内でDMNが活発になる様子を見たければ、誰かに脳スキャナー装置の中で横になるよう頼み、目を閉じて、外部のタスクには一切かかわらず、ただただ自分自身のことを考えてもらう必要がある。これが、DMNが「デフォルト〈初期設定〉・モード」と呼ばれるゆえんだ。DMNは、他のすべてのネットワークがオフになったときに、支配的になるのである。

幻覚剤の影響下にある脳をfMRIとMEGの両方で測定したところ、このDMNがオフラインになっていることが確認された。視覚系の統合がオフラインになると幻覚が現れるように、DMNがオフラインになることで、支離滅裂な思考、考え方の変容、鮮明な心象といった、典型的な幻覚体験が現れるのだと説明できる。

DMNの停止は固着した思考から逃れる機会となる

幻覚剤によって起こるDMNの変化がおよぼす影響はこれにとどまらない。DMNは、自我を担う脳のネットワークであり、アイデアや信念、心の持ち方などを含む、人としての自分に関する継続的な思考にかかわっている。DMNが「自己回路」と呼ばれるのも、そのためだ。フロイト的な言い方をすれば、自我の源と呼べるかもしれない。

人によっては、そのDMNの事前知識の大半が、たとえば幸せな記憶や将来へ向けた前向きな計画など、ポジティブなもので占められている。しかし、うつ病、強迫性障害、拒食症、物質あるいは行動依存症など、メンタルヘルスの問題を抱える人の場合はそうではない。彼らは、特定の否定的な事前知識に過剰にとらわれている可能性がある。たとえば、うつ病では罪悪感や低い自尊心、強迫性障害では清潔さへの極度の執着、依存症では渇望などが挙げられる。

事前知識が何の助けにもならないとしても、DMNはそれを止められないのだ。そして、これらの事前知識が本人のつくり出したものである以上、自らに害を与える思考や、最終的に自己破壊につながりかねない行動から脱するのは難しい。

たとえば、依存症患者の多くは、アルコールやその他の薬物のことを考えたり、欲しがったりしないように努めるが、思考や欲求を抑えられない。何の快楽も得られないというのに、摂取し続けてしまうこともある。意識的な決断として始まった薬物使用が、いずれ意識の支配のおよばない、無意識下の反射的な行動や習慣になる。その行動はついに事前知識となり、脳のシステムに組みこまれ、意識的なコントロールの範疇から外れてしまうのだ。

強迫性障害のケースでは、ほとんどの人が強迫観念や強迫行動が無意味なことを理解している。それでも止めることができない。うつ病の人も、自分のネガティブな思考が不毛であると感じているものの、習慣となった反芻思考を断ち切ることができないのだ。

18世紀の詩人であり画家であったウィリアム・ブレイクが生み出した、このことを表すのに言い得て妙な表現がある。「心がつくった手かせ」だ。ブレイクがこの言葉で描写したのは、戦争に行くことが正しいと妄信する兵士、そして田舎を離れ北部の工業都市の「暗い悪魔の工場」で働くことを選んだ労働者だったが、うつ病や依存症の症状から抜け出せない、とらわれた脳の状態を表す強力なアナロジーにもなっている。

幻覚剤は、手かせをはめられた心を解き放つための手段になるかもしれない。幻覚剤の影響下でDMNがオフラインになったとき、人は習慣的な思考や自分自身についての思いこみから一歩足を踏み出し、いつもの事前知識から逃れるチャンスを手に入れられると私たちは考えている。たとえば、「私は価値のない人間だ」の代わりに、「私は子どもの頃に虐待を受けた。だから、自分には価値がないと思いこんでしまったのも無理がない。そのことを理解した今、私はそのような考えと決別することができる」と考えるのだ。

私たちの神経画像研究に参加した被験者の一部は、幻覚剤服用後のポジティブな気分の持続を報告している。深い内なる平穏が得られたと回答する人もいれば、幸福と活力を感じたと答える人もいる。第5章で改めて取り上げるが、固定化されてしまった好ましからざるDMNの活動を混乱させることこそが、幻覚剤がネガティブなパターンからの脱却と、憂鬱な気分の改善に役立つ主たる要因のようである。

◇幻覚剤は脳に新たなつながりを形成する

神経画像研究を通して得られたもう1つの予期せぬ発見は、幻覚剤が脳内の接続性におよぼす影響であった。[9]

私たちは数学者と協力し、脳の結合が幻覚剤の影響下でどのように変化するかを探った。通常、脳の各ネットワークは主にそれぞれのネットワーク内でコミュニケーションを完結させ、他のネットワークとは少ししかやり取りをしない傾向がある。このような脳の機能のあり方を、脳の「スモールワールド性」と呼ぶ（図3a）。

スモールワールド性を持つ脳のローカル接続は、すべての事前知識に依存している。私たちが乳幼児期から培ってきた、ありとあらゆる状況に対する事前知識である。これは、日常生活を送るうえで、極めて優れた仕組みとなっている。エネルギー効率も非常に高い。私たちの脳は、既知のいかなるコンピュータに比べても、10倍の効率性を誇る。

その一方で、脳のこの効率性は、柔軟性の欠如や創造性の喪失といった、いくらかの代償をともなう。そして、この効率的に働くネットワークのうち自尊心や人生に対する姿勢を決定するものが不適応だとしたら、精神疾患を引き起こす可能性がある。

サイロシビンの影響下では、そして後の研究で示されたようにLSD影響下でも、脳内のつながりが図3bのように変化する。より多くの脳領域の間に、新たなつながりが大量に生まれていることがわかるだろう。「スモールワールド」が、「ラージワールド」ネットワークになるのだ。いつものネットワーク内でのコミュニケーションが断ち切られ、ネットワーク間の相互作用が増幅される。手かせが外れた脳はすっかり自由になり、幼児期以来なったことがない状態に戻るのだ。

このことは、幻覚剤を摂取した人々が描写する、意識の広がりや宇宙とのつながりといった感覚の説明にもなる。

私たちのLSD研究ではさらに、被験者が報告する幻覚体験が強いほど、通常時の脳のネットワー

a）通常の脳。ほとんどのつながりが互いに近接している、スモールワールド脳。

b）幻覚剤影響下の脳。脳を横断した接続性が増える。これにより、人々はまったく違った視点で物事を見たり考えたりできるようになる。

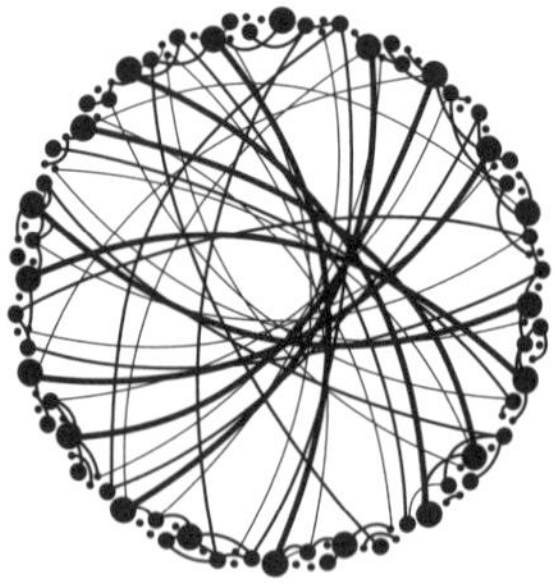

図3＿脳の結合レベルの統計的性質を図式化したもの

クが断絶される度合いも高まることが示された。そして、実験参加者が経験した幻覚が複雑であるほど、視覚野と脳の他の領域との間に新しいつながりが増える。音が色をともなって見えるというような共感覚が、その好例だ。これは、視覚ネットワークと聴覚ネットワークが新たに対話をするようになった結果なのである。

接続性が増えることは、幻覚剤を摂取した人々が、自分自身に対する重要な気づきや知的な洞察が得られたと報告する理由の説明にもなり得る。入眠直後や睡眠中に新しいアイデアが浮かぶプロセスにも似ているが、DMNの支配力が減退することで、トップダウン型の指令からの制約を受けることなく、脳が自由に働けるようになるためだ。

何十年もの間、切り離されていた脳領域間に新たなつながりが形成されることによって、人々は古くからの思いこみや悩みを見直したり、苦痛の根源である記憶を追体験したり、隠された、あるいは抑圧されていた個人的な問題にアクセスできるようになるのではないだろうか。DMNによるトップダウン型のコントロールが崩れることで心が開放され、脳を横断する新しいつながりが、古い記憶や感情を新しい洞察、理解、解釈に結びつけることを可能にするのだ。

それに加えて、幻覚剤は神経可塑性を高める。詳しくは次章で説明するが、神経可塑性が向上することで、新しいアイデアや計画が脳に定着し、幻覚剤トリップを終えた後も持続する。これが、幻覚剤療法が長期的な臨床効果を持つ理由である。

LSDの影響下で生まれたもっとも重大な科学的洞察の1つは、1993年にDNAの解読法の発明でノーベル賞を受賞した化学者キャリー・マリスのものに違いない。DNAは、コイル状の分子で、分子の鎖が二重らせんを形成している。マリスはLSDを摂取したとき、蛇を見た。もう少し具体的に言えば、蛇のような姿をしたDNAのらせんがほどけ、複製されるのを見たのだという。

蛇の幻覚から着想を得たマリスは、試験管の中でDNAのらせん状の鎖をほどき、ほどけた部分をコピーする方法を発見することができれば、DNAをより迅速に解読できると考えた。その答えをポリメラーゼという酵素に見つけたマリスは、ポリメラーゼ連鎖反応（PCR）法を開発した。PCR法は今や、現代生物学の礎となっている。極小サンプルでも解析可能で、究極的には細胞1つからDNAが採取できれば良く、マンモスのような死滅した種の細胞から得られるものでも分析可能だ。傷口に付着したバクテリアからハンバーガーに含まれる馬肉に至るまで〔英国では馬肉食はタブーとされており、牛肉100％のはずのハンバーガーに馬肉が混入していることがPCR検査で判明してスキャンダルになったことがある〕、あらゆるものの検査ができるようになったのも、PCR法のおかげである。

このような革命的な発見が幻覚状態によってもたらされたと聞くとぎょっとするかもしれないが、実はそれほど驚くことではない。「どんな問題も、それがつくり出されたときと同じ意識レベルにとどまっていては解決できない」と、アルベルト・アインシュタインも言っている。

◇幻覚剤は脳を混乱させることで心の開放へ導く

ウィリアム・ブレイクが次のように書いている。「もし知覚の扉が清められたならば、すべてのものがありのままに、無限に見えるだろう。人々は自らを閉ざし、洞窟の狭い隙間から万物を見ているのだから」

ブレイクの言葉には、単に人々の目を開かせるにとどまらない意味が込められている。私たちのほとんどが、人生のあらゆる局面において鳥の目で全体像を俯瞰することができずにいることを、彼は理解していたのだ。

1953年、オルダス・ハクスリーは著作のタイトルに、このブレイクの言葉を借用した。『知覚の扉』である。ハクスリーは同書で、メスカリンによって心の洞窟の隙間を広げ、物事をまるで違う角度から見ることができるようになったと書いている。同時に、メスカリンが心を開いたのならば、何かが彼の心を閉ざしていたに違いないと考えた。そして、その何かとは脳であり、「脳は心の注意を集中させるための道具である」と結論づけた。

幻覚剤を用いた私たちの脳画像研究は、ハクスリーの仮説を裏づけるものだった。私たちは、幻覚剤が、外部からの入力と内部での構成という通常の処理を混乱させ、それによって脳機能を変化させることを明らかにした。そして、この混乱が意識を変化させるのだ。たいていは、心の開放という方向へ。

見方によれば、幻覚剤は私の目をも開いてくれた。研究をスタートさせたとき、サイロシビンを用いた最初のMRI研究から得られた脳画像が、うつ病を治療するための新しい、より強力な方法の発見につながるとは考えてもいなかった。これについては、次章で改めて説明しよう。

非古典的幻覚剤の脳内での作用

古典的幻覚剤グループに含まれないさまざまな幻覚物質が、脳にどのような影響を与えるかについては、まだそれほど解明が進んでいない。多くの場合は、古典的な幻覚剤と同じこと、つまり非同期が起こっているが、より局所的である。

□ベニテングタケ（第3章参照）は、物体の大きさの知覚に変化をもたらし得る。有効成分のムシモールが、視覚野のGABA受容体を刺激して、物体の大きさを知覚する領域の働きに影響を与えるのだ。

□サルビアは、クラウストラムと呼ばれる、知覚よりもむしろ覚醒や感情に関係する脳のネットワークにあるκ受容体に働きかける。

□ケタミンは、グルタミン酸系に作用し、NMDA受容体と呼ばれるグルタミン酸受容体の特定のサブタイプを遮断する。グルタミン酸は脳にとって主要な興奮性の神経伝達物質であり、脳の至るところにその受容体が存在する。ケタミンは古典的な幻覚剤のように大脳皮質に作用すると同時に、外界と脳をつなぐ主要な中継基地である視床を含む他の領域にも作用する。脳の海馬（コンピュータのランダムアクセスメモリー（RAM）にあたる働きをし、短期記憶を処理する）にも作用する。ケタミンが、古典的幻覚剤のように抑うつ気分を改善する一方で、その変化が定着しないのはこのためかもしれない。

□MDMAについては、第3章を参照。

幻覚体験中に起こるその他のこと

◦自己と外界

後帯状皮質（PCC）のもう1つの役割は、自分が身体の中にいること、その身体が空間のどこかにいるという感覚を与えることだ。ところが、幻覚剤の影響下では、この自己と外部との区別が崩れるのである。数人の被験者は、この幻覚効果が非常に強烈で、自分の身体が瓦解したかのように、あるいは自分が身体と脳スキャナーを抜け出して、空中をさまようかのように感じた。スピリチュアル体験のようだったと述べた被験者もいる。ある人は、遠くの明るい光に向かって空間を移動して、自分が神の足元にひれ伏しているのを見たと描写した。

◦色覚の改善

幻覚剤は、色に対する感覚を研ぎ澄ませる。そのため、色がより明るく、鮮やかに感じられることがある。色覚異常を持つ人の、色の判別能力が改善することもある。私たちの調査研究でも、色覚異常を持つ実験参加者の一部が、幻覚体験後にこの現象を報告している。新たに獲得した色彩感覚に対する驚きを手紙にしたためてくれた実験参加者もいる。私たちが薬物に関する世界的なアンケート調査「Global Drug Survey（グローバル薬物アンケート調査）」で、色覚異常を持つ人々を対象に幻覚剤の使用による影響について質問したところ、約半数が、色覚が改善したと回答した。一部の科学者は、色覚異常は網膜の錐体細胞の欠陥によるものであり、そのようなことはあり得ないと主張する。だが、色覚異常の人も、正常な色覚の人と同じように、幻覚剤によって色が鮮やかに感じられることがあるのだ。これについての私の仮説は、ほとんどの人にとって色はさほど重要ではないので、脳がその重要性を軽視しているというものだ。幻覚剤がこの脳の思いこみを揺り動かし、私たちの色彩感覚を赤ん坊の頃のそれに戻すのだ。[10]

・**音楽に対する感覚**

音楽もまた、脳内のネットワーク間の接続性を増やし得る。これが、音楽が幻覚体験を増強するパワフルな手段であり、現在では音楽が幻覚剤療法の重要な一部となっている理由だ（第6章を参照）。

実際、幻覚剤を摂取せずとも、適切な環境で特別な音楽を聴かせるだけで治療効果があると考える研究者もいる。

第5章
うつ病に対する幻覚剤療法の研究

十分な注意を払いながら責任を持って使用したならば、精神医学にとっての幻覚剤は、生物学や医学にとっての顕微鏡、あるいは天文学にとっての天体望遠鏡のような存在になるだろう。

スタニスラフ・グロフ博士

既存のうつ病治療が効かない患者は多い

イアン（45歳）は、2015年にインペリアル・カレッジで行われた、サイロシビンを用いた最初のうつ病治療研究の参加者である。以下に、彼の報告を紹介する。

私は物心ついたときから、うつや不安に悩まされてきました。時が経つにつれて、うつ状態はますます悪化し、気分の落ちこみはひどくなる一方でした。10年ほど前、かなりの長時間労働に耐えながらいくつもの異なる役割をこなそうとして、完全に燃えつきてしまいました。

対話療法に参加し、抗うつ薬を服用しました。6種類の抗うつ薬を試しましたが、その効果はせいぜい私の感情の振れ幅を狭めるぐらいのもので、生活のあらゆる場面で感覚が鈍くなったように感じました。再度診察してもらおうと、かかりつけ医を訪ねたところ、「いったい私に何を期待しているのですか」と言われてしまいました。うつ病のどん底で苦しんでいる人にかけるのに、これよりひどい言葉があるでしょうか。

役立ちそうなことを自分でもいろいろ試してみました。毎日自然の中を散歩する、といったことです。そんなことをしても、木に向かって「どうして気分が良くならないんだ！」と叫びたくなるだけでしたが。ジャーナリング〔「書く瞑想」とも呼ばれ、感じたことや頭に思い浮かんだことを紙に書き出すこと。ストレス軽減やメンタルヘルスの向上につながるとされている〕にも挑戦しましたが、誰も読みたがらないようなこのうえなく憂鬱な記述になりました。

何か1つ、それさえあれば歯車がかみ合ってすべてがうまく回り出すような、そんな何かを切望していました。どん底のときは、合理的な選択は自殺しかないと思えてしかたありませんでした。私さえいなくなれば、妻や身近な人たちに辛い思いをさせることもなくなるはずだと考えたのです。今なら論理が飛躍しているとわかりますが、当時はそうとしか考えられなかったのです。

ある日、インターネット検索をしていたところ、アヤワスカを飲んでうつ病が改善したという人たちの動画をいくつか見つけました。とはいえ、うつのせいで外出さえままならないというのに、南米の熱帯雨林まで足を運ぶなど、とても考えられませんでした。そんなとき、インペリアル・カレッジのロビン・カーハート＝ハリス博士の講演に巡り合ったのです。博士は、サイロシビンが脳にもたらす作用について説明し、インペリアル・カレッジで、サイロシビンのうつ病に対する効果を検証する臨床試験が計画されていることに言及しました。

期待しすぎないように努めましたが、私に残された最後の希望のような気がしました。同時に、幻覚剤を避けたい気持ちもありました。若い頃、友人たちと幻覚剤で無茶をしたことがあって、もう二度と深入りしないと誓っていたのです。

それは20歳か21歳の頃のことだったと思います。ある晩、LSDの効き目が切れたと思いこんで、マイクロドットの半量を追加で飲んでしまったのです。過剰摂取でした。光が降り注ぎ、「こっちへおいで、イアン」と私を呼ぶ声が聞こえました。その声に従えば死が待っているだろうこと、たとえ死を免れても元の状態に戻れなくなるだろうことがわかりました。自分の魂が、身体から離れていくのを感じました。友人たちが私の名前を呼び、付き添ってくれました。彼らにしたところで、意識変容の真っただ中だったのですが。その後、外に出るのが怖くなり、普段の生活に戻れるまで数日かかりました。自分の身をゆだねてはいけないものに手を出してしまったのだと自覚しました。

そのときから20年を経て、私はインペリアル・カレッジの臨床試験に申しこみました。スクリーニングを受けて、1年後、幸運にも臨床試験への参加が決まりました。有効量を投与されることがわかっているオープントライアル〔被験者が、どの治療薬を服用しているかがわかる試験。非盲検試験〕方式だったので、安心でした。各参加者にはまず10ミリグラムの中用量のサイロシビンが投与されました。問題がないことを確認するためです。その1週間後に、25ミリグラムの治療量が投与されました。

10ミリグラムのサイロシビンが投与される間も恐怖を感じ、薬物に対する拒否感に襲われました。ベッドの上でまるで凍りついたように動けなくなり、途中でトイレに行きたくなるのではないかと不安になりました。トイレに行くのは、自分自身を制御できていると確認するための私なりのやり方なのです。しばらくして、少し気分が軽くなったような、少なくとも、心配が消えたような気がしました。

それでも、次は25ミリグラムのサイロシビンを摂取することになると思うと、緊張は高まる一方でした。その週、私はガイド役を務めるセラピストを訪ね、薬に対する拒否感について話しました。ガイドとの対話はとても助けになりました。それがどんな自分であれ、なるべくしてなる自分になればいいのだと、全面的に肯定してくれました。笑いたければ笑えばいいし、泣いても、大きな声を出しても、叫んでも、ベッドの上で転げまわったっていいのだと言ってくれたのです。私の身体と心がそれを必要とするならば、何をしてもいいと。「in and through（イン・アンド・スルー）」という表現を使って、逃げるのではなく通り抜けるのだ、何が起ころうとも私はそれに立ち向かえるのだというイメージを植えつけてくれました。

25ミリグラムの最初のセッションが始まってすぐ、病院の部屋の外で待っていてくれたセラピストに付き添われてトイレに行ったこと、「もう二度とこんな気分を味わいたくない」と感じたことを覚えています。私はまだ、薬に抵抗を感じていました。

セラピストが、「イン・アンド・スルー」を思い出すように繰り返し言い聞かせてくれました。すると間もなくして、私を虐待した父親の姿が思い浮かんだのです。生涯忘れることのできない顔です。いつもなら、それをなんとか頭の片隅に追いやろうとするところでした。父にまつわる恐ろしい記憶と正面から向き合ったが最後、私は死んでしまうか、少なくとも修復不可能なダメージを受けるだろうと思っていたのです。「イン・アンド・スルー」。セラピーチームは、この悪魔に立ち向かうよう私の背中を押してくれました。それはまるで、『オズの魔法使い』の舞台の幕を開けたような感じでした。私は父と対峙しました。そして、父が私のことを打ち砕いてしまうような全能の存在などではないことを理解したのです。目の前にいたのは、ただの惨めな小男でした。

これを乗り越えたことで、その後の幻覚体験の方向が定まったようでした。どのようなことに直面しようと、何が起ころうと対処できました。脅威も危険も感じません。物理的な自己を超越した存在とでも言えば良いでしょうか。喜びを感じました。宇宙が、そして自然界のあらゆる粒子が私の中にあり、自分が宇宙とつながっていると感じました。生きとし生けるものすべてに慈しみを感じ、そして人生で初めて、自分のことを大切に思い、あるがままの自分を肯定的に受け入れることができました。すべてがつながっているのですから、自分だけを排除する必要などないのです。

幻覚経験は、幸せと喜びだけではありませんでした。ある時点では、フランスのカレーにある移民キャンプ「ジャングル」が頭に浮かびました。まるでその場にいるかのように、人々の痛みと苦しみを心から感じて、涙が溢れてきました。

セッション中に起こった最大の変化は、目の前に現れるすべてのものに対して、オープンに、愛情と思いやりを持って接することができた点です。それがどんなに不快で悲しいことであっても。まともに向き合ったら自分の心は壊れてしまうに違いないと思っていた父に立ち向かえたことで、何が起ころうとも対処できるようになったのです。

私たちは、感じたい感情をえり好みしているものです。でも私は、湧きあがるすべての感情が歓迎されるものなのだと気づきました。私たち人間にとって、泣くことは、笑うことと同じぐらい正当な表現行為なのです。

翌日のフォローアップ・セッションで、セラピーチームに気分の落ちこみを感じているかと聞かれました。うまくいっているのに台無しにしたくなくて、返事をするのに少し時間がかかってしまいました。私は、「いいえ、憂鬱な気分も、不安も感じません」と伝えました。

心が開放された感覚は、セッションが終わった後も3カ月ほど続きました。ヒッピーのように聞こえるかもしれませんが、どんな感情が湧いてきても、私はオープンにそれを受け入れることができました。うつ状態のときと正反対です。うつ状態のときというのは、自分がそう感じないようにできる限りのことをするものですから。それまでは、たとえ店でパンを買うだけでも、人と接するのが不安でたまりませんでした。それが、すっかりおさまってしまったのです。自分がくだした判断を、後になってあれこれ思い悩むこともなくなりました。「生まれ変わった」とまでは言いませんが、自分を受け入れるために自分を変えようとしたり、偽ったりせずに、そのままでいいのだと思えるようになりました。

けれども、それから3、4カ月が経った頃、生活面で難しい状況に直面したこともあり、心の開放感が徐々に減退していきました。これが、幻覚剤療法の一番難しいところです。大多数のケースで、効果は次第に薄れていきます。セッション中に流れていたのと同じ音楽を聴いたり、臨床試験の期間中に書いた日記を読み返したりと、あのときの体験を思い起こす方法を模索しましたが、新しい生き方やあり方は次第に、単なる精神医学上のコンセプトとなって、私から遠ざかっていくばかりでした。

それでもなお、物事は完全に前と同じには戻らないものです。幻覚剤療法を通して、私は自分のうつ病に対する見方を変えることができました。以前はうつ病を、取り除きたい自分の一部だと、まるで切除が必要ながん腫瘍のようなものだと考えていました。今では、うつ病と自分は継続的な関係にあるのだと思っています。時間をかけて、注意を払って、絶えず働きかける必要のある人間関係のようなものなのだと。またもやヒッピーのようですが、今は、愛情と寛容と思いやりを持って、自分のそうした部分に接することができます。

私は今でもうつ病に苦しんでいます。先月は、10段階中、8ないしは9のレベルまで悪化しました。今は7ぐらいです。臨床試験に参加した者としては、やっと効果のある治療法を見つけたというのに、違法だから、まだ薬として承認されていないからという理由で、幻覚剤療法を受けられないのは辛いことです。

私は、もうひとりの参加者と一緒に「PsyPAN（サイパン）」という臨床試験参加者のためのアドボカシー（権利擁護）ネットワークを立ち上げました。臨床試験の主催者と協力して、試験の設計や実施においては被験者のことを中心に考えるよう求め、治療法ひいては治療結果の改善に貢献することを活動目標に掲げています。

私は、幻覚剤を用いたうつ病治療の潜在的な可能性を信じています。幻覚剤療法は、多くの人々に希望や安心感、洞察へつながる扉を与えてくれます。サポートや統合セッションと組み合わせることで、変化を起こし、生活の質を向上させることができるのです。幻覚剤の「残照」は薄れていきます。だからこそ今後、おそらくは3〜6カ月に1度のペースで人々が治療を受けられるようになることを願います。

幻覚剤療法参加者の権利擁護ネットワーク（Psychedelic Participant Advocacy Network：PsyPAN）の詳細については、ウェブサイト（psypanglobal.org）をご覧ください。

サイロシビンが薬として利用できるようになったならば、精神医学治療分野において、この50年で最大のイノベーションになると信じている。重篤なうつ病は、一部のがんよりも私たちの寿命を縮める原因となっている。心臓発作のようなストレスに起因する病気や心因性の食欲不振、そして何より自殺のためである。

臨床精神科医としての50年近いキャリアを通して、私は重度の慢性的なうつ病を抱える多数の患者の治療にあたってきた。私の専門クリニックを訪れるのは、既に何種類もの抗うつ薬を試したものの、何の効き目もなかった患者である可能性が高い。

現在のところ、この種のうつ病に対する治療の選択肢の幅は狭い。最初のステップは通常、抗うつ薬のさまざまな組み合わせを処方することである。しかし、抗うつ薬が効かない患者の割合は、最大で40％に上る。[1]

抗うつ薬が効かなかった患者には、より侵襲的な治療の選択肢が2つある。1つは、第4章で触れた、電気けいれん療法（ECT）だ。映画『カッコーの巣の上で』を観たり、原作を読んだりしたことのある人は、非人道的だと思うかもしれないが、実際はそのようなことはない。継続的な治療（通常は週に2回、8〜10週間）により、脳と気分に持続的な変化をもたらすことができる。もう1つは、稀なケースではあるが、脳の一部を切除する病変切除手術だ。1950年代初頭に初めて行われ、昔は「前頭葉白質切截術」、一般に「ロボトミー法」と呼ばれていた。

だが後者は、慎重を期すべき最終手段だ。もしサイロシビンでこれらの治療を代替することができれば、それ以上に願わくは、うつ病の症状がこれらの処置を必要とする段階へと進行するのを食い止めることができれば、患者の人生を激変させることになるだろう。医師の人生もしかりだ。私たちの幻覚剤療法の臨床試験は、まさにその象徴である。インペリアル・カレッジの幻覚剤研究センターは、大学付属病院のECT治療用フロアを引き継ぐ形で新設されたのだ！

私たちのうつ病治療の道具箱には、既に1つ幻覚剤ツールが含まれている。ケタミン療法である（日本でもケタミンの抗うつ薬としての適応外処方は行われている）。ケタミンは合法であるため、他の幻覚剤よりも一足先に、その抗うつ作用が発見された。おまけに麻酔薬として以前から利用可能だ。だが、英国の国民保険サービス（NHS）でケタミンが提供されることはめったにない。うつ病に対するケタミン療法の長所と短所については本章の後半で説明するが、ケタミン療法は人によっては優れたセラピーになり得る（第5章を参照）。

うつ病の幻覚剤療法の研究はどう進んできたか

私たちが2008年にサイロシビン影響下の脳画像研究を初めて開始したとき、直近の小規模な先行研究が2件あり、いずれもサイロシビンをたった1度摂取するだけで人々が人生に対してより前向きになれることを示唆していた。1つは、ジョンズ・ホプキンス大学医学部のローランド・グリフィス教授が率いる研究グループのものだ。同グループの研究では、うつ病ではない被験者にサイロシビンを大量（経口で30ミリグラム）投与し、セラピーのセッションを提供した。薬効成分を含む活性プラセボとして用いられたのは、覚醒剤メチルフェニデート（リタリン）である。結果、サイロシビンを摂取したグループは、気分と幸福感に著しい改善が認められたが、リタリンを摂取したグループには有意な改善は見られなかった。前者のグループの大半が、このときの経験を、人生でもっとも有意義な個人的体験のベスト5に、そして精神的にもっとも重要な体験のトップ5に入ると評価した。[2]

もう1つの研究は、ニューヨーク大学のチャールズ・グロブ教授による進行がん患者を対象としたものだ。被験者は当然のことながら、不安や抑うつを抱えていた。この研究においても、抑うつ気分の改善が確認され、それは研究が終了した後も6カ月間続いていた。[3]

これらの結果に勇気づけられながら、私たちが行ったサイロシビン影響下の脳画像研究の参加者たちに、治療後の一定期間の気分はどうだったかたずねた。このときの被験者はうつ病患者ではなかったが、複数の参加者に、数週間にわたる前向きな力強い気分の変化が見られた。ある参加者が、次のように述べている。

「サイロシビン影響下の脳スキャン実験」以来、それが噴水の水を眺めることであれ、今日の午前中のように科学に関する講演や会議に出席することであれ、今この瞬間、つまり「今」「ここ」に集中するのが、ずっと楽になったように感じています。カーディフには噴水がいくつかありましたが、風に吹かれた水しぶきが太陽の光を受けてキラキラと輝いていました。いつまでも眺めていられそうでした。どういうわけか、美しさが増したように感じられるのです……それが何なのかはわかりませんが、ずっと続いています。今朝は、木漏れ日を楽しみました。仕事先へ向かう道のりをゆっくり歩き、葉の間から差しこむ陽光を顔に浴びて堪能しました。[4]

サイロシビンは脳の25野とDMNの活動を変える

薬物としての作用は4時間かそこらしか持続しないにもかかわらず、サイロシビン摂取後、何日も、何週間も、場合によっては何カ月もの間、人々の気分が改善し、幸福感が高まるのはなぜなのだろうか。

その手がかりは2つある。それは、2つの脳領域だ。私たちの最初の脳画像研究での幻覚剤影響下で、それらに変化が認められている。

1つ目は、25野（CG25）と呼ばれる脳の小領域で、第4章で述べた前帯状皮質（ACC）の一部を成している。サイロシビン摂取後、25野の活動に顕著な減少が見られた。

その10年ほど前、うつ病に関与する脳回路マッピングのパイオニアとして知られる、米アトランタにあるエモリー大学のヘレン・メイバーグ博士が、うつ病に関する理論を根本からひっくり返した。

うつ病はそれまで、気分を維持する脳回路の「故障」により起こると考えられていた。これに対して博士は、うつ病の鍵は、うつ状態を「維持」する脳回路が握っており、それは25野の過剰活性によって引き起こされるという革新的なアイデアにたどり着いた。そして、25野のスイッチを切るという実に巧妙な実験でこれを証明したのである。[5]

メイバーグは、パーキンソン病のために開発された脳神経の外科手術治療の一種である脳深部刺激療法（ＤＢＳ）を応用した。脳神経外科医が脳の特定部位に電極を埋めこむ手術だ。ただし、パーキンソン病患者の場合は運動回路に刺激を与えるのに対して、メイバーグの実験のターゲットは25野である。電極をオンにすると、当該脳領域のスイッチがオフになる。

この種の手術では、電極が正しい位置にあることを外科医が確認できるよう、患者は手術台の上で目を覚ました状態でいることが求められる。メイバーグの実験では、電極のスイッチを入れて、25野の活動がオフになるやいなや、複数の患者がほぼ即座に抑うつ気分の改善を報告した。時間をおいて効果が現れた患者もいた。後のＤＢＳ臨床試験では、すべての患者に効果があるわけではないものの、一部の患者には人生を一変させるほどの効果があることが示された。

この間の研究で、他のうつ病治療法にも25野の活動を低下させる作用があることが明らかになっている。ここでいう他の治療法には、ケタミン（これについては後述する）、その他の抗うつ薬、認知行動療法（ＣＢＴ）が含まれ、時にプラセボ（偽薬）でもそのような効果が示されることがある。ここへきて、サイロシビンが25野の活動を低下させることがわかったのだ。次に問われるべきは、サイロシビンに抗うつ効果があるかどうかだ。

サイロシビン影響下で変化が観察されたもう1つの重要な脳領域は、デフォルト・モード・ネットワーク（DMN）、別名「セルフ・サーキット（自己回路）」だ。

私たちの研究以前にも、脳画像研究によってうつ病患者ではDMNの過剰な活動と接続が見られることが知られていた。それに加えて、DMNの接続が広範におよぶうつ病患者ほど、ネガティブな思考を反芻する度合いが高いことがわかっていた。[6]

うつ病患者の思考や記憶は、どこまでも続く線路のような、逃れることのできない否定と罪悪感のレールに沿って走っている。このネガティブな思考はいつしか独り歩きするようになり、患者を抑うつ的な反芻の深みへと連れていく。

スコットランドの哲学者トーマス・カーライルの描写を読めば、それがどのような気分か想像できるだろうか。「それは、巨大な壊れた無限の蒸気機関が、その死んだような無関心の中で転がり続けるようなものである。私の四肢を轢きつぶしながら」

最初の研究で明らかになったように、サイロシビンがDMNの活動を混乱させることから、私たちはサイロシビンがネガティブな反芻思考のプロセスを断ち切り、それによって抑うつ気分が改善されるのではないかと考えた。

うつ病患者へのサイロシビン療法研究を実施[7]

私たちは第2弾の研究では、他の誰よりも治療を必要としている、治療抵抗性うつ病患者を対象とすることに決めた。

英国では50年ぶりの試みである。うつ病患者を対象とした幻覚剤臨床試験のために必要な許可を得るのは、容易ではないとわかっていた。結局、承認を受けるまでの全プロセスに、32カ月もの時間を要した。それに比べたら、資金集めのプロセスの方が簡単だったぐらいだ。脳の実験的研究を支援する英国の主要研究助成機関である医学研究会議（ＭＲＣ）が、治療抵抗性うつ病の新しい治療法を開発するためのプログラムの一環として、小規模な二重盲検比較試験に資金を提供すると約束してくれた。

それにもかかわらず、研究倫理審査を経て承認を得るまでに丸1年かかり、地元病院の倫理委員会に3度も出向く羽目になった。委員会のメンバーには開業医が1人いたが、精神科医は含まれておらず、重度の治療抵抗性うつ病患者の治療に直接あたった経験を持つ者は皆無だった。研究グループからは、私の他に2人の心理学者、ヴァル・カラン教授とスティーブ・ピリング教授が代表として出席した。委員会は、うつ病患者にサイロシビンを投与するのは危険すぎるとの主張を繰り返すばかりであった。それに対する反論の1つとして私たちは、1960年代にはいくつかの国で、インドシビンという名でサイロシビンがうつ病や不安神経症の治療薬として使われていたという事実を挙げた。ついでに言えば、英国では毎年100万人の国民がマジックマッシュルームを摂取しているが、副作用はなく、100万人のうちの一部はきっとうつ病を患っているはずである。

委員会は最終的に研究を承認したが、12人の患者を対象とした予備的な安全性試験のみという条件つきであった。そして、患者も医師もサイロシビンが投与されることを知っているオープンラベルの臨床試験であること、また6カ月のフォローアップ診断が義務づけられた。

承認を得てからも、薬そのものの入手にさらに12カ月を要した。スケジュール1に分類されている薬物に課された、ありとあらゆる国際ルールのおかげである。

臨床試験には、2種類以上の標準的な抗うつ薬治療で症状の改善が見られなかった被験者を募集した。ある患者は、11種類の抗うつ薬を試したが効果がなかった。1人を除き全員が認知行動療法を受けたが、徒労に終わった経験を持つ。20年以上うつ病を患っている患者も数名いた。

治療セッションは、一般的な外来クリニックのような人間味のない無菌室でなく、アットホームで落ち着いた雰囲気の静かな部屋で行った。柔らかい光の照明で部屋を暖かく照らし、壁には絵をかけ、心地よい音楽を流した。臨床試験中は精神科医か心理学者が2名必ず付き添い、患者たちのガイド役を務めた。

研究開始にあたり、fMRIで各被験者の脳スキャンを行った。スキャンの後、25ミリグラムの治療量に耐えられるかを確かめる目的で、1人ずつ10ミリグラムのサイロシビンを経口投与した。各人問題がないことが確認できたので、その1週間後、12人全員に25ミリグラムの全量投与を行った。全員ではないが、大半の被験者に強い反応が見られ、それが4時間ほど続いた。

治療の翌日には、2回目のfMRIスキャンを行った。それから、それぞれのサイロシビン体験についてセラピストと話し合った。「統合」と呼ばれるこのステップはセラピーの肝であり、患者にとって重要な意味を持つ。幻覚剤トリップから始まった治療プロセスの効用と洞察を最大化するために行うものだ（これについては第6章で再度詳しく述べる）。

この研究で評価すべき主要アウトカム（結果）は、うつ病患者がサイロシビンを服用した場合の安全性であったが、私たちは、標準的な評価尺度を用いて患者の気分も測定した。25ミリグラムのサイロシビンを服用した翌日、1週間後、そして2週間後に測定を行ったところ、ほとんどすべての患者でうつ病症状のスコアが大幅に改善した。2週間後の判定では、12人中10人が、うつ病からの回復を示す基準を満たした。驚くべき成果である。結果が非常に有望であったこと、また深刻な副作用も生じなかったことから、倫理委員会は私たちがさらに8人の被験者を加えて研究を続けることを認めた。追加での参加となった8人の患者についても、同じく大半にうつ症状の大幅な軽減が観察された。

　本研究の結果は、25ミリグラムのサイロシビンの単回投与とセラピーの組み合わせは、難治性のうつ病患者に現在提供されている他のどの単回治療よりも強力な抗うつ効果が得られることを示していた。1週間以内に、そして多くの場合は1日のうちに、うつ病の度合いを示すスコアが半減したのである。臨床試験に参加した患者のうち数人は、8年以上、うつ病と無縁の生活を送ることができた。だが残念なことに、ほとんどの被験者では、その後6カ月のうちに、うつ病の症状がじりじりと戻ってきた。同じような結果は、重度のうつ病に対するすべての治療法に見られる。つまり、治療を中止すると、うつ病が再発する傾向があるのだ。この再発をどう防ぐかが、近年の幻覚剤療法関連の研究における重要課題の1つとなっている。それでも、サイロシビンで大多数の治療抵抗性のうつ病患者の症状を改善できる可能性が高いことがわかったのだから、患者にとっては一筋の光明である。オーストラリア政府が難治性うつ病の治療へのサイロシビン使用を承認した狙いもここにある。

複数の製薬会社がサイロシビン療法の開発を開始

　私たちが研究の成果を発表した直後、米国で行われた2つの研究でもサイロシビン支援療法の抗うつ効果が確認された。1つは、ジョンズ・ホプキンス大学医学部のローランド・グリフィス教授の研究グループ[8]、もう1つはニューヨーク大学のスティーブン・ロス教授[9]による研究で、どちらも命にかかわる進行がんを抱える患者を対象にしたものだ。後者の研究では、「サイロシビンは不安と抑うつに即時的、実質的、そして持続的な改善をもたらし、がんに関連した気分の落ちこみ、興味や関心の減退、絶望感を減少させるとともに、精神的な幸福感と生活の質を向上させた」という。そしてこの状態が、6カ月以上持続したのである。

いくつかの小規模な製薬会社がサイロシビン療法の開発に着手したのも、驚くことではないだろう。その先頭を走っているのがCompass Pathways（コンパス・パスウェイズ）社で、つい最近、欧州と北米の22の施設で、治療抵抗性うつ病患者を対象としたCOMP360（同社が開発した合成サイロシビン製剤）の二重盲検無作為化試験を完了したところだ。同試験では、1ミリグラム（プラセボ）、10ミリグラム、25ミリグラムの3種類の用量でCOMP360の評価が行われた。25ミリグラムのサイロシビンを投与された患者の4分の1以上で、12週間後にうつ病が寛解している。[10][11]

サイロシビンとSSRIの比較研究も行った

私たちが次に取り組んだ研究は、選択的セロトニン再取り込み阻害薬（SSRI）の主流となっているエスシタロプラム（日本での商品名はレクサプロ）とサイロシビンとの比較である。抗うつ効果の優劣を調べると同時に、両者が脳内で異なる働きをするという私たちの理論を、fMRI画像を使って検証することが目的であった。[12]

同研究は、患者をサイロシビン治療とエスシタロプラム治療にランダムに振り分ける二重盲検試験で、期間は6週間にわたった。中等度から重度のうつ病患者を募集し、59人が参加した。被験者を2つのグループに分けた後、サイロシビン・グループには25ミリグラムのサイロシビンを2回（1回目は開始時、2回目は3週間後）投与した。エスシタロプラム・グループと条件を揃えるため、それ以外

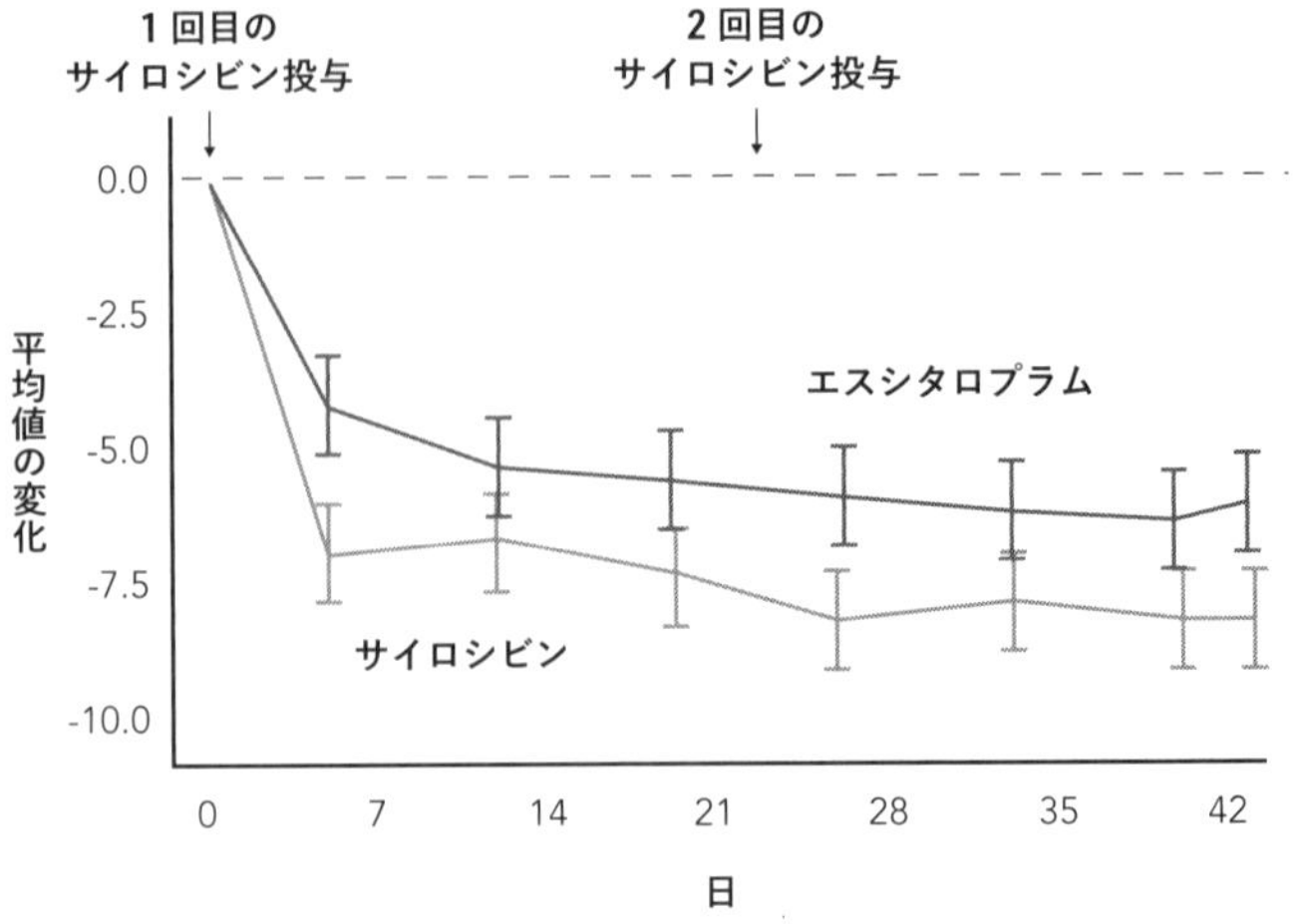

図4＿サイロシビンとエスシタロプラムの投与がうつ病のスコアに与えた影響

出典：Carhart-Harris R, Giribaldi B, Watts R, Baker-Jones M, Murphy-Beiner A, Murphy R, Martell J, Blemings A, Erritzoe D, Nutt DJ.et al., 2021, Trial of Psilocybin versus Escitalopram for Depression, *NEW ENGLAND JOURNAL OF MEDICINE*, Vol: 384, Pages: 1402-1411, ISSN: 0028-4793

の日には、プラセボ薬を与えた。エスシタロプラム・グループにも同じタイミングでサイロシビンを1ミリグラム（プラセボ）投与したが、残りの6週間はエスシタロプラムを服用してもらった。エスシタロプラムの投与量は、最初の3週間が10ミリグラム、後半の3週間が20ミリグラムである。そしてすべての患者に、サイロシビン服用後に、統合セッションと心理的サポートを受けてもらった。

その結果、ほぼすべてのアウトカム指標において、サイロシビンの方がエスシタロプラムよりも迅速に効果が現れること、そして効果が高いことが明らかになった（図4）。6週間後、寛解に至った患者の割合は、抗うつ薬グループの28％に対して、幻覚剤グループでは57％と、約2倍であった。

ＳＳＲＩとサイロシビンの作用の違いを見る

サイロシビンがうつ病の改善に効果を持つことはわかった。だが、それよりもずっと大切なことは、サイロシビンの具体的な作用を理解することだ。私たちは、２つの研究から得られたｆＭＲＩ画像を前に、次のような問いを立てた。うつ病の症状を緩和させるうえで、サイロシビンは脳内でいったい何をしているのか。その作用は、他の抗うつ薬とは異なるのか。その結果を前にしたとき、私は興奮を隠せなかった。

エスシタロプラムをはじめとするＳＳＲＩが、脳内でどのように作用し、気分を高揚させるかは既にわかっていた。エスシタロプラムは感情回路、特に扁桃体に作用する。脳の警報システムのような働きをするのが扁桃体であり、私たちがストレスや恐怖を感じると強く反応する。うつ病患者では、扁桃体が恐怖に対して超過敏に反応するのである。扁桃体のこのような過剰反応が、気分の落ちこみに加え、食欲不振や不眠といった、他のうつ症状をも引き起こす。

うつ病患者を対象にした私たちの２つの研究から得られた画像診断の結果は、サイロシビンがＳＳＲＩとはまったく異なる作用でうつ病を改善するという私たちの仮説を裏づけるものだった。私たちは、２種類の脳スキャンを行っていた。１つは情動にかかわる反応を見るもの、もう１つは脳内の接続性に関するものだ

◇ＳＳＲＩは正と負の両方の情動を抑制してしまう

ＳＳＲＩとサイロシビンを使った治療に入る前に、被験者全員の特に情動の処理に関与する脳領域

をスキャンした。この際に情動に関する標準的なテストを利用した。恐怖に歪んだ顔（ネガティブ）と、幸せそうな顔（ポジティブ）の写真、そして比較対象として中立的な表情の写真を見せるというものだ。うつ病患者の扁桃体は、うつ病でない人の扁桃体よりも、おびえた表情の顔写真に強く反応する。

6週間後、予想していた通り、ＳＳＲＩを服用したうつ病患者の扁桃体反応に鈍化が観察された。これがＳＳＲＩによる抗うつ効果の始まりである。ＳＳＲＩのおかげで感情的な苦痛が軽減され、人々は、それ以前ならばストレスや脅威を感じていただろう状況でも、より正常に対応できるようになる。人生、そして他者とのかかわりに、より積極的になれ、憂鬱な気分も改善する。ＳＳＲＩが効くまでに6～10週間の時間を要するのはそのためだ。ＳＳＲＩは、脳の情動にかかわる領域をストレスから保護することで、回復できるようにする。その意味でＳＳＲＩは、骨折した手足を固定するギプスのようなものだと言える。ギプスそのものが折れた骨を治すわけではないが、外部のストレスから骨を守ることで、自然治癒を促すのだ。服用を続ければ、ＳＳＲＩは患者をさらなるうつ病エピソード（うつ病の一連の症状）から保護してくれる。

しかしながら、脳の情動回路を抑制することには難点もあり、多くの患者がまさにその点に不満を抱いている。それというのも、ＳＳＲＩは、ネガティブな感情を抑えると同時に、ポジティブな感情までも抑制してしまうのだ。図5で示されているように、エスシタロプラム摂取時のウェルビーイング尺度のスコアがサイロシビン摂取時よりも低い理由は、このためではないかと考えられる。

脳スキャナーを用いてサイロシビンを服用した患者を観察した結果、情動にかかわる領域には何の影響も与えていないことがわかった。脳画像は、サイロシビンがＳＳＲＩとは異なるメカニズムを通

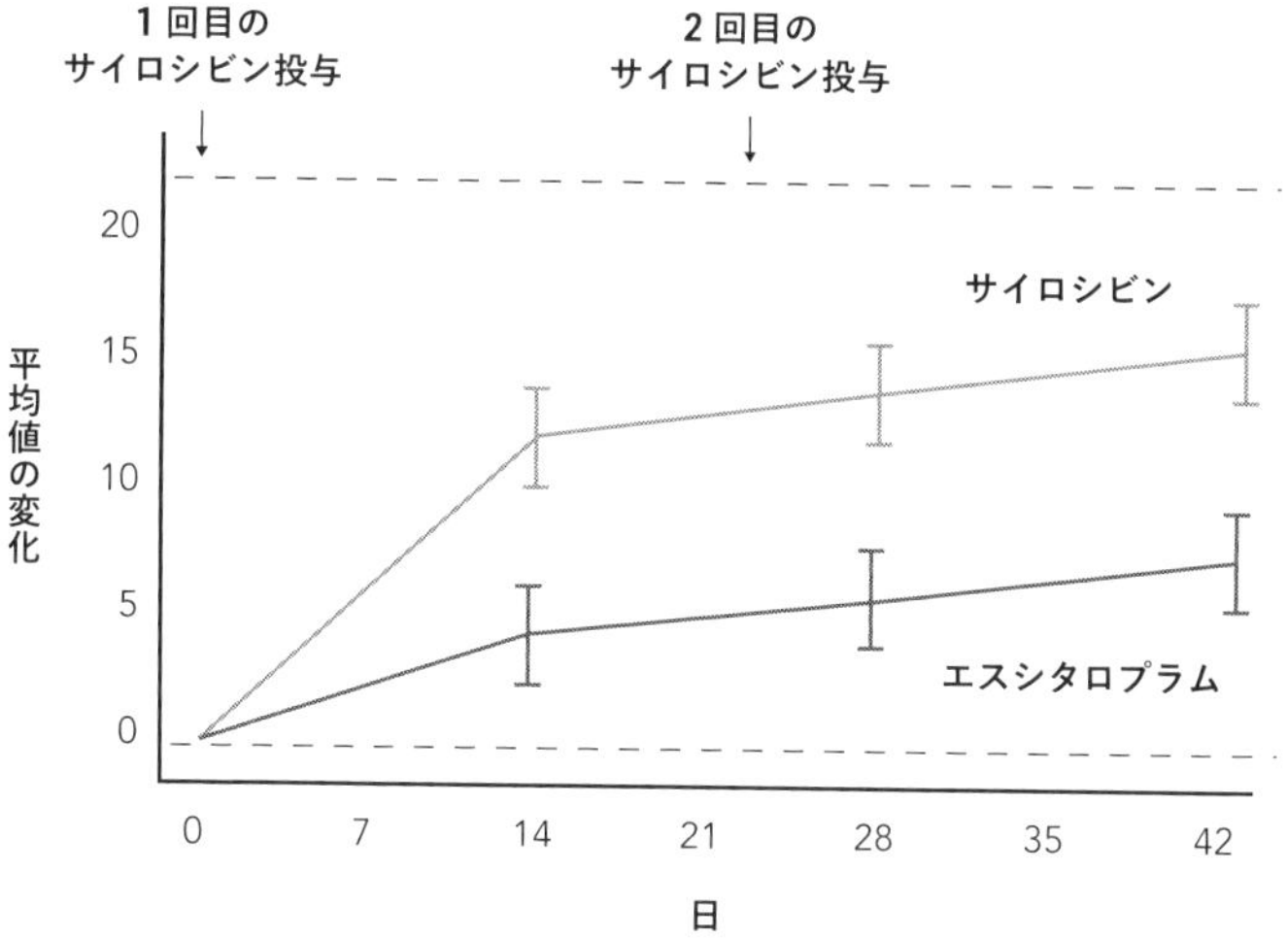

図5__サイロシビンとエスシタロプラムの投与がウェルビーイング・スコアに与えた影響

（「Warwick-Edinburgh Mental Wellbeing Scales（ウォーリック－エディンバラ・メンタル・ウェルビーイング尺度）：WEMWBS」〔集団におけるメンタル・ウェルビーイングの測定と向上を目的としたプロジェクトやプログラム、政策の評価を可能にするために開発された〕に基づく）

出典：Carhart-Harris R, Giribaldi B, Watts R, Baker-Jones M, Murphy-Beiner A, Murphy R, Martell J, Blemings A, Erritzoe D, Nutt DJ et al., 2021, Trial of Psilocybin versus Escitalopram for Depression, *NEW ENGLAND JOURNAL OF MEDICINE*, Vol: 384, Pages: 1402-1411, ISSN: 0028-4793

して憂鬱な気分を改善していることを物語っていた。

サイロシビンが脳内の接続性を増やし回復に寄与

健康な被験者を対象とした最初のサイロシビンに関する脳画像研究では、DMNの活動の低下にともない、脳内の接続性が増加することを目の当たりにした。うつ病患者を対象とした最初の研究でも同じ現象が見られた。幻覚トリップの翌日、つまり脳内から薬物がすべて抜けきった時点でスキャンを行ったにもかかわらず、である（脳スキャナーという閉所恐怖症を起こさせるような空間でうつ病患者をトリップさせることは安全でも倫理的でもないと考え、幻覚剤を投与した翌日にスキャンを行った）。そして驚いたことに、トリップ翌日の脳内結合の量から、6カ月後のうつ病の改善状況が予測できることがわかったのである。

このことを踏まえ、うつ病患者を対象とした2回目の研究では、2度目のサイロシビン投与から3週間後に患者の脳画像を撮影した。またもや驚いたことに、彼らの脳には依然として接続性の増加が見られ、ここでも接続性の増加とうつ病からの回復との間に相関関係が認められたのである。

以上の研究結果に基づき私たちは、瞬時に脳を混乱させることで、サイロシビンは人々を凝り固まったネガティブな思考パターンから解放できるのではないかと考えている。そのうえで、異なるネットワーク間の接続が増加することで、うつ病を引き起こした問題を克服する新しい方法を見つけることができ、ひいては幸福感が改善するのである。

私たちが脳スキャンから読み取ったこれらの点は、被験者が私たちに語ったこととも一致していた。ほとんどの患者が、心が自由になった、（うつ病患者の思考プロセスの特徴と言える）否定的な思考の堂々巡りから抜け出せたと述べている。また、思考の柔軟性が増すとともに、他者や自然、そして世界とのつながりが深まったと描写している。彼らはよく、サイロシビン服用後の変化を、コンピュータのアナロジーを用いて説明する。たとえば、ハードドライブを「再フォーマット」、「デフラグ」、あるいは「再起動」することで、コンピュータがスムーズに作動するようになったという風に。以下はその一例である。

自分の脳を再起動したような気分でした。問題を克服するための、精神的な敏捷さを手に入れたのです。まるでコンピュータのハードディスクをデフラグしたようだと言えばいいでしょうか。記憶のブロックがあるべき位置に置かれて、頭の中で情報が再配置され、すべてが整理されていく様子が目に浮かびました。得も言われぬ美しい体験でした。黄金色のブロックが黒い引き出しにおさめられ、それが光を放っているのです。私の脳は、デフラグされたのだと思いました。なんと素晴らしいことでしょうか！

リセットスイッチが押されたことで、すべてが正常に動き出し、思考がずっと自由になり、すべてのネットワークが再び機能するようになったのです。まるで、それまで制限がかかっていた特定領域のロックが解除されたようでした。

効果がある人とない人は何が異なるのか

うつ病患者を対象とした最初の臨床試験から3カ月後の時点で、患者の50％では症状の改善が維持されており、そのうちの半数は寛解していた。つまり全体の25％は、もはやうつ状態ではなかった。その一方で、残りの50％は、再び気分の落ちこみを感じるようになっていた。症状が治療前よりもわずかながら悪化したという患者も1人いた。うつ病患者を対象とした2回目の臨床研究でもやはり、3カ月後の寛解割合は4分の1であった。

うつ状態を脱せる人、改善を維持できる人がいる一方で、うつ状態に戻ってしまう人もいる。その理由はまだ判然としない。治療反応予測に関連する因子に関心が集まっているが、結論を導き出すのに必要なデータは揃っていない。以下では、これまでに得られたいくつかの手がかりを紹介しよう。

好転した患者の見方・考え方の変化

私たちの研究では、うつ病の症状が好転した患者は、うつ病の原因の本質を見抜き、それを克服するすべを手に入れたように見受けられた。

ある患者は、次のように述べている。

物事の見方がものすごく変わりました。今では、終わりの見えない否定的な考えにとらわれているのは無意味なことだと、強く意識するようになりました。より鮮明な画像を見たような気がします。

次は別の人物の言葉だ。

［以前とは］頭の働き方が違うのです。反芻することがずっと少なくなり、思考に秩序と筋道が生まれたように思います。ネガティブな思考の反芻は、脈絡もなければ、時系列もバラバラでした。今は、自分の思考に論理的な流れと文脈があり、理にかなっていると感じられます。

神秘的または宗教的な体験が強いほど大きく好転

私たちの研究では、幻覚剤影響下での各患者のポジティブな心理体験の程度も測定している。研究では宗教的な意味合いを避けるために、これを「ピーク」体験と呼んだ。一部の人にとっては宗教的な体験に他ならないかもしれない。神秘的あるいはスピリチュアルな体験だと感じる人もいるだろう。測定には、まさにこのような心理体験の評価を目的に設計された「Altered States of Consciousness Scale（変性意識状態尺度）」〔質問票に被験者の主観的評価を記入するタイプのもの〕を用いた。同尺度のスコアが高い患者ほど、抗うつ反応が高いことがわかった。反対に軽い幻覚体験しか経験できなかった2人の被験者は、症状の好転が見られなかった。神秘体験の重要性については、第9章で改めて論じたい。

トリップ中の不安が強いと結果は悪い

治療中に強い不安を感じた患者は、良い結果が得られない傾向があった。これは、ジョンズ・ホプキンス大学の過去の研究でも指摘されていた点である。

長期化した根深いうつ病は再度悪化しやすい

たった1度のサイロシビン治療で抑うつ状態が解消されなくとも、その人がそれまでずっとうつ病に悩まされてきたのであれば、不思議なことではないのかもしれない。

幼少期に受けた虐待がトラウマとなり、うつ病を発症する患者は多い。子どもというのは、自分が世界に対して実際以上に大きな影響力を持つと思っているものだ。そのため、何かうまくいかないことがあると、たとえそれが親や他の大人からの虐待に原因があるとしても、自分のせいだと考え、自分自身を責める傾向がある。人生の早い段階で形成されたこのような抑うつ的な思考が、大人になってからも日々の感情の初期設定となってしまう。そうなると、抜け出すのがとにかく難しい。サイロシビン療法によって、この思考パターンが断ち切られることで、うつ状態から脱して、一定の期間、正常な気分で過ごせるだろうが、抑うつ的な思考の原因となっている脳内プロセスは内在しており、それが徐々に頭をもたげてくるのである。

日々の生活にうつの要因があると再発しやすい

うつ病を引き起こしたそもそもの要因が解消されなければ、抑うつ状態に逆戻りする可能性は高くなる。多くの研究で、生活上のストレスが継続することが、うつ病再発のもっとも強い危険因子の1つであることが明らかになっている。エスシタロプラムのような従来の抗うつ薬は脳内に残留している間、化学的なレベルで脳に作用し、ストレスが脳を抑うつモードに押し戻すのを防ぐ。これはうつ病に対するレジリエンスを高めるための1つの方法だ。サイロシビンは、たった1度の服用で思考プロセスを変化させ、幸福感を向上させる働きがある。これもまた、レジリエンスを高める方法なのである。

幻覚剤は脳を成長させていた

古典的幻覚剤が行動に影響を与えること、そしてその効果が持続する理由の1つは、幻覚剤が神経可塑性を刺激するためである。動物実験では、ケタミンとMDMAにも同様の作用があることが示されている。神経可塑性とは、新しい神経接続を形成して、再配線することによって変化していく神経系の能力を指す。学習や記憶、人生に起こる変化への適応にも、この神経可塑性がかかわっている。子どもたちの未熟な脳では、大掛かりなスケールで絶え間なく再配線が行われている。だが大人になるにつれ神経可塑性が低下し、考え方がすっかり凝り固まってしまう。

うつ病は神経可塑性を低下させる

もう何年も前から、気分障害や依存症の患者では、神経可塑性が阻害されていることが知られていた。[13]

fMRIが登場する以前にも、CTスキャンによって、うつ病患者の脳は、非うつ病患者の脳よりも小さいことが指摘されていた。実際、中年の慢性うつ病患者の脳は、10歳年長の人の脳と同じぐらい萎縮している。ニューロンの機能を維持し、神経可塑性を促進するためには脳由来神経栄養因子（BDNF）と呼ばれるホルモンが必要なのだが、ストレスを受けるとこのホルモンの値が減少するのである。

20年前から、抗うつ薬がBDNFの値をゆっくりと回復させることがわかっている。ニューロンの正常な成長を助け、脳の健康的な構造を回復させるのだ。たとえば、エスシタロプラムを6週間服用した患者のニューロンの機能は正常に近づく。[14]

幻覚剤は神経可塑性をある程度の期間高める

幻覚剤は、服用後ただちに神経可塑性（ニューロプラスティシティ）に働きかける。これが、幻覚剤が「サイコプラストゲン」とも呼ばれてきた理由である。もっとも、この可塑性がどの程度持続するかについては、まだよくわかっていない。私たちの研究では、トリップ後の視覚系の神経可塑性を測定した。その結果、トリップから最大1カ月の間、脳内の電気的な活動に大きな反応が観察された。このような電気的活動は、可塑性が高まっている証しである。だが、それらの研究の被験者の一部は、薬物が体内から完全に抜けた後も、数カ月の間、あるいは数年にわたり、以前とは感じ方が異なると述べている。このことから、一部の場合では神経可塑性が、新しい習慣や思考パターンを確立するのに十分な期間、持続するとも考えられる。非抑うつ状態を維持するために、数カ月おきに追加投与を必要とする患者もいれば、数年ごとの追加投与で十分な患者もいるのは、このためだろう。

可塑性はBDNFによって生み出されていた

ひとたび私たちが最初の脳画像研究の成果を発表すると、脳細胞レベルでの幻覚剤の働きに関心を持つ科学者が増え、試験管ベースの実験や動物実験を通した研究が盛んになっていった。[15]

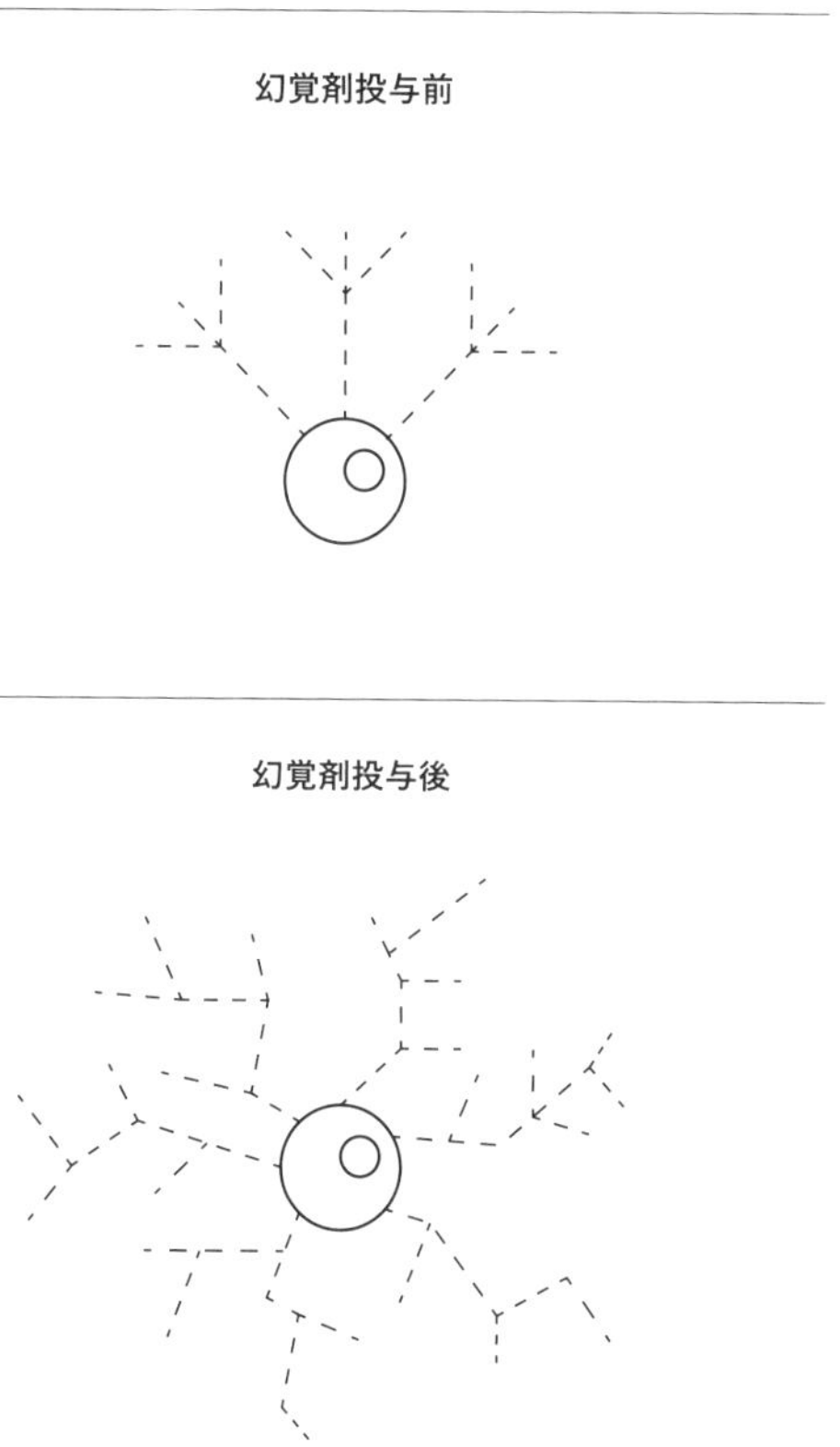

可塑性の高まり：幻覚剤を摂取するとニューロンの枝（樹状突起）と
棘（シナプス）の数が増加する。

図6＿幻覚剤の単回投与によりニューロンの樹状突起の数が増加し得ることを示した神経可塑性の模式図

その結果、幻覚剤がBDNFの値を上昇させること、しかもトリップ中にも上昇が見られることが明らかになった。さらに幻覚剤が、本当に脳を成長させることも。各脳細胞（ニューロン）には、何百もの枝（樹状突起）があり、その一つひとつが何千もの小さな棘（シナプス）を擁している。幻覚剤によって、この枝と棘の両方の数が増えるのである（図6）。

複数の企業、そして研究グループが、非幻覚性プラストゲンと呼ばれる、幻覚作用をともなうことなく神経可塑性を高める薬物の開発に取り組んでいる。たとえば、米国のブライアン・ロス教授の研究グループが、米国防総省から2690万ドルの研究助成を受け、まさにこの研究を推進している。[16]

脳の可塑性を利用しポジティブな思考の轍をつくる

私たちに洞察や新しい視点を与えて、いつもの思考の轍から連れ出してくれるのが幻覚剤トリップならば、セラピーともあいまって、新しい、より良い思考パターンを構築するうえで役立つのが脳の可塑性だ。トリップを通して人々がよりポジティブな気分になったとき、可塑性によって、新たに生まれたポジティブな思考の轍にいる脳を訓練し、強化することができるのだ。

他の古典的幻覚剤もうつ病の治療に効果があるか

リトリートでのアヤワスカ使用に関連する複数の研究では、うつ病に対する期待できる結果が得られている。[17]

南米でも治療薬としての開発が進められており、最初の臨床研究から、幻覚剤の単回摂取でうつ病治療への効果があることを示す証拠が得られている。同研究はプラセボ対照試験形式で行われた。アヤワスカを服用した翌日に抗うつ効果が見られ、その効果は少なくとも１週間持続した。[18]

インペリアル・カレッジでも現在、アヤワスカの有効成分であるＤＭＴを用いた研究を行っており、ＤＭＴが脳に与える影響が、サイロシビンやＬＳＤのそれとよく似ていることが観察された。[19][20]

前述した製薬会社スモール・ファーマも臨床研究を実施しており、ＤＭＴの注射と20分間の幻覚剤トリップで、抑うつ気分の改善に十分な効果が得られるか否かを調べている。サイロシビンよりも持続時間の短い治療薬ができれば有益だろう。同社の最初の臨床研究では、有望な結果が示されている。[21]

他にも、治療抵抗性のうつ病患者を対象とした、うつ病と５－ＭｅＯに関する研究がある。[22] ５－ＭｅＯも持続時間の短い物質である。

抗うつ薬とも併用可能なケタミンによる治療

ほとんどの臨床試験では開始の数日前、場合によっては数週間前から被験者にＳＳＲＩの服用を中止するよう求めている。一般論としては、SSRI抗うつ薬を服用している人が幻覚剤を摂取しても安全ではあるが、効果は減弱してしまう。SSRIを服用している人は、感情を解き放てず、ピーク体験を経験できない傾向があるのだ。とはいえ、先述のコンパス・パスウェイズ社の研究では、SSRIを服用していたものの、良い効果が得られたと報告した被験者が20人いた。また、健康なボランティアに2週間エスシタロプラムを服用してもらい、その後サイロシビンを投与したスイスの研究でも、やはり幻覚効果を体験できたという。マティアス・リヒティ教授の研究グループも、SSRIを服用している患者を対象に試験的な研究を実施しているが、同研究では高用量のLSDの投与が有効であることが示唆されている。[23]

アミトリプチリンやミルタザピンといった一部の古い抗うつ薬は、セロトニン2A受容体をブロックするため、幻覚剤の効果も同時に阻止されてしまう。これは、リスペリドンやオランザピンなどの抗精神病薬にも当てはまる。これらの薬剤については、幻覚剤を摂取する前に、服用を止める必要がある。だが、ケタミン療法を受けながら、SSRIの服用を続けることは可能だ。エスケタミンは、SSRIのアドオン治療として承認されている。

麻酔薬ケタミンもうつ病治療に効果がある

ケタミン療法は現時点で既に利用可能であり、これはある種の革命だと言える。なにしろ、薬理学上、30年以上ぶりとなる新規の抗うつ薬なのだ。ケタミンが気分に与える効果は1990年代、イェール大学の精神科医で依存症の専門家であるジョン・クリスタル教授によって発見された。[24][25]教授は当時、ケタミンを使って統合失調症の症状を模倣する実験に取り組んでいたのだが、実験の後1日ほど、被験者が気分の高揚を報告したのだ（私たちの研究グループがその数年後に、似たようなプロセスを通してサイロシビンが気分に与える効果を発見したことは感慨深い）。

クリスタル教授と研究グループのメンバーは、この効果について調べてみることにした。抵抗性うつ病患者を対象とした臨床試験で、たとえ患者が幻覚作用によって離人感や混乱を覚えたとしても、ケタミンには即座に気分を高揚させる効果があることが判明した。気分の改善は翌日も続いたが、その効果は徐々に薄れていき、1週間も経つと、彼らはまた以前のような抑うつ状態に戻ってしまった。

この予備的な臨床試験をはじめ、これまで実施されてきた十数件の研究で、治療抵抗性うつ病に対するケタミンの有用性が確認されている。

ケタミンも脳の可塑性を高めるが効果は短そう

ケタミンは、脳の主要な神経伝達物質であるグルタミン酸の正常な働きを阻害することによって作用する。思考をはじめ、脳の高次機能をつかさどる大脳皮質には、グルタミン酸受容体がたくさん存在する。そのため、ケタミンが脳の通常の機能を余すところなく邪魔して、混乱させるのも、それによって抑うつ的思考のパターンが崩されるのも驚くようなことではない。

私たちは、サイロシビン研究に続いて、ケタミン影響下での脳画像研究に着手した。先に述べたように、サイロシビンの結果は想定外であったが、グルタミン酸の活動は幅広いので、ケタミンを用いた研究の結果は予想の範囲を外れるものではなかった。[26]

古典的幻覚剤と同様、ケタミンも脳の可塑性を高める。ただし、その効果はそれほど長く続かないのではないかと私たちは考えている。[27]

私たちは現在、陽電子放射断層撮影法（PET）によるイメージングの新しいトレーサー（放射性標識）であるUCB－Jを用いて、シナプス数の変化を測定することで、ケタミンが可塑性に与える影響の程度と、DMTのそれとを比較しながら、この点を検証しているところだ。[28]

脳の通常の機能を阻害する作用と、脳の可塑性を高める作用をあわせ持つケタミンは、うつ病に加え、薬物およびアルコール依存症（詳しくは第7章を参照）の治療に適している。ことによると、ギャンブルやポルノグラフィなどの行動依存症の治療にも。

ケタミン療法はどのように行われるか

ケタミンは通常、静脈注射か筋肉内注射で投与される。ケタミンは今のところ、麻酔薬として認可されているため、うつ病の治療を目的に投与される場合は適応外処方になる（日本でも同様）。医師の判断で、特定の患者のためにうつ病治療を目的に処方するのである。ケタミンを単独で処方するクリニックもあれば、ケタミンを活用した心理療法を提供するクリニックもある。精神科医ルパート・マクシェーン教授は、英国オックスフォードで長年にわたりケタミン・クリニックを運営しており、既存の抗うつ薬では効果が見られなかった患者に対して、電気けいれん療法（ECT）の代わりに、ケタミン療法を提供している。同クリニックの治療は、2～4週間のコースとなっており、麻酔科医が4～8回のケタミン静脈注射を行う。[29]

私が最高研究責任者を務めるアウェイクン・グループ傘下のクリニックでは、ケタミンの筋肉内注射と心理療法を提供している。週に1度のペースで、4週間ケタミンの投与を続ける。治療を受けたうつ病患者の30％が「症状が劇的に改善した」、約40％が「治療を受けた甲斐があった」と回答する一方で、残りの30%には効果がなかった。[30] ケタミン投与とセットで心理療法を提供することで、抑うつ気分の改善効果を持続させることができると私たちは考えている。

製薬会社ヤンセンが開発した新しい薬剤、点鼻薬エスケタミン（商品名：スプラヴァト）は、SSRIが効かなかったうつ病をターゲットとした承認医薬品として上市されている（邦訳版刊行時点で日本未承認）。通常は、週2回の点鼻を3〜4週間続け、その後、十分な効果が得られるまで、週1回の点鼻治療を継続する。治療1サイクルにかかるコストは最高1万ポンドと高額であるため、英国国立医療技術評価機構（NICE）の使用推奨の対象となっておらず、国民保険サービス（NHS）での利用は容易でない。[31]

より新しい形態のケタミンも生まれている。ニュージーランドのオタゴ大学のポール・グルー教授とその研究グループが開発した、放出制御が可能な経口錠剤である。こちらは目下、臨床試験が進行中だ。[32]

ケタミン療法の長所と短所

○**長所**

■ケタミン療法は現在、英米をはじめ、多くの国で利用可能である。規制薬物だが（日本では「麻薬」に指定され規制を受けている）、承認医薬品でもある（日本でも同様）。そのため、他の幻覚剤とは異なり、医師による適応外処方が可能となっている。

■治療抵抗性うつ病患者に、治療の選択肢を提供できる。

■古典的幻覚剤がセロトニン受容体に作用するのに対して、ケタミンはグルタミン酸受容体に作用するため、SSRIを服用している患者にも効果があることがわかっている。実際、エスケタミンの承認事項には、SSRIに限られた反応しか示さない患者が、SSRIと併用することでエスケタミンを服用できる旨が記載されている。

○短所

■すべての人に効果があるわけではない。精神科医マクシェーン教授のクリニックが公表している数字に基づけば、数回の摂取で好ましい結果が得られる人が3分の1、ある程度の恩恵を受けられる人が3分の1、まったく役に立たない人が3分の1となっている。[33]

■繰り返しの投与を必要とする。1回の投与による効果の持続時間は短く、心理セラピーなしで、静脈あるいは筋肉内注射でケタミンを単独投与した場合、2〜3日程度である。

■安くない。米国の保険会社の中には適応外処方を保険の適用対象から外しているところもある。英国では、大半の地域のNHSがケタミンを提供していない（日本でも保険適用外）。また、静脈注射の場合は麻酔科医の立ち会いが必須となるため、その分コストがかさむ。

■奇妙な視覚イメージ、正気を失いそうな感覚、無力感、思うように身体が動かせない不自由、身体の形や大きさの視覚変化など、ケタミン摂取時の解離にともなう感覚を好まない人もいる。目下、このような作用を引き起こすことなく、抑うつ気分を改善させることのできる類似化学物質の探索が進められている。他方、ケタミン摂取後の幻覚効果を好む人もいる。まさにこの点が、次の短所につながる。すなわち、ケタミン依存症になる可能性である。

■ケタミンは繰り返しの使用により、耐性が形成される可能性と、依存症になる可能性がある。また高用量のケタミンを定期的に服用すると、膀胱と脳へのダメージという深刻な健康被害をもたらしかねない。もっとも、これらの健康被害は、嗜好品としてのケタミン使用との関連性の方が強い。健康被害については、第12章と第13章で詳しく説明している。

不安症があるうつ病患者への幻覚剤療法の効果

うつ病患者を対象とした私たちの最初の研究では、トリップ中に不安が見られると転帰がより不良となりやすいと予測することができた。これは、過去の研究でも指摘されていた点である。現在、複数の研究グループが、ベンゾジアゼピン系抗不安薬やＳＳＲＩと幻覚剤の併用が治療効果の改善につながるか否かを調べる臨床試験の実施に関心を示している。エスシタロプラム研究の箇所で触れたように、幻覚剤摂取に先立ってＳＳＲＩ治療を受けていた場合、幻覚剤の効果を減弱させる可能性があることに留意が必要だ[34]（不安症の治療薬としての幻覚剤の可能性については、第10章を参照）。

サイロシビンの効果のエビデンスは確かなものか

私たちの初期の臨床試験は「オープントライアル」であった。これは、被験者と研究者の双方が、被験者が薬物を投与されること、そしてどの薬物を投与されるかを知っていたということだ。オープントライアルでは、ほぼ必ずと言っていいほど、効果の「過大評価」が見られる。

サイロシビンは治療抵抗性うつ病以外のうつにも効くか

この点に特化した臨床試験はまだ行われていないが、サイロシビンとエスシタロプラムを用いた私たちの研究では、非難治性のうつ病患者にも効果が見られた。本章で少し前に触れたスモール・ファーマ社のＤＭＴとうつ病に関する実際の臨床研究でも、新たなエビデンスが発表されている。

私たちがその後に行ったサイロシビンとエスシタロプラムの比較研究では、二重盲検法を採用した。被験者にも研究者にも、誰がどの薬物を投与されるか知らされない。しかし、幻覚剤の作用は非常に特徴的なので、サイロシビンを投与された人は皆、自分がそれを摂取したことに気づいただろうし、セラピストの目にも明らかだっただろうと思われる。

そういうわけで、積みあがるエビデンスは幻覚剤に有利な方向へ傾きがちである。2021年には、「ウェイティングリスト（待機リスト）」の仕組みを取り入れた、ユニークな設計の研究が行われている。被験者の半数に先にサイロシビンを2回投与し、あわせて心理療法を提供した。残りの半数は比較対照群として2カ月待たされた後、同様の治療を受けた。1年後、寛解した人の割合は58％であった。[35]

私たちの臨床試験でも、半数以上が寛解している。しかしなお、多くの疑問が残されており、さらなる研究が必要だ。患者をどのように治療するのがベストなのかは、まだわかっていない。SSRIを併用した場合の幻覚剤の作用についても十分に解明が進んでいるとは言いがたい。最適な投与量と投与計画も手探りの状態だ。効果を持続させる方法についても、研究途上である。それでも私は大きな期待を抱いている。初期の研究で得られた有望な結果が効果的な治療につながり、数年後には幻覚剤がうつ病治療の選択肢として重要な位置を占めるようになるに違いないと。

第6章 幻覚剤療法の歴史と実践

50年代に行われたLSDを使った非倫理的実験

想像してみてほしい。職場のパーティに出席して、あなたがたった今飲んだばかりのドリンクには高用量のLSDが含まれていたと言われたらどう思うだろう。これは1954年、こともあろうにCIAの毎年恒例のクリスマスパーティで実際に起こったことだ。なぜそのような、ありそうもないことが現実になったのだろうか。その理由は、1950年代、CIAの工作員たちが組織内で、事前の警告なしに人々がLSDを与えられたときにどのようなことが起こるかを探るべく、一連の実験を行っていたためである〔MKウルトラ計画。第13章参照〕。その実験は、薬物摂取後、効果が現れる前に本人に事実を伝えるという手順になっていた。

その前年には、陸軍の科学者だったフランク・オルソンが職場内のイベントで飲み物にLSDを混入され、飲まされている。オルソンはまず寡黙になり、周囲と距離を置くようになって、その後にひどいうつ状態に陥った。被害妄想にとらわれ、幻聴が聞こえるようになり、彼の眠りを妨げるために

CIAがコーヒーに何かを入れているのではないかと疑うようになった。その数週間後オルソンは、治療を受けるために病院へ向かう途中、閉鎖されたホテルの10階の窓から身を投げた。

1973年、オルソンの自殺の原因が明らかになるとともに、1950年代から1960年代初頭にかけて、米国政府がLSDをずさんに扱っていた事実が明らかになった。マーティン・A・リーとブルース・シュレインの1985年の共著『アシッド・ドリームズ』[1]には、科学者たちが政府の支援を受け、兵士のみならず、精神科病棟や刑務所に収容された市民に対してLSDの実験を繰り返していた様子が描かれている。被験者にはまったく情報が提供されず、提供されたとしてもほとんどないに等しかった。一部の被験者には、拒否するという選択肢さえ与えられなかった。ベッドに拘束された状態で薬を投与された者もいれば、6週間にわたり薬を投与され続けた者もいた。効果を比較するために、医師がLSD摂取前後の患者にロボトミー手術を強行することさえあった。

その目的は、LSDがスパイ活動のためのマインドコントロール薬として、心理的拷問の道具として、あるいは戦争兵器として使用できるかを検証することだった。こうした極めて非倫理的な「研究」が正当化される背景には冷戦があった。ソ連は、より卑劣な手段を使う準備ができているに違いないと考えられていた。

同じような非倫理的な実験は、組織の外でも行われた。あるCIA工作員は、ニューヨークのグリニッジ・ヴィレッジにフラットを借り、マジックミラーを取りつけた。そして、酔っぱらって警戒心が緩んだ人を部屋に誘い、薬物を投与したのだ。あまりにひどい反応を示す者が多かったため、彼はLSDに「ストーミー（嵐）」というニックネームをつけている。

スパイや密入国の疑いをかけられた外国人に対して、軍の尋問担当官がLSDを使ったこともあった。ある気の毒な被害者は3回も嘔吐する羽目になったという。またある者はショック状態に陥り、意識が回復したときには、苦悶から逃れるために死なせてくれと訴えた。LSDを脊髄腔に注入すると、「高用量の場合、即時かつ強烈な、ほとんどショックに近い幻覚をもたらす」と描写されている。

同じ頃に始まった幻覚剤を治療に使う研究

政府の研究者たちがLSDを投与したやり方を考えれば、LSDは人を狂わせるという公式見解が生まれたのも何ら不思議ではない。研究者たちは、幻覚剤によるトリップと精神病とを同一のものだと説明し、LSDや類似物質を「精神異常発現薬」と呼んだ。その名の通り、狂気を引き起こす薬である。

その一方で、同じ時代、同じ薬物に対する正反対の見解も生まれている。その出所は、LSDの利用方法を探っていた精神科医や心理学者たちだ。彼らに通底していたのは、誰かを心理操作したり利用したりすることではなく、人々を助けたい、病気を治したいという思いであった。

カナダで活動していた英国出身の精神科医ハンフリー・オズモンド博士は、セラピーを目的とした幻覚剤使用を追求したパイオニアの1人だ。彼はアルコール依存症を治療するため、患者にLSDを投与した。博士は当初、患者たちがLSD摂取後の体験を、洞察に富む、満足感が得られる、時には美しくさえある、と表現することに驚くばかりであった。[2]

そして次第に、精神異常発現薬という名称はこれらの化合物を表すのに適切でないと確信するに至った。1957年、オルダス・ハクスリーとの交換書簡の中で、「サイケデリクス（幻覚剤）」という新しい呼び名を思いついたのは、オズモンドである。

そのキャリアの前半、ハーバード大学の心理学者として尊敬される立場にあったティモシー・リアリー博士もまた、幻覚剤が持つ治療効果の熱心な支持者であった。政府の研究者たちと同様、リアリーも一部の研究で、囚人を被験者にした。たとえば、マサチューセッツ州コンコードにある同州の矯正施設に収監されていた32人の受刑者にサイロシビンを投与している。同研究の目的は、サイロシビン療法が服役囚の常習的な犯行の防止に役立つかどうかを調べることであった。しかし、その手法は、前述の政府の研究者たちによるものとは大きく異なっていた。被験者たちは、強制されたり、騙されたりしてサイロシビンを摂取することはなかったのである。薬物摂取後に現れる効果について事前に説明があり、意見や批判を述べることも許された。[3] 研究結果からは、幻覚剤療法によって再犯率が低下したことが示された。もっともこれについては、後の分析で疑義が呈されている。[4]

一方は、幻覚剤は精神病を引き起こすと主張し、他方は幻覚剤には治療効果があると説く。幻覚剤をめぐるこの意見の対立は、1950年代から1960年代にかけて根強く続いた。そして、何百もの実験によって、治療効果があることを示す証拠が積みあがってきていたにもかかわらず、最終的には精神病派が勝利をおさめた。英米のメディアと政府は、幻覚剤はあまりに危険であり、規制を課さずに野放しにしておくことはできないという基本方針に従って行動した。そしてついに1960年代後半、幻覚剤の禁止が正当化されるに至ったのである。

しかし、治療を目的とした幻覚剤研究はけっして無駄ではなかった。1950年代から1960年代に実施された何百件もの研究、つまり幻覚剤研究の第1波は、今ではインペリアル・カレッジでの研究を含め、現代の幻覚剤研究を支える礎となっている。これらの研究は長いこと忘れ去られ、軽視され、無視されていたが、初期の研究者たちによって開発された原則や手法、そして彼らの発見は、今日の私たちが幻覚剤療法の臨床試験を行うにあたって多くの知識と示唆を与えてくれる。もう1つ付け加えると、医学的管理の下で使用される限り幻覚剤薬物はとても安全であることを示す当時のデータのおかげで、私たちは、安心して研究に臨めるのである。[5]

幻覚剤体験が恩恵となるか災厄となるかの差は何か

幻覚剤摂取後に、大きな恩恵を受けたと報告する被験者がいる一方で、なぜ一部の被験者は精神病を発症したかのような状態に陥ったのだろうか。

幻覚剤療法開発の先駆者の1人であるスタニスラフ・グロフ教授は、幻覚剤を「精神の非特異的増幅器」だと描写した。その意味するところは、幻覚体験に入る前に感じていたことが、それが何であれ、薬物摂取によって増強される可能性が高いということだ。そのため、薬物を摂取するにあたり心の準備ができていた被験者、一貫してセラピストのサポートを受けることができた被験者はポジティブな幻覚体験ができたのに対して、事前に何の警告を受けることもなく、いったい自分の身に何が起こっているのか理解できなかった被験者は真逆の経験をすることになった。軍やCIAの研究は、殺風景な実験室で行われたり、被験者を病院のベッドに縛りつけた状態で行われたり、あるいは被験者が既に酒に酔った状態で行われたりすることが多く、被験者へのサポートは皆無であった。

今日では、治療を受ける本人の心の準備、マインドセット、そして物理的な環境が幻覚剤療法の結果の鍵を握ることが理解されている。いずれも、先に言及した「セット」と「セッティング」を構成する要素である。これらは、幻覚剤研究の第1波の中で生まれたコンセプトで、リアリー博士が複数の論文を通して、適切なセットとセッティングが極めて重要である理由とその方法を具体化していった。[6]

リアリーは、幻覚体験に影響を与える被験者のマインドセットと内的要因を「セット」と定義した。これには、その人の性格に加えて、暗示へのかかりやすさ、薬物摂取後にどの程度心を開放できるか、などが含まれる。また、幻覚剤の効果に対する思いこみや、「気分、期待、恐れ、願い」もセットの構成要素である。[7]

これに対して「セッティング」は環境を指し、幻覚剤を摂取する部屋や場所、音楽、照明、時間帯などが挙げられる。社会的・文化的な環境もここに含まれる。つまり、薬物が合法であるか、容認されているか、あるいは侮蔑の対象となっているか、娯楽用と見なされているか、治療用としてとらえられているか、などである。

その例証となるのが、1960年代に幻覚剤を服用した人の半数がひどいバッド・トリップを経験したと報告しているという事実である。[8] マーティン・A・リーとブルース・シュレインは共著『アシッド・ドリームズ』で次のように述べている。「この割合の高さは部分的に、1966年の後半にLSDが違法と宣言された後に不安が広まったことの結果である」。[9] 法律が、「人々をよりトラウマ的な反応へと向かわせ、好ましいとは言えない環境をつくり出した」のだ。つまり、適切でない文化的「セッティング」である。だからこそ、1970年代に入り、反LSDを掲げる政治的な勢いが弱まっていくにつれ、バッド・トリップの割合も減少したというのだ。

LSDがまだ合法であった頃の初期研究で強調されたのが、適切な環境の重要性であった。英国の精神科医ロナルド・サンディソン博士は、現代の幻覚剤支援療法の原型を作った人物として知られる。彼は、心理セラピーで行き詰まってしまった患者を救うために、幻覚効果のない低用量のＬＳＤを使用した。サイコリティック療法と呼ばれる手法だ。１９５５年、博士は英ウスターシャーのポウィック病院に、チェアに長椅子、それから被験者が絵を描くための黒板を備えた、世界初のＬＳＤ療法専用の部屋を設けた。しかしサンディソン博士は、娯楽目的での薬物使用を嫌い、メディアの注目にも嫌気して、１９６４年にＬＳＤを用いた治療を中止してしまった。[10]

インペリアル・カレッジの研究では、被験者の事前準備に細心の注意を払っており、幻覚体験とはどのようなもので、どのようなことを期待できるのか、丁寧に説明するようにしている。また、居心地の良い空間を整え、落ち着いた明るさの照明を灯し、音楽は特製プレイリストを流している。トリップ中は最初から最後まで必ず、ガイド役を務めるセラピストが２名付き添う。なおこれは現在、ほとんどの幻覚剤の臨床試験で標準となっている。心的外傷後ストレス障害（ＰＴＳＤ）に対するＭＤＭＡ支援療法が承認された暁には、同じく２名のセラピストが治療を伴走することになるだろう。ただし、これがすべての幻覚剤療法の最終形になるとは限らない。

幻覚剤療法におけるセラピストの役割

スタニスラフ・グロフは、幻覚剤は道具であり、適切な使い方をすれば、ある結果を可能にするものなのであって、そのような結果が必然的に起こるわけではない、と書いている。「ナイフはひどく危険な道具だろうか。それとも便利な道具だろうか」と彼は問う。警察署長ならば、ナイフは犯罪者が犯行におよぶために使うものだと説明するかもしれない。しかし料理長にたずねれば、おいしい料理を作るために使うものだと答えるだろう。ここで言いたいのは、正しい使い方をする限りにおいて、幻覚剤は本質的に危険なものではないということだ。

サンディソンはセラピーで、問題について話すことを躊躇する患者の抵抗を取り除き、鍵を握る記憶を呼び起こし、セラピーに反応しやすくするための道具としてLSDを用いた。知覚、視覚、聴覚の変化、神秘体験、離人感に加えて、幻覚剤がセラピーに適しているのは、共感力、開放性、信頼、被暗示性を高めるという性質があるからだ[11,12]。

ケタミンやMDMAも同じような性質を持ち、人々の心を開放し、感情の中に入りこむ手助けをする。これらの薬物は、摂取した人の考え方や感じ方を即座に変化させ、熟練セラピストのサポートと組み合わせることで、その変化を持続させることができる。

一部の専門家は、薬物こそが治療の中心であるという理論を立てている。薬物がスイッチを切りかえる役割を果たして脳の働き方を変えるのであり、セラピストは幻覚体験の安全性確保のためそこにいるのだという。それとは異なり、セラピーこそが治療であり、薬物は感情を開放し、いつもなら近寄ることさえ避ける心の奥底に足を踏み入れよと背中を押してくれるのだ、と主張する人々もいる。

私はむしろ、完成した考え方に変化をもたらし、神経可塑性を引き出すという、これらの薬物のユニークな特性が、適切なセラピーによる導きとあいまって、洞察と長期間続く変化につながるのではないかと考えている。スイッチを切りかえるように作用するというよりも、脳のネットワークが再配線されると言った方が正確かもしれない。

米国では現在、うつ病患者に対してセラピーの有無を問わず、ケタミンが処方されている。うつ病に対するケタミンの使用に関して、セラピーありのケタミン治療と、セラピーなしのケタミン治療で効果を突き合わせて比較検証した研究はない。しかし、アルコール依存症患者を対象としたエクセター大学のＫＡＲＥ研究（次章参照）では、ケタミンと心理セラピーを組み合わせた治療の方が、セラピーなしのケタミン単独療法よりも優れていることが示された。

私たちがケタミン支援療法を提供しているアウェイクン・クリニックでは、これまでの治療を通して、患者はこうした強烈な体験について話すことを強く望む傾向があると理解している。セラピストの仕事は、幻覚剤が有害になる可能性を減らしながら、被験者が幻覚体験を通して最大限の回復を図れるよう手助けすることだ。セラピストはまた、妄想や恐怖、不安など、直面する困難を患者が切り抜けられるよう導くことができる。この点は、被験者がうつ病や依存症などの精神疾患を抱え、脆弱な状態にある場合、特に重要である。[13]

もう１人のパイオニアであり、『Sacred Knowledge: Psychedelics and Religious Experiences（聖なる知識：幻覚剤と宗教的体験）』の著者でもある、ジョンズ・ホプキンス大学医学部のビル・リチャーズ博士は、１９６３年から幻覚剤療法に携わってきた。彼は、幻覚剤療法におけるセラピストの役割は独特であり、通常の心理療法におけるセラピストの役割とはまるで違うと説明する。幻覚剤療法のセラピストは、「存在と忍耐力、受容力を、安全な入れものの中で提供する」ガイドとしての役割の比重が大きく、「その入れものとなるのは、本物の信頼、本物の思いやり、本物の秘密保持と安全性が担保される、治療のための確かな関係である」。[14] 博士は、セラピストは感情的に困難なところへ向かおうとする被験者を止めるためにそこにいるのではない、彼らが困難な心の奥地にいる間、その傍らに存在し続けるのだ。なぜなら困難もまた回復のために必要な体験の一部だからだ、とも述べているのである。トリップ中とその後の統合セッションの両方においてセラピストは、被験者に何が起きているのかについての疑問に答えたり、新しいイメージ、記憶、感情、身体感覚、思考を理解するために力を貸したりすることができる。そしてセラピストは、被験者がすべての行程を始めること、進めることを手助けできる。[15]

幻覚剤支援療法は、患者が本人の洞察や気づきに従うように促すものであり、セラピストが介入するようなものではない。リチャーズ博士によれば、このように最小限のガイダンスのもとで幻覚剤を摂取することで、「私たちは目の当たりにするのだ……患者の心のある種の叡智が、しかるべきタイミングで、まさにその人のために完璧にデザインされた形で意味内容を表現し、構成する過程を」。別の言い方をすれば、回復を導くのは患者や被験者本人に他ならないということだ。セラピストは、助言や指示を与えるのではなく、質問を通して、被験者が困難を潜り抜けるための方法を自ら見つけられるよう後押しするのだ。

幻覚剤療法の行程はどのようなものか

インペリアル・カレッジに勤めていたこともある臨床心理学者のロザリンド・ワッツ博士は現在、幻覚剤療法に参加した経験を持つ人々のためのオンライン・コミュニティ「ACER Integration」を運営している。[16]「ACER」とは、「Accept, Connect, Embody, Restore（受容、接続、統合、回復）」の頭文字を取った名称だ。

ワッツ博士は、サイロシビンとエスシタロプラムを比較したインペリアル・カレッジでの臨床試験でリード・セラピストを務めた。以下は、私のポッドキャスト番組「DrugScience（ドラッグ・サイエンス）」にゲストとしてワッツ博士を招いたとき、彼女が説明してくれた臨床試験の一連の流れである。[17]

◇1日目：準備

準備の目的は、臨床試験の参加者に嘘偽りのない人間らしい方法でセラピーガイドとなる人たちのことを知ってもらい、信頼感を最大化すること、つまりラポール（相互の信頼）を築くことです。幻覚体験の変容状態は非常に強烈で、恐ろしい思いをすることもあります。被験者に、ガイドもまた同じ人間であることを理解してもらいながら、被験者が脆弱な状態にある間も倫理的に振る舞うこと、そして必要なときにはいつでも力になる用意があることを信じてもらわなければなりません。そのための方法の1つが、一緒に昼食を取りながら話をすることでした。

私たちは、起こり得るさまざまな状況で、どのように対応するかを話し合いました。たとえば、状況に応じてガイドが被験者の手を握ることを認めるか、といったことです。参加者は往々にして、「恥ずかしい思いをすることになりはしないか」、「自分自身をコントロールできなくなったらどうしよう」など、自分の恐れについてたくさんの疑問を抱えているものです。私たちは、それらの問いを取り上げ、チームとしてどのように対応するか説明しました。

午後のセッションは、ビジュアライゼーション、いわば翌日のためのイメージトレーニングです。被験者にはサイロシビン体験を、真珠貝を採りに深い海に潜るようなものだと想像してもらいました。沖へと泳ぎ出し、水に潜る場面を思い描いてもらうのです。キラキラとした色や光に気を取られないようにして、暗く深い海底、つまり自分自身のもっとも深い部分へ潜っていくようにと話しました。また、翌日に使う予定の心地よい、リラックス効果のある音楽も流しました。

◇2日目：トリップ

幻覚剤カプセルを木彫りの器に入れて、被験者に手渡します。ちょっとしたセレモニーのようなものです。カプセルを摂取した被験者は、アイマスクとヘッドホンをつけてベッドに横になります。プレイリストの音楽は、部屋のスピーカーからも、ヘッドホンからも流れています。2名のガイドが実験参加者の両サイドに座ります。参加者が手を伸ばして、左右のセラピストと手をつなぐこともよくありました。

セッション当日は、たいてい静かでした。時々は、ガイドとの会話を望む被験者もいました。どのような内容であれ、私たちは被験者とともにいます。重要な会話かどうか判断し、重要であれば話を続けます。逆に、被験者が何か困難なことを避けようとしているようであれば、アイマスクをして幻覚体験へ戻るように促しました。

ほとんどの人は、幻覚体験中に、グッド・トリップとバッド・トリップの両方を経験します。時に被験者が、苦痛に満ちた暗闇から抜け出せなくなることもありました。恐ろしく孤独だっただろうと思います。けれども、2人のガイドと一緒ならば、自分自身のもっとも暗い部分にアクセスし、ガイドの助けを借りながらそれを直視するという、被験者にとって貴重な機会になります。

5〜6時間のセッションの最後には、短い対話の時間がありました。それを終えると、被験者は隣室に用意された宿泊用のベッドへ移動して、睡眠を取ります。

◇3日目：統合セッション

午前9時、受付エリアで被験者を迎えます。ただ彼らの顔を見るだけで、どのような経験であったか想像できました。すっかりリラックスした顔つきになり、輝いて見え、時には10歳ぐらい若返ったような印象を受けることもありました。たった1日の間に起こった彼らの変化には、驚かされました。たまに、何の違いも感じられず、落胆を隠せない様子の被験者もいました。

私たちは、カフェインフリーのおいしいチャイティーを飲むことからセッションをスタートしました。3日目は、状況によって柔軟に調整することのできる、リラックスした1日です。参加者は統合セッションの間、思いついたことを何でも洗いざらい話し合うことができます。たいていの場合、参加者は自分が感じている混乱について話したい、あるいは疑問をはっきりさせたいと思っています。グラウンディング〔大地とのつながりを感じて、心の落ち着きを取り戻す自己鎮静の手法〕が必要と思われる人もいます。そのようなときには、プレイリストの音楽を聴いたり、瞑想をしたりしました。トリップ中に集めた「真珠」について語り、それを自身の行動や考え方、人生にどのように取り入れていくかを話し合いました。

幻覚剤によって異なる治療スケジュール例

薬物の種類と治療対象によって、セラピーの進め方には違いがある。以下に、いくつか例を挙げたい。組織や研究によって異なる手順が取られることもあるだろうが、おおむねこれらの方向に沿ったものになるはずだ。

○幻覚剤療法
1日目：準備、2日目：薬物投与・治療セッション、3日目：統合セッション（日を置いて行われることもある）
○MDMA療法
1～3回のセラピーセッションと、MDMAに特化した準備セッション。1～3回の薬物投与・治療セッション。それに続く統合セッションは、より長期の心理療法コースの一環として行われる。
○ケタミン療法
合計11回のセッションがあり、うち4回は薬物投与・治療セッション。詳細は、awaknclinics.comを参照。
○アヤワスカ療法（リトリートとして）
8日間のリトリートならば、通常アヤワスカ・セレモニーが2～4回行われる。
○イボガイン療法（リトリートとして）
8日間のリトリートならば、イボガのセレモニーが2回行われるのが一般的だ。

幻覚剤療法における音楽の役割

音楽が幻覚剤療法で中心的な役割を果たすのは、人は感覚に対するいつものコントロールが利かなくなったとき、より自由で、抑制の少ない方法で音を処理できるようになるからだ。音楽には、私たちの経験全体を変え、心的イメージを鮮明にし、感情や思考、記憶を活性化させる力がある。幻覚剤の影響下では、音楽がより強烈に感じられる。その一方で、音楽は私たちを個人的な内容の生き生きとした夢の旅にいざない、ひいては、セラピーの効果を高めることができるのだ。[18][19]

インペリアル・カレッジでの初の脳画像研究で用いた音楽のプレイリストをデザインしたのは、当時博士課程の学生として私の研究室に所属していたメンデル・ケリン博士だ。彼はその後、Wavepaths（ウェーブパス）社を創設し、CEOとして心理療法分野における音楽の可能性を探究している。

「1つの曲が治療を打開させる要因になり得ると言っても、けっして大げさではありません。人生を一変させるような一連の感情や洞察を与えることがあるのです」とケリン博士は言う。

脳画像研究を進めるにあたって幻覚剤療法向けに作成された既存のプレイリストの音楽を調べたところ、ベートーヴェンのピアノ協奏曲第5番など、クラシック音楽が含まれる傾向が強かった。そこで彼は自ら、より現代的な音楽で構成されたプレイリストの作成にあたった。目指したのは、できる限り宗教を想起させずに、ピーク体験を促すことだ。完成したプレイリストには、アンビエント・ミュージック（環境音楽）、コンテンポラリー・クラシック、伝統的そして民族的な音楽スタイルも含まれ、グロフが定義した幻覚体験の各段階をサポートする構成となっていた。[20]

グロフの定義に基づく幻覚体験の段階とは順に、開始前、開始とピークへの移行、ピーク、再突入、帰還、である。プレイリストの大半は穏やかな音楽だが、ピーク時には強い感情を呼び起こす音楽と、心を落ち着かせ安心させる音楽が交互に流れる。

私たちが行った最初のうつ病患者を対象とした研究では、1週間の時間を置いて、被験者に音楽が与えた影響についてたずねた。[21]

参加者たちの答えは、音楽によって感情が高まったり、激しくなったりするなど、幻覚体験を増幅させたというものだった。たとえば、ある被験者は、「通常は、もの悲しい音楽、あるいは明るい音楽を耳にしたら、それを聴き続けるか自分で選択するわけですが、サイロシビンの影響下では、音楽に合わせる以外に選択の余地がないように感じました……まるで音楽に包まれているようでした。そして、音楽が私を悲しみから解放してくれたような気がしました。そのことが、ただただ幸せでした」と述べている。

音楽が歓迎されることもあれば、音楽が「恐怖」、「悲しみ」、「不安」といった、体験したくない感情を増強することもあった。また、音楽が導きや支え、落ち着き、あるいは不快感や苛立ちの源泉であったと表現する者もいれば、内的体験との不一致を指摘する回答もあった。

マインドフルネスと幻覚剤療法の共通点

私たちが、サイロシビンが脳の前帯状皮質（ACC）のスイッチを切ることを明らかにした最初の論文を発表したときのことだ。精神科医のジャドソン・ブルワー博士からメールが届いた。「瞑想がDMNのスイッチを切ることを指摘した我々の論文をなぜ引用しなかったのか」と。ブルワー博士は、米国ブラウン大学のマインドフルネス・センターを拠点に、瞑想が脳におよぼす影響の研究に取り組んでいる。彼が挙げた研究論文は、私たちの研究より数カ月前に発表されていた。瞑想の経験が豊富な被験者と瞑想初心者に、いくつかのタイプの瞑想を実際に行ってもらい、その間の脳画像を取得したところ、サイロシビン摂取時と同じように、瞑想によってDMNの一部がオフになることが観察されたのである。[22]

白状すると、瞑想に関する脳画像研究が行われていることを認識していなかっただけなのだが、私たちを含め多くの研究者たちが、双方の研究結果が重なり合ったことの重要性に即座に気づいた。やがて、私たちの間をこんなジョークが飛び交うようになる。「瞑想トレーニングに20年の歳月を費やせば、涅槃の境地に到達できる……ところがサイロシビンならたった20分!」

ジョンズ・ホプキンス大学もこの分野の研究に着手しており、たとえばサイロシビンを使って瞑想スキルの習得を加速させることができるか調べている。脳を幻覚剤の影響下に置くことで、深い瞑想状態に入り、それを持続させるために必要なスキルの習得をサポートできるのではないかというアイデアだ。[23]

ある研究では、非常に低用量(1ミリグラム、つまりプラセボ)のサイロシビンを2回投与してから瞑想やスピリチュアルトレーニングを行ったグループと、高用量のサイロシビンを摂取して同じトレーニングを行ったグループとを比較している。6カ月後、高用量グループの人々は、スピリチュアルトレーニングの習慣を継続する傾向がより強く、サイロシビン摂取の肯定的な効果が持続している割合が高かった。チューリッヒ大学のフランツ・フォレンヴァイダー教授の研究グループの調査でも、同様の結果が得られている。[24]

一部の研究者は、サイロシビン服用後の変化を促進するために、マインドフルネスに注目している。[25] マインドフルネスは、メンタルヘルス疾患治療の最新のアプローチである。それ以前、英国でNHSが提供する標準的な治療アプローチと言えば、認知行動療法（CBT）であった。平たく言うと、CBTは、私たちは理性でもって思考を変えることができるという前提に基づいている。しかし、マーク・ウィリアムズ教授が共同開発したマインドフルネスに基づく認知療法（MBCT）ではこれを発展させ、解決策は自分の一連の思考から抜け出すように理性の力で自分を説得することではなく、そのような思考から自分を切り離すことにあると示したのである。

マインドフルネスと幻覚剤の相乗効果によって、マインドフルネスの効果が高まる可能性があり、そうなればうつ病や依存症、その他の精神疾患を治療する効果的な新手法が生まれるかもしれない。マインドフルネス瞑想とサイロシビンの効果について検証したあるレビュー論文では、両者にはいくつかの類似点（気分の改善や神経可塑性など）もあれば、相違点もあると結論づけられている。そのうえで同論文は、両者が互いを補完できる可能性があること、つまり、瞑想がサイロシビンのピーク体験への移行を促し、持続させるのに役立ち得ると述べている。[26]

幻覚剤療法が多くを負う先住民文化への還元

幻覚剤療法は、1950年代と1960年代の研究者たちによって試され、検証されてきた要素に加えて、幻覚剤を使用しないセラピーの手法や、先住民たちの植物療法のアプローチも取り入れている。[27]

治療目的で幻覚剤を使用するにあたり、過去の経験や先住民の文化からより良いやり方を学べるのではないかという考えが根底にある。アリゾナ州立大学の人類学者、マイケル・ウィンケルマン博士が述べるように、何百年、何千年もの間、植物療法を用いてきた文化は、最善の実践方法を発展させてきた可能性が高い[28]。私たちは、シャーマンやガイドの要素、そして音楽の重要性を組み入れているが、幻覚剤を用いたヒーリング手法の中には、断食、太鼓、ダンス、チャンティング（詠唱）、歌などを含むものが多く、共同社会性を重視するものもある。たとえば、アヤワスカの儀式やアヤワスカ教会に見られるような「集団」という性質が、アヤワスカのパワーを高めているようなのだ。

現代の幻覚剤使用は、先住民の文化に多くを負っている。このことから、原産地にまつわる倫理的な問題が提起されている。

幻覚剤のグローバル市場が拡大するにつれ、自生する地域や文化的背景に注意を払うことなく人々が植物ベースの薬物にアクセスすることはもはや止められない。だが、植物と、それらの植物に関する先住民の知識から利益を得ている企業は、当該植物の産地の保護のみならず、利益の還元にも取り組むべきである[29]。

一例を挙げれば、南米でのアヤワスカ・ツーリズムのブームにより、アヤワスカの供給源となる植物が激減しており、ジャングルから植物が盗まれているという報告もある。ペヨーテ・サボテンは既に絶滅の危機に瀕しており、５－ＭｅＯを生み出すインシリウス・アルバリウス・ヒキガエルも同じ道をたどっている。

現在では、国際民族植物教育・研究・サービスセンター（ＩＣＥＥＲＳ）のような、アヤワスカやイボガインの原産地域に暮らす先住民の文化資本や土地の保護支援に取り組む組織も出てきている。幻覚体験によって自然との一体感が強まることが示されており[30]、その点からも、土地の保護に重点を置くことは理にかなっている。

薬草は、その伝統を持つ土地で栽培され、原産地において先住民のシャーマンが伝統的な方法で人々に与えたときにこそ、最高の効果が発揮されると主張する向きもある。フランスのシャンパーニュ地方で作られた発泡性ワインしかシャンパンと名乗れないのと同じように、アヤワスカを国際的な商標にしてはどうかという議論も聞かれる。[31]

セラピストの倫理基準逸脱行為を防ぐ

すべてのセラピストやメンタルヘルスの専門家の前には、患者または被験者との関係において守らねばならないルールと超えてはならない一線がある。加えて、精神作用のある薬物を摂取した人は、特有の脆弱な状態にあり、よりオープンになったり、暗示にかかりやすくなったりすることも認識しなければならない。[32]
2014年に実施された、幻覚剤学際研究学会（MAPS）のMDMA研究では、2人のセラピストがガイドラインに反する行動を取った。この2人は夫婦でセラピーチームを組んでおり、性的暴行のせいでPTSDを患った患者（女性）の治療にあたっていた。[33] あるセッションの映像には、2人が患者をベッドに固定したうえで、身体をすり寄せ、目隠しをする様子が映っていた。[34] 臨床試験が終了した後も、男性セラピストは同患者のセラピーを続け、後にセックスを含む男女関係を持つようになった。2018年、患者は性的暴行の申し立てを行った。
このセラピストたちが倫理観とプロ意識に欠ける行動を取ったからといって、そのときの研究結果が無効になるわけではない。しかし、そのようなことが実際に起こったという事実は、あらゆる種類の心理療法に内在するリスクを浮き彫りにする。すなわち、セラピストが患者との性行為におよぶ可能性である。最近のアンケート調査によると、10人中7人のセラピストがクライアントに性的魅力を感じたことがあると回答し、3%は現在または過去のクライアントと性的関係を持ったことがあるという。[35]

これらのルール違反が明るみに出たことは重要である。臨床試験中であれ、治療中であれ、幻覚剤療法に従事するセラピストは、もっとも高いレベルの倫理基準を順守しなければならない。インペリアル・カレッジでは、保護措置の一環として治療セッションを録画している。それは、患者に苦情を申し立てられた場合に備えるものであると同時に、専門家が境界線を踏み越えることはないと患者に安心してもらうためでもある。

セラピーなしでも幻覚剤には治癒効果があるか

結論から言うと、この問いへの答えはノーだ。効果的でもなければ、安全でもない。とはいえ、アンケート調査や事例研究の結果からは、医学用途外での幻覚剤使用でも、人々の人生を変える可能性があることが示されている。インペリアル・カレッジが行ったあるアンケート調査では、幻覚剤摂取から2年が経過した後も、人々が幸福感の向上上の恩恵を受けていることが示唆された。[36]別のアンケート調査では、治療以外で幻覚剤を摂取した場合でも、少なくとも数週間は抗うつ効果が持続することが明らかになっている。[37]

2500人以上を対象とした3つ目のアンケート調査では、過半数の人が不安や抑うつが軽減し、心の幸福度が高まったと報告している。興味深いことに、アヤワスカを服用した人の間では、幸福度がやや高いという結果が示された。アヤワスカは通常、薬物の摂取に加え、儀式や対話のプロセスをともなう。その一方で、回答者の13％は、少なくとも1つの害を報告しており、幻覚剤の使用が、喫煙頻度の増加、他の薬物の使用、そしてごく少数ではあるが、自殺念慮につながったと回答している。[38]

サポートなしに幻覚剤を摂取することはけっして勧められない。メンタルヘルス問題の改善を目的とするのであれば、なおさらである。インペリアル・カレッジでの研究を通して、私たちは、うつ病を患っている人がトリップ中にしばしば辛く困難な時間を経験するのを目の当たりにしてきた。だからといって、うつ病患者が幻覚剤治療に挑戦する価値が損なわれるものではない。だが、2人のセラピストのサポートがどうしても必要になる。また、誰もが幻覚剤支援療法に適しているわけではないことも付け加えておきたい（第13章のコラム「幻覚剤の臨床試験に適さない人」を参照）。

困難な幻覚体験の例

以下は、幻覚剤学際研究学会（ＭＡＰＳ）が作成した困難な幻覚体験例の一覧である。[39]

- 気が変になりそう、正気を失ってしまいそう、あるいは永遠に終わらないのではないかという感覚／体験。
- 強烈な体験。強い解放感とともに、身体が制御不能となり、震え、ねじれ、揺れる。
- 古いトラウマが思い出され、再現される。たとえば、自分が生まれたときの追体験のような身体的トラウマ、幼少期の虐待や病気、飢えや戦争の記憶、事故、レイプなどが挙げられる。あるいは、言葉による虐待の追体験、基本的感情の欠落やスキンシップ、愛情の不足、ネグレクトといった知的、感情的トラウマ。さらに、トラウマの経験に由来する離人感。
- その他にも、下記のような体験をすることがある。
- さまざまな「死」について思い出す。
- 現世や前世、あるいは来世での、溺死、拷問、その他の身体的体験を追体験する。
- 神秘的な状態を経験する。
- 人類の歴史を通して起こった虐待や迫害といった悲劇をリアルに追体験し、その際、犠牲者と自分とを同一視する。
- 体外離脱と霊的領域への旅。
- 岩石、動物、植物との一体化。地球の汚染やさまざまな種の絶滅を目撃する。
- 他者と同化し、彼らの心や気持ち、感情を読み取る。
- 特別な体験に巻きこまれる。
- UFOとの遭遇。
- 気持ちや感情に押しつぶされるような感覚を味わう。

バッド・トリップになってしまったら

困難なトリップであっても、結果的に精神状態の改善につながることがある。アヤワスカの儀式に参加したことのある人や、依存症治療（第7章を参照）のためにイボガインを使用したことのある人にたずねると、実際のトリップは非常に恐ろしく不快なものであったと答える人が多い。それにもかかわらず、幸福感や内なる調和が数カ月から数年にわたり続いていると答えるのである。つまり、バッド・トリップという一過性の不快感は、価値あるものに変えることができるのだ。研究を通して証明するのは難しいが、グッド・トリップであっても、バッド・トリップであっても、DMNのスイッチは同様にオフになる可能性が高い。ただし、バッド・トリップを経験する蓋然性がある限り、治療は認可されたクリニックか、管理された臨床研究の範囲でのみ行われるべきである。この点は、いくら強調してもしすぎることはない。

幻覚剤を軽々しく扱うことは許されない。治療を目的としたトリップは非常にチャレンジングだと言える。物事の本質を見抜く経験になるが、洞察をもたらすと同時に心をかき乱すような記憶を呼び起こす。このような理由から、自己治療に挑戦したり、ましてや支援者なしで、1人で幻覚剤を摂取したりするような行動は慎むべきである（一緒にトリップしている人は支援者とは言えない）。それでもなお、幻覚剤は非常に強力なツールであり、使い方次第で、より良い社会のための力になり得る。ネガティブな思考ループが深く刻みこまれた治療抵抗性うつ病からの回復を助けるためには、むしろ強力でなければならないのだ。

第7章 幻覚剤を用いた依存症の治療

依存症の克服には大変な困難が伴う

突然、部屋が白い光で満たされ、得も言われぬ恍惚感にとらわれた。私は山の頂にいた。少なくとも、私の心の目にはそう映っていた。風が吹き抜ける。空気ではない、魂の風だ。そして、自分がひとりの自由な男なのだという思いが湧きあがってきた……私はしばらくの間、別の世界、そう、新たな意識の世界にいたのだ……そして悟った、「ああ、これこそが説教者たちが言う神に違いない！」と。私は大いなる安寧に包まれた。[1]

幻覚体験の描写としては、特段珍しいものではないと思うかもしれない。注目すべきはその書き手だ。アルコール依存症を克服するための自助グループ「アルコホーリクス・アノニマス（ＡＡ）」の創始者、ビル・ウィルソンである。当時アルコール依存症だったウィルソンは、１９３０年代に人気があったベラドンナ療法を受け、ついに打開の道を見出したのである。ベラドンナ療法では、急激な断酒に加えて、スコポラミン（第3章に登場したのを覚えているだろうか）の類似薬物で「狂気の根」と呼ばれるタイプを含むもの、それから抱水クロラールやモルヒネを含む催眠剤、さらにストリキニーネを組み合わせた薬物を用いた。この治療法の別名は「嘔吐と浄化」である。[2]

昨今ではベラドンナに由来する薬が使われることはない。てんかん発作や心臓疾患を引き起こす可能性があるためだ。しかし、1930年代においては、それまで行われていた荒治療に比べれば前進と言えた。

幻覚体験は、ウィルソンの人生を変えた。それ以来、彼は二度と酒に手を出さなかった。そして、アルコホーリクス・アノニマスを設立し、その支援を受けてアルコール依存から脱した何百万人もの人々の人生にも影響を与えたのである。

幻覚体験によって生まれ変わるまでのウィルソンの人生は、アルコールに依存するようになる数多の若者のそれと似たり寄ったりのものだ。アルコール依存に陥りやすい家庭環境に生まれた。父方の祖父がアルコール依存症だった。幼い頃、両親のどちらからも見捨てられ、精神的に深い傷を負った。才能に恵まれた聡明な若者であったが、社会生活では強い不安に苛まれ、うつ状態に陥りがちであった。

イェール大学時代、不安発作を和らげるために酒を飲み始めた。アルコールを摂取すると、内気な自分が解放されることに気づいた。アルコール入りカクテルを初めて飲んだ後には、記憶を失うほどひどく酔っぱらったにもかかわらず、「人生の霊薬」を見つけたと書き残している。「しかし、誰も彼もが飲みまくっていたので、そのことは大した問題ではなかった」と彼自身が記しているように、それ自体は珍しい出来事でも何でもない。問題は、続く10年の間に、彼の飲酒習慣がひどくなる一方であったことだ。ロースクールを、弁護士資格を手に卒業することもできなかった。泥酔していたせいで、学位証明書授与式に行くことができなかったのだ[3]。

絶えず酒を飲み、酔っぱらっていたウィルソンは、いくつもの仕事を棒に振った。ニューヨークの専門家、ウィリアム・シルクワース博士の下、チャールズ・B・タウンズ病院というアップタウンにあるアルコール依存症患者向けの医療施設で高額な治療を受けることになった。シルクワース博士はアルコール依存症を、私のような現代の精神科医と同じような観点からとらえていた。すなわち、飲酒に対する欲求あるいは強迫観念と、ひとたび飲み出したら止められないという制御不能性である。

ウィルソンは、アルコールの問題を抱える多くの人と同じように、アルコール依存症が道徳心の弱さではなく、病気の一症状として扱われることに勇気づけられた。だがそれでも、アルコールを断つことはできなかった。このままではアルコール中毒で命を落とすか、当時の一般的な処置であった、重篤な依存症患者用の施設に入れられるかのどちらかだと自覚していた。

ウィルソンは4回目の中毒治療《デトックス》のとき、ベラドンナ療法を受け、断酒に成功した。彼はその後、昔の酒飲み仲間であったエビー・サッチャーとともに、今もAAの活動の柱となっている、12のステップやその他のコンセプトを発展させていく。たとえば、彼を治療へと導いたサッチャーのような存在の人物は、「スポンサー」と呼ばれるようになった。

サッチャーは神の存在に気づくことで立ち直り、福音主義キリスト教のグループに加わった。そしてウィルソンにも信仰によって解放されることができると言って聞かせた。病院のベッドに横たわり、アルコールの禁断症状に苦しみながら、ウィルソンはサッチャーに向かって懇願した。「何でもする！　何だってする！　神がいるのならば、その姿を見せてくれ」。そして次の瞬間、ウィルソンは神の幻視を目にしたのであった。[4]

振戦せん妄〔アルコールの離脱によって起こる禁断症状、DT〕に見舞われると、人は鮮明で恐ろしい幻覚（クモや昆虫などが多い）を見ることがある。しかし、たとえそのような幻覚を見たとしても、離脱症状によってアルコール依存が治癒することはほとんどない。ウィルソンが行動を変えることができたのは、アルコール離脱症状だけでなく、意識変容をもたらす薬物体験のおかげであることに疑いの余地はないように思われる。

さて今日、幻覚剤研究の新たな波が起こる中、依存症治療の分野でも意識変容をもたらす薬物の使用が復活しつつある。うつ病に続いて研究が盛んで、将来的に利用の可能性が高まっている幻覚剤の用途が、広範にわたる物質依存症の治療なのだ。その対象には、アルコールだけでなく、タバコ、ヘロイン、コカインなどが含まれる。

これは実に重要な研究分野である。依存症は深刻な健康問題だ。英国だけでも、薬物乱用の社会的コストは190億ポンド〔1ポンド＝200円換算で、3・8兆円に相当〕を超え、[5]アルコール乱用のコストは210億〜520億ポンドに上ると推定されている。[6]これは、がん（180億ポンド）[7]や心血管疾患（160億ポンド）の治療に要する医療費を合わせた額よりも大きいのである。[8]

アルコールや薬物などの依存から脱し、それを継続することは極めて難しい。たとえ離脱成功のチャンスがもっとも大きい入所型の治療センターで治療を受けたとしても、治療後に「現実の世界」に復帰し、昔の仲間に会えば、また元の生活に戻ってしまう可能性が非常に高い。

依存症の人々を救うために現時点で利用可能な薬は多くない。しかし、研究室で示されている幻覚剤の有効性が現実世界でも発揮されたならば、何百万人もの人々の人生を変え、命を救える可能性がある。患者本人だけでない。その家族や子どもたちの人生をも変え得るのだ。

アルコホーリクス・アノニマスとLSD

ビル・ウィルソンの体験は、幻覚剤療法と依存症に関する根本的な問題を提起している。トリップそのものが患者を変えてしまうのか、それとも、トリップのおかげで、患者は再発から自身を守るための行動を取ることができるようになるのか。その答えは、私たちもまだ知らない。

ウィルソンが酒を断てたのはおそらく、ベラドンナ療法で摂取した幻覚成分に起因する脳内の生化学的変化が、考え方や物事のとらえ方に深遠かつ永続的な変化をもたらしたことによるのではないか。多くの幻覚剤経験者と同様に、ウィルソンもまた、アルコールや自分自身を超越する偉大なものの存在を感じるようになった。彼にとってのそれは、神であった。

あるいは、幻覚剤を摂取した後の変化、つまり福音主義キリスト教グループに参加し、神とグループに慰めを見出したこと、そして断酒を目的とした自助グループＡＡの活動の推進という目的と自分の能力の使い道を見つけたおかげで、断酒を継続することができたのかもしれない。

それから20年後、ウィルソンが立ち上げたＡＡのストーリーはますます興味深いものになっていった。ＬＳＤが合法であった１９５０年代、ウィルソンと彼の妻は、オルダス・ハクスリー、心理療法家でＬＳＤ療法のパイオニアであるベティ・アイズナー、ウィルソンの精神的アドバイザーであったイエズス会のエド・ダウリング神父とともに、LSDを用いた実験的なグループ・セッションに参加した。
LSDを摂取したウィルソンは、初めて幻覚剤を摂取したときの体験を追体験した。彼はこれについて、宇宙や神を直接体験することを妨げていた、自分自身あるいは自我の壁を乗り越える助けになったと語っている。[9]
管理された環境で、慎重に計画された方法でLSDを使用することは、すべてのアルコール依存症患者の治療と回復プロセスの一部になり得ると、ウィルソンは確信を深めていった。「LSDは一部の人々には一定の価値を持ち、実質的に誰にも害をおよぼさないと考える」との見解を示している。そしてウィルソンの影響力は米国政府をも動かし、LSDを用いたアルコール依存症治療の効果を検証する6件の臨床試験に資金が提供されることになった。[10]
1967年に米国でLSDが違法となった後も、ウィルソンは医薬品としてのLSDの使用を認めるよう訴え続けた。それとは対照的に、自助グループAAは反ドラッグの姿勢を貫いた。脳に働きかけ気分を安定させる作用を持つことで知られるリチウムのような薬物も含めて、同グループの方針は今も変わらない。AAは現在でも「精神的な目覚め」がアルコール依存からの回復の鍵であると説く一方で、グループの創始者が目覚めた方法については認めていないのである。
LSDの禁止措置に関しては、ボビー(ロバート)・ケネディのようなリベラルな政治家たちも反対の姿勢を示した。ちなみに、ケネディの妻エセルは、バンクーバーのハリウッド病院でLSD療法を受けた経験を持つと伝えられている。ボビー・ケネディは、次のように述べている。「……6カ月前は「LSDの臨床試験プロジェクトには」価値があると言われていたのに、なぜ突然価値がなくなってしまったのでしょうか。さまざまな関係者に聞いて回っているところです……それに対する明快な回答が返ってくれば良いのですが。私の質問に何か誤解があるのでしょうか。おそらく私たちは、適切に使用されたならば、ＬＳＤは社会において非常に、非常に役に立つという事実を見失っているのではないでしょうか」[11]

隠されてきたＬＳＤによる依存症治療研究の歴史

２０１２年、現代的な統計学的手法であるメタ分析（複数の研究結果を統合し、分析すること。サンプル数が増えるので分析の信頼性が向上する）を用いて、ＬＳＤとアルコール依存症に関する過去の6件の臨床試験について再分析が行われた。[12] その分析によるとＬＳＤは、これまでに開発され、検証を経て認可を受けたどのアルコール依存症の治療法（そもそも少ないのだが）と比べても、3倍とまではいかなくとも、少なくとも2倍の再発抑制効果があることが明らかになった。しかも、治療の成功基準として、「完全な断酒」という非常に高いハードルが設定されていたことをかんがみれば、ことほどさように目を見張る数字である。

当時私は、このメタ分析に関する論文が掲載された科学ジャーナルの編集者を務めていたのだが、依存症の治療に幻覚剤が使われていたという史実は初耳だった。精神科医になるための研修を受けたオックスフォード大でも、医学生として依存症について学んだロンドンのガイズ病院でも、米国の国立アルコール摂取障害・依存症研究所（ＮＩＡＡＡ）に勤務していたときでさえ、そのような話を聞いたことがなかった。

それは、ＬＳＤが確実に禁止され、そして禁止され続けるためには、ＬＳＤの評価をおとしめる必要があると政治家たちが考えていたからだ。そのおかげで、研究者がＬＳＤを入手することは難しくなった。それだけではない。医師や私のような研究者が、ＬＳＤの研究を検討することすら許容されなくなったのである。政治家たちは、真実がおおやけになることを望まなかった。ＬＳＤの禁止という対応の正当性が疑われることになるからだ。このようにして、前述のＬＳＤ研究や、同様の研究は歴史から抹消されていったのである。

ざっくりとした計算だが、１９６０年代後半にＬＳＤが禁止されて以来、アルコールの乱用を理由に天寿をまっとうすることなく早死した人々の数はおおよそ1億人に上る。強力なエビデンスが存在する治療法があるにもかかわらず、治療を拒否されたようなものだ。仮に、ＬＳＤがそのうちの10％の人にしか効果をもたらさなかったとしても、１０００万人の命を救うことができたというのに。

前述のメタ分析の結果は、幻覚剤の可能性に対する私の興味に火をつけた。私は、ビル・ウィルソンについて、そして彼とアルコール研究にまつわる資料を読んだ。忘れ去られていた他の研究についても文献を掘り起こした。１９７３年に行われたある研究では、特に治療が困難な薬物の１つとして悪名高いヘロイン中毒者の治療にＬＳＤを使用し、非常に目覚ましい結果を出している。[13]

同研究には、メリーランド州の刑務所からヘロイン中毒の受刑者78人がボランティアとして参加した。被験者は無作為にグループ分けされ、半数は更生訓練施設に滞在しながら6週間にわたり高用量のＬＳＤを摂取した。残りの半数（対照群）は外来クリニックに通い、毎日の尿検査に加えて、週に1度、心理療法のグループ・セッションに参加した。更生訓練施設での6週間の治療期間を除き、両グループが置かれた条件は同じであった。

1年後、対照群でヘロインを断つことができた者はゼロに等しかった。それに対し、LSDを用いた治療を受けたグループでは約25%が断薬を継続することができた。これは驚異的な数値である。この結果を総合的に検証しようと、私たちはブリストル大学とインペリアル・カレッジの両研究室で、ヘロイン中毒者が3カ月間断薬したら脳はどう変化するかを調べる研究を計画し、助成金を獲得した。それなのに、被験者のうち3カ月間断薬を継続できた者は1人もいなかったのである。

幻覚剤を使った依存症治療研究が再開

幻覚剤研究の新たな波の中で行われた最初の依存症研究は、タバコ（ニコチン）依存症の治療に幻覚剤を用いた史上初の研究でもあった。

1950年代から1960年代にかけては、喫煙が人命にかかわるという事実が知られていなかったためであろう。現在、世界中で年間800万人以上の人が、タバコを原因として命を落としている。[14]同研究を率いたのは、ジョンズ・ホプキンス大学で幻覚剤と意識の研究に従事するマシュー・ジョンソン教授である。彼がこの研究テーマを選んだのは、幻覚剤が「クロス・サブスタンス」効果、つまり複数の依存症に効果を持つと考えたからだ。ニコチンには、血液検査や呼気検査で喫煙の有無を確実に証明できる利点もある。依存症のこととなると、人は往々にして正直な回答を避けるきらいがある。

同教授が集めたのは、1日平均1箱のタバコを30年間吸い続けてきた15人の筋金入りのヘビースモーカーたちだ。被験者は、4カ月にわたり、2〜3回のサイロシビン・トリップ・セッションと、悪習を断つための標準的なセラピーである認知行動療法（CBT）セッションを受けた。

結果は驚くなかれ、最初のセッションを終えて1週間後、タバコを吸う者は誰ひとりいなかった。6カ月後には12人（80％）が禁煙を継続していた。ニコチン依存症に対して現在もっとも効果があるとされている、チャンピックス（バレニクリン）と呼ばれる禁煙補助薬を用いた治療でさえ、この割合はわずか30％にとどまる。[15]

良好な結果は持続的でもあった。12カ月後にも10人（67％）が禁煙を続けており、長期のフォローアップ調査（16〜57カ月）でも、9人が引き続き禁煙中だった。[16]

同研究の成果を受けて、ジョンソン教授は、サイロシビンの単回投与セッションとニコチン置換療法とを比較する大規模な研究を開始、同研究は本書執筆時点もなお進行中である。[17] 2021年には、米国立衛生研究所（NIH）傘下の薬物乱用研究所（NIDA）から、幻覚剤研究を対象としたものとしては50年ぶりとなる、連邦政府助成を受け取った。

ジョンソン教授の研究は、幻覚剤がニコチン依存症治療に革命を起こし得る可能性を示している。もし幻覚剤が禁止されなかったならば、この用途がもっと早く発見され、何百万もの命が救われていたのではないだろうか。

薬物依存の治療に薬物を使うべきでないとの意見

専門家は、これらの薬物は規制薬物であり、危険であるからして、薬として使用すべきではないと信じこんでいる。

しかし現実に目を向ければ、私たちは既にヘロインやその他のオピオイド系薬物を含む、「危険」な薬物を医薬品として使用しているのだ。それと同時に、これらの薬物の依存症治療に、メサドンやブプレノルフィンといった薬を用いている。違法となっている依存性薬物ほど危険でないにせよ、これらの薬とて中毒になるリスクはそれなりに高い。

それはさておき、ここで主張しておきたいことは、依存症の治療に幻覚剤を使用しても、1つの依存症を別の依存症と置き換えるような事態にはならないという点である。なぜなら、幻覚剤は依存性薬物ではないからだ（第13章を参照）。

MDMAについては確かに依存性があるものの、リスクは低く、医療環境で用いられる場合、そのリスクはさらに軽減する。ケタミンの依存性リスクはMDMAのそれを上回るが、治療プログラム中に数回使用されるだけであれば、常習的な使用につながるリスクは非常に低い（リスクについても第13章で詳しく説明する）。

自己強化した習慣から抜け出せなくなる

依存症は、娯楽や気晴らし、心配や苦痛の軽減をもたらす行動として始まる。ストレスにはタバコ、社会不安にはアルコール、不眠症にはカンナビス（大麻）というように。それがいつしか、習慣として自己強化されていく。依存物質を摂取したときの場所、関係した人々や経験と、そのときに得られた感情的な快感とが結びついた、依存物質の肯定的な影響が記憶として深く刻みこまれていくのだ。

ひとたび依存症になると、止めるという選択が非常に難しく、たいてい不可能になる。依存行動への衝動は、通常の生活に支障をきたす域まで強まり、しばしば仕事や人間関係、家庭生活がないがしろにされる。医師であり依存症の専門家であるガボール・マテ博士の患者が述べた次の言葉が、それを端的に表している。「薬物を使っている間、私は視野狭窄状態にありました」[18]

依存症患者に会ったことのある人ならば誰でも知っているだろう。ほとんどの患者は、薬物や飲酒を望んでいない。それにもかかわらず、自分では制御しきれない何かに、それを強いられるのである。

依存症に関与する脳の4つの回路

依存症に使用される既存の薬のほとんどは、特定の神経伝達物質のレベルで作用する。たとえば、ナルトレキソンという薬は、ヘロインがオピオイド受容体に結合するのを阻害することで、ヘロインの影響を減ずる。ナルトレキソンはアルコール依存症の治療薬でもあり、アルコールの作用の一部を阻害することで、飲酒を抑える。しかし、中毒作用を部分的に防げたとしても、依存を「治せる」わけでもなければ、すべての症状に対処できるわけでもない。

それに対して幻覚剤には、より幅広い作用機序〔薬物が生体に効果をおよぼす仕組みやメカニズム〕がある。だからこそ幻覚剤は、多くの人の数十年来の行動やそれにともなう生活習慣を根本から変える力を持つ、私たちが知る限り唯一の薬なのだ。依存症患者を「治す」潜在性も秘めている。

幻覚剤は、依存症の根底にある脳のプロセスを混乱させることによって、それを成し遂げるのである。依存症は少なくとも4つのタイプに分けられ、人により、そして依存の対象により、それぞれのタイプに程度の差が見られる。4つのタイプとは、ストレス過敏（ストレスに耐えられない）、渇望（欲しくてたまらない）、衝動（弾かれたように行動してしまう）、強迫（止められない）、である。

図7は、依存症ではない人の脳を示したものだ。何かに対する衝動を私たちがいかに制御しているか、特に薬物やその他の依存性のあるものに対していかに抵抗しているか、現在の考え方を説明している。

依存症に関与する脳の4つの回路が、連携して行動を調整している。

1）動因／動機

側座核／腹側淡蒼球。動因と動機にかかわるシステム。報酬と快楽の予測に基づいて働く。依存症では、このシステムが強迫的または習慣的になることがある。

2）情動

海馬／扁桃体。学習、情動、感情記憶の中枢。ストレス感受性が極めて高い人は、情動システムが耐えきれず、それを抑えようとして薬物を使用することがある。最終的に、依存行動自体が強いストレスになることもある。

3）意思決定者

前頭前皮質（PFC）。私たちの認知をつかさどる、脳の最終意思決定者である。つまり、自分が何をすべき、あるいはすべきでないのかを決定する脳領域だ。また、衝動をコントロールする役割も担っている。

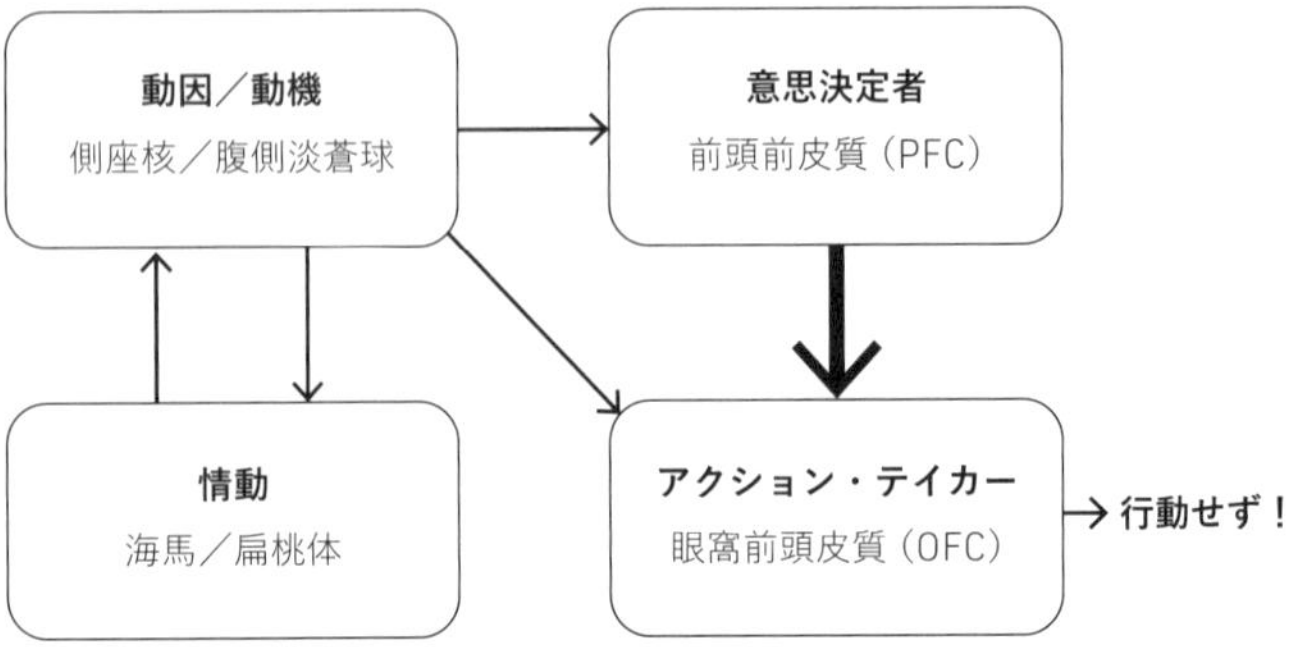

図7＿依存症に関与する4つの重要な脳領域間のバランスを示した図。非依存症の脳では、PFCが意思決定を調整している

出典：Adapted from Baler and Volkow 2006 *Trends Mol Medicine* 2006 Dec;12(12):559-66. doi: 10.1016/j.molmed.2006.10.005.Epub 2006 Oct 27.

4）アクション・テイカー（実行者）

眼窩前頭皮質（ＯＦＣ）。行動の最終決定ポイントであり、ＰＦＣによって制御されている。ＰＦＣが水を飲むと決めたら、ＯＦＣはそれを実行する。ＰＦＣが「やるな」と命ずれば、ＯＦＣは行動を起こさない。

図7は、これらの脳領域間で行われるフィードバックの方向を明らかにしたものだ。矢印の大きさと太さは、相互の影響力の大きさを示している。バランスの取れた健全な脳では、ＰＦＣが最終的な意思決定権を持つ[19]。

依存症患者の脳では、これとは異なる回路の働きが見られる。それがどのように起こるか、つまり、望まないことをやってしまう仕組みは、依存物質によって決まる（図8）。

ある程度はアルコールもそうだが、たとえばコカインなどの特定の依存症では、動因／動機システムが亢進し、ＯＦＣがＰＦＣの支配を免れるようにな

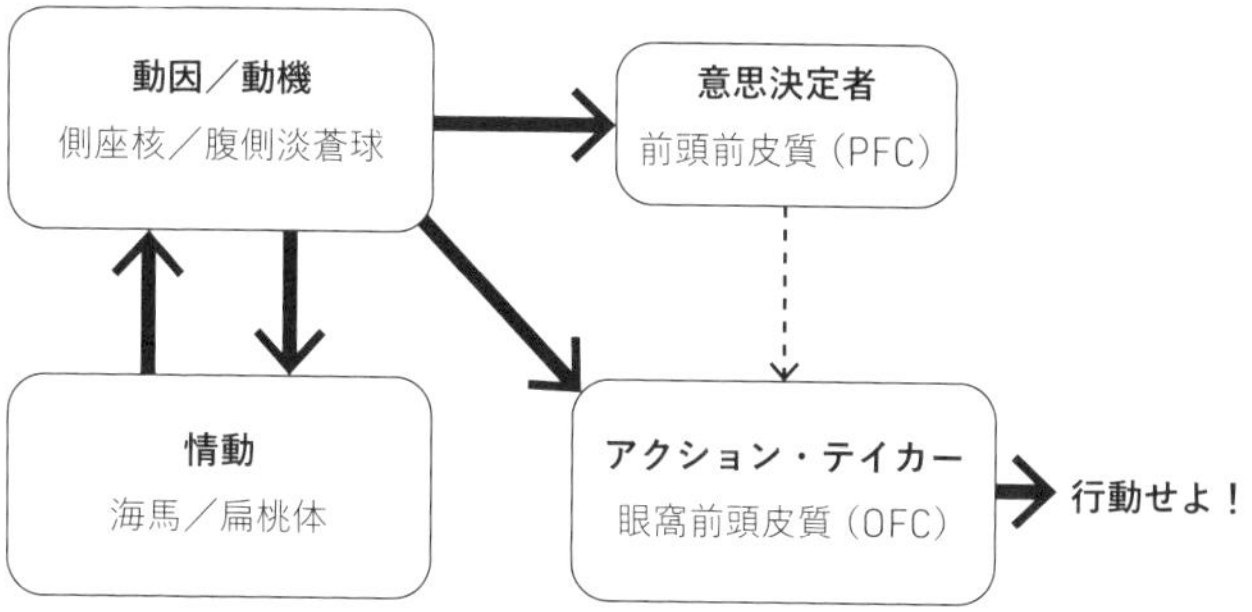

図8＿4つの重要な領域の間のバランスが崩れた依存症患者の脳

矢印が太いほど、活動が活発であることを表す。依存症患者の脳では、動因／動機と情動にかかわるシステムが意思決定者よりも優位に立ち、アクション・テイカーを過剰に刺激する。

出典：Adapted from Baler and Volkow 2006 *Trends Mol Medicine* 2006 Dec;12(12):559-66. doi: 10.1016/j.molmed.2006.10.005.Epub 2006 Oct 27.

る。

一部の依存症患者では、おそらく薬物使用の結果として、PFCが意思決定の制御能力を失っていると考えられる。そのため、OFCに対する抑制が緩むのである。

PTSD患者の一部では、情動にかかわる脳領域と、動因／動機に関連する脳領域間の結合が過活動状態になっており、それを抑えるためにアルコールを摂取することがある。[20]

インペリアル・カレッジの研究グループによる最近の研究では、情動領域と動因／動機にかかわる領域間のつながりを調べる目的で、アルコール依存症と、非アルコール依存症の脳画像をスキャンした。[21]

すると、アルコール依存症患者では、非アルコール依存症の脳よりも、この回路の結びつきが強いことが観察された。情動領域と動因／動機に関連する領域間の接続性の亢進が、アルコールの乱用と関連するという理論が、人間の脳

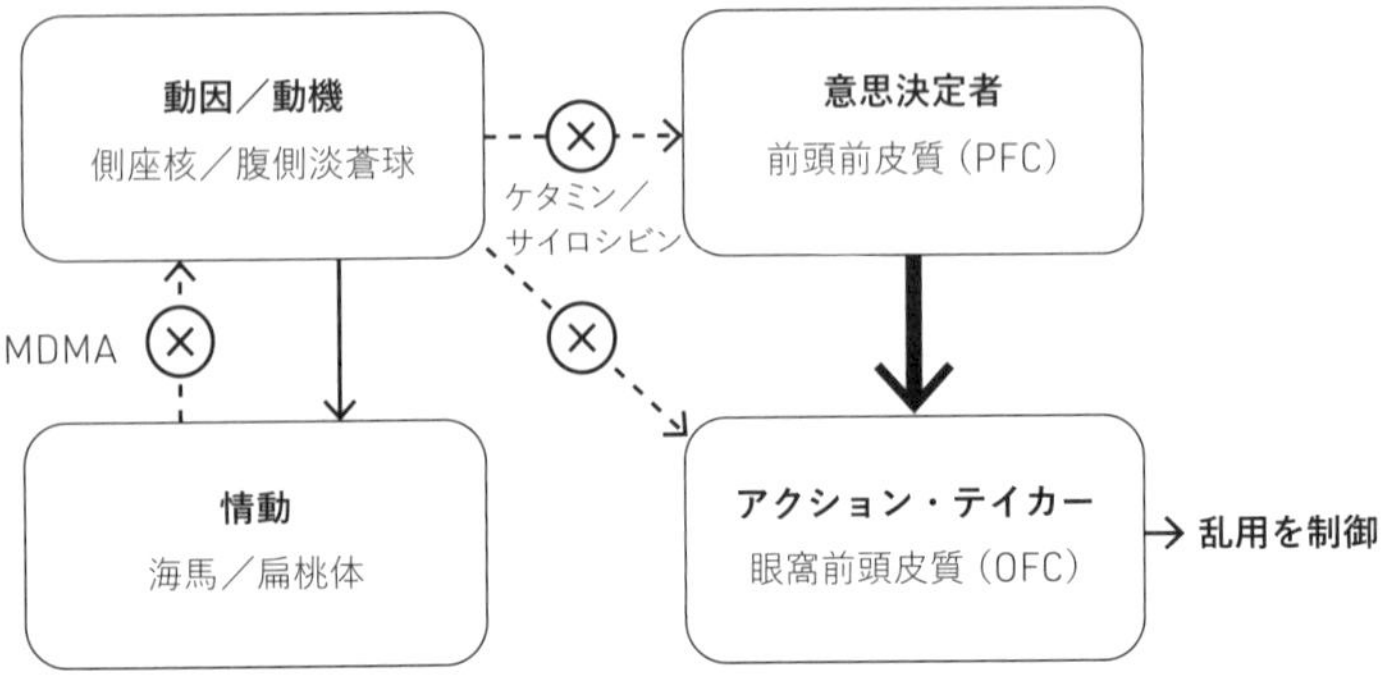

図9＿幻覚剤とMDMAが脳のバランスを回復させる仕組み

幻覚剤とMDMAは、過活動となっている脳内のシステムを邪魔することで、依存物質の乱用を制御する意思決定者の中心的役割を回復させる。

出典：Adapted from Baler and Volkow 2006 *Trends Mol Medicine* 2006 Dec;12(12):559-66. doi: 10.1016/j.molmed.2006.10.005.Epub 2006 Oct 27.

において初めて裏づけられたのである。

また同リサーチからは、飲酒歴が長いほど、上記の回路の結びつきが強くなること、つまり、依存にかかわる回路が深く根を張ることもわかった。これこそが、病歴が長いほど、依存を断ち切ることがより難しい理由なのかもしれない。

幻覚剤は脳内の回路間結合に作用する

ケタミン（本章の後半で改めて取り上げる）や古典的幻覚剤は、動因／動機にかかわる脳領域とOFCの間の過活動となっている結びつきを混乱させると考えられる。これによって、PFCがコントロール権を取り戻すことができるのだ（図9）。

うつ病を取り上げた第5章で触れたように、脳画像研究は私たちに、脳が通常は同期した、規則正しいリズムで活動していることを教えてくれる。幻覚剤は、そのリズムを根本から混乱させるのだ。そのおかげで、脳はしばらくの間、いつもの思考パターンから解放される。依存物質のことばかり考えてしまう反芻思考からも脱することができ、これにより、新しい考え方を定着させることができるようになる。ただし、MDMAは異なる方法で作用するようだ（MDMAについては、本章の後半でも取り上げる）。情動領域と動因／動機に関する領域間の結合の過剰な活動を抑制し、結合そのものを減少させるのである。つまり、恐怖や不安に対する反応が弱まることで、場合によってはなくなることで、脳のバランスが回復されるのだ。

以上の効果に加えて、これらの薬物はどれも神経可塑性を高めるため、脳内の接続性に永続的な変化をもたらすことができる。これは、セラピーで学んだ戦略を含め、患者が新しい洞察や新しい考え方を手に入れたとき、それをより良い形で定着させ、活用していくことができるだろうことを意味する。

アルコール依存症へケタミンなどの幻覚剤を用いる

1980年代、世界で一番アルコール消費量の多い国はソ連だった（ちなみに、今はロシアがその座を引き継いでいる）。幻覚剤を用いた依存症治療の再生にふさわしい地である。

エフゲニー・クルピツキー教授は、この分野の真の先駆者だ。彼がケタミンの研究を始めたのは、ケタミンが合法かつ入手しやすい薬物だったこと、そして依存症の心理プロセスを混乱させる興味深い方法になるのではないかと考えたためである。その研究結果は驚嘆に値する。研究参加者の半数が、ただ1度のケタミン投与で、1年後も完全に禁酒を継続していたのである。[22]

しかし、同研究が、ロシア国内はもとより世界中の依存症専門家たちから正当な評価を受けることはなかった。おそらくタイミングが悪かったのだろう。１９９０年代の後半までに、多くの国でパーティ・ドラッグとしてのケタミンの使用が広まり、それにともないケタミンに対して厳しい視線が注がれるようになっていた。やがてロシアはケタミンを禁止し、クルピツキーは研究の継続を断念せざるを得なかった。

だが、クルピツキーの研究が完全に忘れ去られることはなかった。現在はエクセター大学の教授である心理学者のセリア・モーガンが、博士論文の執筆に際してケタミンが脳に与える害について考察したことをきっかけに、ケタミンに関心を持ったのである。ケタミンについてさらに調べ、またクルピツキーとの対話を通して、彼女はケタミンの逆説的な性質を理解し始めた。ケタミンは依存の可能性があるだけでなく、依存の治療にも使える。まさにパラドックスである。

モーガンは最近、『Ketamine for reduction of Alcohol Relapse: KARE（アルコール中毒再発抑止のためのケタミン）』という画期的な研究結果を発表した。研究に資金を提供したのは医学研究会議（ＭＲＣ）である。英国において、もっとも権威があるだけでなく、もっとも資金獲得のハードルが高い研究助成機関だ。[23]

同研究では、中等度から重度のアルコール依存症患者を被験者とした。彼らを無作為に２つのグループに分け、一方にはケタミンの静脈注射を３回、もう一方にはプラセボとして生理食塩水の静脈注射を３回行った。

その後、それぞれのグループをさらに２分割し、半分にはアルコールについて学ぶ教育コースを受けてもらった。残りの半分が受けたのは、マインドフルネスのようなタイプの新しい短期（４週間）

焦点化療法である。同療法では被験者に、これまでとは違う考え方をするよう促し、断酒という難しい挑戦とアルコールに対する衝動にいかに対処するかを学んでもらった。

4グループのうち、良好な結果が得られたのは、ケタミン投与群であった。その中でも最後に軍配が上がったのは、ケタミンに加えて、新しい短期間の焦点化療法を受けたグループである。このケタミンとセラピーを組み合わせたグループの結果には、心が躍る。その後の6カ月間で、被験者がアルコールなしで過ごせた時間がなんと80％を超えたのである。[24]

NHSの研究助成機関である国立医療・社会福祉研究所（NIHR）は、（私が所属する）アウェイクン・ライフサイエンスとともに、上記の研究結果の再現性の検証を目的とした、より規模の大きい研究に資金を提供したところだ。最初の研究が示したような有益な結果が得られれば、NHSの承認が下りる可能性が高まると考えられる。

今のところ、結果が6カ月間持続するということしかわかっていない。最適な治療計画がどのようなものかも未知である。ケタミン注射1回とセラピー1回をワンセットとするKARE治療を2〜4回行った場合、効果は同程度なのか、それともそれを上回る効果があるだろうか。セラピーの有無はさまざまだが、英国、米国、その他いくつかの国でケタミン療法を提供しているクリニックが既にあるので、それほど待たずにデータが蓄積されていくだろう。英国では、アウェイクン・クリニックがロンドンとブリストルでそれぞれ、モーガンのKARE手順に基づいた治療コースを提供している。

サイロシビンを用いたアルコール依存症の治療

1960年代に、アルコール依存症に対するサイロシビンの効果を検証する研究が行われることはなかったが、LSDに関しては有望なデータが残っている。サイロシビンを使った現代の主要な研究としては、ニューメキシコ大学のマイケル・ボーゲンシュッツ教授（現在はニューヨーク大学ランゴン精神医学センター教授）のものが挙げられる。

10人の被験者を対象とした最初の研究は、幻覚剤とセラピーを併用したものだ。12週におよぶセラピーセッションと、1回ないしは2回のサイロシビン投与を組み合わせており、4週目に初回の投与が行われた[25]。

1回のサイロシビン投与で、平均25％だった被験者たちの過剰飲酒の日数が、7％へと低下した。36週間後も、飲酒量は大きく減少したままであった。

2022年8月には、同教授による、より大規模なフォローアップ臨床試験の結果が発表された[26]。93人を対象とした無作為化した二重盲検試験である。半数にはサイロシビンが、残りの半数には活性プラセボとして抗ヒスタミン剤が投与された（幻覚剤を用いた臨床試験につねにつきまとう問題であるが、被験者自身がプラセボであることに気づく可能性が高いことを付記しておく）。8カ月を経て行った調査では、サイロシビンを投与された被験者の半数近くが断酒を継続していた。

ボーゲンシュッツ教授の次の臨床試験は、さらに規模を拡大し200名を超える被験者を対象に実施される予定だ。

興味深い点は、サイロシビンを用いたうつ病研究と同じく、報告された被験者の幻覚体験が強烈であるほど、飲酒習慣の改善の度合いが高かったことである。

本章で紹介した他の研究と同様、サイロシビンは、人々のアルコールに対する考え方も再構成できるようなのだ。研究参加者の1人、69歳のメアリー・ベス・オアは、3年が経過した後、たまにワインをグラス1杯飲む程度だと報告している。「大事なのは、私が自分自身の飲酒習慣を監視してこの状態を維持しているのではなく、そもそもアルコールのことを考えなくなったということです。これこそが、輝かしい変化です」[27]

なお、アルコール障害〔依存症だけでなく、精神的・社会的な問題なども含む症状〕を持つ人は、より高用量のサイロシビンの投与を必要とする可能性が研究で示唆されているが、その理由についてはまだはっきりしていない。

MDMAを用いたアルコール依存症の治療

ベン・セッサ博士は、英国トーントンで児童精神科医として、心に傷を負った子どもたちを担当していた当時、子どもたちが16歳になり児童養護システムを離れた後、結局、路上生活に行き着く様子を頻繁に目にした。

心的外傷後ストレス障害(PTSD)になると、深い心の傷の原因となった出来事を想起させる何かに遭遇するたびに、そのときの感情が呼び起こされ、そのために、トラウマとなったまさにその出来事を何度も何度も追体験することになる。現在では、トラウマを抑えるために薬物やアルコールを摂取する人が多いことが知られているが、これらの若者たちの行動もそうであった可能性が高い。年齢が上がるにつれて、彼らは保護される対象や被害者としてではなく、犯罪者として扱われるようになる。

第8章で改めて説明するが、MDMAと心理療法を併用することで、PTSD患者を救えることを示すエビデンスが十分にある。飲酒習慣の根底にあるトラウマを、ＭＤＭＡを用いて治療すれば、これらの若者たちは酒を断つことができるというのがセッサ博士の理論である。それを立証すべく、彼はＭＤＭＡ療法を活用した世界初の依存症研究「Bristol Imperial MDMA in Alcoholism: BIMA（ＭＤＭＡを用いたアルコール依存症に関するブリストル・インペリアル共同研究）」を立ち上げた。

この研究では、地元ブリストルの依存症治療センターからアルコール依存症患者を募り、8週間をかけて、アルコール依存症向けの標準的なセラピーを受けてもらうと同時に、ＭＤＭＡ投与を2回行った。オープントライアルの形式を取ったため、被験者たちは、自分が何を投与されているのかを理解していた。

9カ月後、大半の被験者が断酒中であった。ＭＤＭＡを投与された被験者のうち、なお週に14ユニット〔英国の飲酒ガイドラインでは、週に14ユニット以上のアルコールを摂取すると健康を損なうリスクがあるとされている。アルコールの種類により異なるが、たとえばワインならボトル1本半強に相当する〕以上のアルコールを摂取しているのは4分の1だけだった。飲酒を続けている人たちの間にも興味深い結果が見られた。一部の人は、飲酒行動をリセットできたようで、サイロシビン研究で示されたのと同様に、節度を持ってアルコールを摂取できるようになったのである。[28]

これを、同じ治療センターで前年に治療を受けたアルコール依存症患者の結果と比較してみよう。彼らは8週間にわたる標準的な治療コースを受けたが、その3カ月後には、3分の2が飲酒を再開し、週14ユニット以上のアルコールを摂取している。[29]

同研究では、ＭＤＭＡが健康には何ら悪影響を与えないことも証明されている。アルコール依存症患者はさまざまな健康リスクを抱えているため、これは重要な点である。研究ではさらに、ＭＤＭＡ

摂取後にうつ状態になる可能性についても検証している。長い間、ＭＤＭＡは脳のセロトニンを激減させると考えられてきた。だが、同研究において、これらの脆弱な状態にある人々であっても、ＭＤＭＡの摂取が抑うつ気分を引き起こすことはなかった。

イボガインは依存症治療に安全な薬物か

イボガインは、世界中の非合法の依存症治療センターで、ヘロイン、そして最近ではメタンフェタミン中毒の治療に広く使用されている。

原産地のガボンをはじめ、ブラジル、コスタリカ、メキシコ、オランダ、南アフリカでは合法である。医薬品として認可されているニュージーランドでは、ここ数年、依存症治療グループがヘロイン中毒の治療に使用している。公表されている治療報告書によれば、最小限の副作用で、良好な結果が得られている。[30] とはいえ、このデータはオープンな介入研究（つまり、二重盲検ではない研究）に基づいており、結果が肯定的な方向に傾いている可能性はなきにしもあらず、である。

イボガイン治療には看過できない短所がある。第3章で述べたように、心臓のリズムに影響を与え、心停止を含む重大な合併症を引き起こす可能性があるのだ。イボガイン療法セッションで死亡例が報告されているのも、このためだと考えられる。イボガインは通常、オピオイド離脱中に投与されるが、これは心臓の生理的負担がもっとも大きいタイミングであるため、心臓の合併症はとりわけ問題含みである。

標準的な断酒セッションを成功裏に終えた後にイボガインを使用することで、心臓の問題を最小限に抑えられるかもしれないが、その場合、治療全体により長い時間がかかり、コストもかさむことになる。ニュージーランドのポール・グルー教授のチームが最近、イボガインの活性代謝物であるノリボガインを用いた研究を行っている。心臓への影響は投与量に左右されることが同研究で明らかになっており、心臓を慎重にモニタリングしながら、低用量投与を行うのが賢明な方法だと考えられる。[31]また、イボガインの誘導体の中には心臓の問題を引き起こさないものもあり、研究者たちの関心を引いている。

幻覚剤はアルコール以外の依存症にも効果があるか

前述のように、ヘロイン中毒にＬＳＤを用いた初期の臨床試験からは有望な結果が得られている。本書の原稿執筆中、インペリアル・カレッジは、サイロシビンを使ったヘロイン中毒治療の安全性と忍容性の確認を目的としたパイロット試験のための助成金を獲得したところだ。

ケタミンを用いたコカイン中毒治療の臨床試験も行われており、[32]コカイン中毒に対する効き目は、喫煙やアルコール依存症患者に使用した場合よりも弱いことがわかった。とはいえ、コカインは依存性が非常に高く、動因／動機に関連する主要な脳のシステムを直接の標的とする。他に代用となる薬剤や治療が存在しないという事情もあるので、コカインについてもさらに幻覚剤療法の研究を進めていく価値があるのではないだろうか。

依存症治療に幻覚剤は既に使われているか

研究目的を除いて、現時点で、医薬品としてほとんどの国で入手可能な唯一の幻覚剤はケタミンである。依存症治療センターで一般的に使われているわけではないが、専門治療センターでは良好な結果が示されている。

○効果はどのくらい持続するのか

ケタミンであれ古典的幻覚剤であれ、1年の期間を超えて調査を継続した研究がないことから、はっきりとしたことは言えない。しかし古典的幻覚剤には、より長期的に、より根底から脳を変化させる可能性があるようだ。たとえば、自分がなぜ望みもしない行動を取ってしまうのか、その本質を理解できるようになったり、人生の目的についてより大きな展望を持つことができるようになったりする。

また、幻覚剤影響下で壮大な経験をした人々ほど、幻覚剤から多くの恩恵を受けることができるようだ。例を挙げれば、前述のニコチン依存症の研究に参加した人々は、自分の人生をより大局的な視点からとらえ、喫煙の問題を超えた内なるつながりを感じられたと述べている。

○ケタミンとの併用に適しているセラピーは何か

これについての答えはまだ出ていない。通常のセラピーを提供すべきか、それとも「KARE」研究で用いられたような短期間の新しいアプローチを試すべきだろうか。後者は、成功の可能性が高いと考えられるだけでなく、患者にとっては治療期間の短縮につながり、治療提供者の側にはコストの抑制を図れるというメリットがある。KAREが、いずれNHSやその他の国の医療サービスで提供されるようになることを期待したい。

患者は、KARE療法が個別セラピーである点も気に入っているようだ。「経験を有する専門家」として臨床試験の設計に協力してくれた患者の1人は、次のように述べている。「グループセラピーは私には合いません、KARE療法が魅力的な理由はこの点にあります」。「新しいセラピーであるのが良いと言う患者もいた。「他とは違う、新しいタイプのセラピーなので、依存症歴が長く、あらゆることを試してきた私たちにぴったりです……」。患者だけでない。セラピストたちにも好評だ。

(依存症患者の回復や自立を支援するリカバリーワーカーという)仕事上、人々の参加を促すのに、とにかく苦労しています。グループを立ち上げたのに、参加者がゼロということもあります。この治療法はその解決策になりそうです。ケタミンのおかげで、きっと皆、積極的に参加するようになるでしょう、それは本当に素晴らしいことです……。

幻覚剤は、患者が「治療中」であることを意識せず、普段の生活を送れる治療法でもある。

毎日薬を飲むとか、何かに依存しているような感じはもう嫌なんです。その意味で、この治療は優れているのではないかと思います。

幻覚体験は、神経可塑性の持続にもつながり得る。このことは、患者がセラピーの統合セッションを活用して、必要な変化を起こすのに役立つだろう（詳細は、第8章を参照）。アルコール依存症患者ならば、自分がどのようなときに自制心を失うのかを観察したり、何が引き金となるのかを理解したり、物質以外の方法でストレスに対処したりというように、必要なスキルを学習する時間を手に入れられる。幻覚体験と併用することで、AAのような自助グループのサポートも、より意味あるものになるのではないかと思う。

ただし、幻覚剤という新しい薬に適した新しい形のセラピーの開発を望んでも、依存症治療サービスに早々の変化を求めるのは難しいかもしれない。セラピストは元依存症患者であるケースが多く、自分自身が依存症から回復できたセラピーに固執する傾向があるからだ。加えて、現在セラピーを提供している企業や組織から成る既存業界の存在も無視できない。

◦患者は完全な断酒を生涯続けなければならないのか

これについても明快な答えは出ていない。サイロシビンの研究でも、BIMA／MDMA研究でも、一定割合の被験者は脳を「リセット」し、自制心を失うことなく、飲酒できるようになることを突き止めている。しかし、アルコールを再び摂取してもらう以外に、このような患者を特定する手段がないため、現時点では全員に断酒を続けるよう勧めている。

◦依存症治療に最適な幻覚剤はどれか

現在のところ、薬の優劣や向き不向きを判断するのに十分な研究がまだ蓄積されていない。しかし将来的には、依存症になった理由によってターゲットを絞り、それぞれに適した異なる薬物を提供できるようになるのではないか。たとえば、過剰飲酒の理由が幼少期や人生のトラウマに関連している場合はＭＤＭＡを、アルコールを楽しんでいるうちにいつのまにか止められなくなったという人にはサイロシビンを、という具合だ。さらに言えば、幻覚剤は脳全体のレベルで作用することから、いずれはギャンブルやインターネット、ポルノなど、物質以外の依存症にも適用できるようになるかもしれない。今後の研究を通して解明していかねばならない課題である。

第8章
MDMAを用いる療法
PTSDとトラウマの治療、人間関係の修復

MDMA支援療法承認を目指す長い道程

私は2009年に薬物問題の総元締め、もとい、英国薬物乱用諮問委員会（ACMD）の委員長をクビになった。きっかけは、私が薬物の実害、特にエクスタシー〈MDMA〉の害について歯に衣着せぬ発言をしたことだった。思えばその頃は、MDMAが薬になる日が来るなど想像もしていなかった。

英国では1977年から、MDMAは規制薬物であった。つまり巷で流行り、問題になるずっと前から規制されていたのである。MDMA単体ではなく、アンフェタミン類としてまとめて禁止されていた。だが、違法であろうともネガティブな報道がされようとも、そのことが1980年代後半から1990年代前半にかけてのMDMAの急速な人気上昇の妨げになることはなく、アシッド・ハウス、レイヴ、いわゆるセカンド・サマー・オブ・ラブ、エレクトロニック・ダンス・ミュージックといった、新しいパーティの形が生まれていった。しかし、1994年に「刑事司法及び公共秩序法」が成

立して以降、言い換えれば、政府の厳格なレイヴ禁止法によって、パーティシーンは認可された合法クラブやスーパークラブへと移っていくことになる。

１９６０年代のＬＳＤと同じように、メディアも政府もＭＤＭＡをもっとも危険なドラッグの１つとして扱った。英国の二大主要政党はいずれも、エクスタシーを服用する若者に対して厳しい態度を取った。そうすることが集票につながると心得ていたからだ。悲しむべきことに、エクスタシー服用後に死亡する若者も確かにいた（その理由については、第12章で改めて説明する）。しかし、彼らの死を伝える報道は、他の薬物による死亡事故に比べ、度が過ぎるほど過剰であった。２００８年の報道を検証したある調査によると、エクスタシーを摂取したことによる死亡事故は１００％報道されたのに対し、アルコール中毒による死亡の報道カバー率はわずか２％、ヘロインに起因する死亡は同９％にとどまっている（ＭＤＭＡのリスクについては第12章を参照）[1]。

委員長職の解任をめぐる問題は、私にとってストレス以外の何物でもなかったが、プラスの副産物もあった。薬物の害をめぐって広範な議論が巻き起こったことだ。しかし、ＭＤＭＡの真の効果を明らかにした科学研究は、深刻なほど不足していた。その理由は、１９８０年代、米国でＭＤＭＡが禁止された時期までさかのぼることができる。米国は国内での禁止措置に続き、国連を舞台にＭＤＭＡを医療用途のないスケジュール１薬物に指定するよう求めるキャンペーンを世界規模で展開し、成功をおさめた[2]。

それから25年が経った現在、オーストラリアではＭＤＭＡ支援療法が、既存の治療で効果がなかった心的外傷後ストレス障害（ＰＴＳＤ）患者の治療法として承認された。米国やカナダでも、間もなく治療法として利用できるようになる可能性が非常に高い[3][4]。

このまさかのUターンの原動力となったのは、活動家であり運動家でもあるリック・ドブリンと、彼が1986年にカリフォルニア州に設立した非営利団体、幻覚剤学際研究学会（MAPS）である。ドブリンが長期的な目標として掲げるのは、一般の人々のメンタルヘルス改善とグローバル規模でのスピリチュアリティの普及である。そしてMAPSは40年近くにわたり法改正のためのロビー活動を展開するとともに、幻覚剤の安全性と治療への応用に関連する研究を支援し、財政的なサポートを提供してきた。

同団体の目下の焦点は、PTSDの治療法としてのMDMA支援療法の承認に定められている。PTSDは、患者の人生にとっても、治療にあたる医師にとっても難敵だ。精神科医として、PTSDの症例ほど落胆させられるものはなかった。最良と言われる対話療法や薬物療法でさえ、3分の1ほどにしか効果が見られないのだ。[5]

治療薬としてのMDMAの承認については、中東地域での戦争から帰還した米国の退役軍人の間に存在する極めて高いニーズを背景に、プロセスの迅速化が図られている。一般人口におけるPTSDの有病率は1～12％[6]だが、米退役軍人の間では、経験した紛争によって最大29％にも達する。[7] PTSDを患う退役軍人は自殺のリスクが高い。ある推計によれば、9・11同時多発テロ事件後の10年間に自殺した米軍兵士の数は、戦死した兵士のほぼ4倍に上るという。[8]

MAPSはこれまでに、6件の第Ⅱ相臨床試験を成功裏に終わらせている。直近では、治療法が医薬品として承認されるために必要な2件中2件目の第Ⅲ相臨床試験を完了させたところだ。最初の第Ⅲ相臨床試験では、承認に際して求められる基準を大幅に上回る結果が得られた。臨床試験参加者の88％が、「症状の重症度の臨床的に有意な軽減」を示したのである。また、67％がもはやPTSDで

はないと診断されたのに対し、比較対象となるプラセボ群では32%であった。[9,10]

この良好な結果を受けて、MAPSは米食品医薬品局（FDA）に承認申請書類を提出した。FDAが、PTSDに対するMDMA支援心理療法を迅速承認が可能となる「画期的治療薬」に指定したことから、まずは米国で、その後カナダやイスラエルでも承認される公算が高まっている[11]〔本書の原書刊行後の2024年6月、米FDAの諮問委員会はPTSDに対するMDMA支援療法の承認を推奨しないという決定を下した。同年8月、同療法について承認申請をしていたライコス・セラピューティック社は、FDAがこれまでに提出されたデータでは承認できないと同社に伝えてきたこと、同社に対し追加の第Ⅲ相試験を行うよう要請してきたことを公表した。ライコス社はMAPSが設立した法人である。MDMA支援療法の米国における承認は、以前の見通しより大きく遅れる可能性がある〕。

インペリアル・カレッジの研究グループも、この歴史的偉業にわずかながら関与している。2012年、私たちはMDMAが脳内でどのように作用するかを明らかにする史上初の脳画像研究を行った。なんとPTSDの理解と治療において重要な、記憶想起時の感情に関連する脳領域の画像も取得した。なんとも異例の研究であった。それというのも、研究の一部始終がテレビで放映されたのである。[12]

私は前々から、MDMA影響下の脳画像を取得したいと考えていた。エクスタシーはその頃パーティ・ドラッグとしてすっかり定着し、英国では毎週末、何十万人もの人々が使用していた。それにもかかわらず、MDMAの脳内の作用については、ほとんど理解が進んでいなかったのだ。[13]

MDMAがセロトニン系に作用すること、また動物を用いた実験では大量に摂取すると神経毒性を示すことが知られていたが（詳しくは第12章を参照）、MDMAが脳をどのように変化させるのかは、まだはっきりわかっていなかった。一方、ＭＡＰＳはその頃、反対勢力を押し切る形で研究プログラムをスタートさせていた。ＭＤＭＡ支援療法がＰＴＳＤに役立つかもしれないことを示唆する彼らの予備研究は、私の好奇心をそそった。彼らの研究結果は、いかにも理にかなっていると感じた。ＭＤＭＡの３つのＥ、すなわち、empathy（共感）、energy（活力）、euphoria（多幸感）は、心理療法にこのうえなく適しているように思えた。

そこで私は研究費の獲得を模索したが、一般的な研究助成機関からは一蹴された。ある研究機関はオフレコで、違法薬物研究への資金提供は風評リスクがあまりにも大きすぎるのだと説明してくれた。こうした薬物の研究には、ぬぐいがたいスティグマ（汚名）がつきまとうという現実を突きつけられた。研究そのものは合法であり、必要不可欠でもあるというのに、この分野に手を出す科学者や研究機関は法律違反を助長していると見なされるリスクを負わねばならなかった。そのような悪評は、科学者としてのキャリアを終わらせかねない。少なくとも、失職につながりかねない。後に私自身が経験したように。

加えて、違法薬物の入手や研究室での保管に関する規制、また許可を受けた供給元から薬物を入手するための調達コストが、時間の面でも費用の面でも負担となり、研究を難しくしていた。なんとも皮肉な話である。毎週金曜日と土曜日の夜に、人々は地元の街角で、数杯分の酒代でエクスタシーの錠剤を購入していたというのに。

そのような中、英国の公共放送「チャンネル４」から、違法薬物が人間に与える影響の最先端科学研究に関心がある、特にコカインを摂取する人々を対象とした研究を実況できないだろうかと打診を受けた。だが、コカイン関連の脳研究は先行研究があるため断った。彼らは落胆していたが、１カ月後に再びやってきて「テレビでの生放送を前提に、研究してみたいクラスA薬物は何か」とたずねてきた。私は、「E（エクスタシー）」と即答した。そして、彼らの番組予算を活用して、正式にMDMA画像研究を実施するのはどうかと提案した。その少し前、インペリアル・カレッジの研究グループは、脳内でのサイロシビンの作用を調べる最初の画像研究を終えたばかりで（第5章参照）、何よりもサイロシビンが脳の高次領域を「オン」にするのではなく、「オフ」にするという結果に驚嘆していたところだった。MDMAの作用がサイロシビンのそれと異なるかを観察できれば非常に興味深い、と「チャンネル4」の担当者に伝えた。彼らは快諾した。

だが、大学から研究許可を得られるまでに1年を要した。その間、私は何百通ものメールを書き、内務省（薬物政策を所管している）との対面での会議にも出席せねばならなかった。

1970年代からMDMAはセラピーで用いられてきた

MDMAが治療目的で初めて使用されたのは、1970年代の米国である。精神科医で心理療法家のトルステン・パッシー教授によると、1970年代後半から1985年に禁止されるまで、カリフォルニアを中心に数十人のセラピストが心理療法の現場でMDMAを使用していたという。[14] MAPSは、同時期の北米で、セラピーを通してMDMAが約50万回投与されたと見積もっている。[15]

このように広く使用されていたにもかかわらず、害がほとんど報告されていないという事実は、現在進行中のMDMA臨床試験の承認申請に際して規制当局を説得するための証拠材料の1つとして役立った。
古典的幻覚剤とは異なり、MDMAの摂取によって幻覚や感覚の変化が生じることはほとんどない。当時のセラピストたちの一般的な共通認識は、MDMAはセラピーに役立つというものだった。なぜなら、MDMAは患者の不安や恐怖の感情を和らげ、それにより患者の全体的な幸福感が向上する、その結果セラピストとの関係が深まるからだ。チリの精神科医クラウディオ・ナランホは、30人以上の患者にMDMAを使用した。そして、MDMAは「神経症的な自己の一時的な麻酔、あるいは人工的な正気」を生み出すと述べている。[16] セラピストたちはMDMAを、個人向けのセラピーを強化する目的で用いる一方、人々がお互いに共感し、信頼し、コミュニケーションを深め、ひいては怒りや憤りを乗り越えるためのツールとしてグループやカップル・セラピーでも使用していた。ナランホは、MDMAが人間関係に蓄積された「ごみを一掃する」のに役立つと理解していた。[17]
米国のセラピスト、レオ・ゼフは、当初セラピーでLSDを使用していたが、一連のグループ・セッションで約5000人にMDMAを投与し、150人以上のセラピストにMDMAを用いたセラピーの訓練を行った。[18]
週末に開催されるゼフのグループ・セッションは、金曜日の夜のシェアリング・サークルから始まった。参加者たちは車座になって、各々の心配事や心に重くのしかかっていることを話す。彼らは、許可なくその場を離れない、性的あるいは攻撃的な行動を取らない、何かを止めるよう求められたときには必ず応じる、といった参加条件が記された同意書に署名するよう求められた。土曜日にはMDMAを摂取し、その後ヘッドホンとアイマスクをつけて横になるよう促された。そのときの指示は、「何をどうすればいいかわからず、心がさまようようであれば、音楽を聴きなさい。自分自身を厳しくとがめてしまうようであれば、音楽を聴きなさい」であった。ゼフは、「参加者は起きあがって周りの人をハグしたがります。ハグを終えたら、元のところに戻ってもらいます」と述べている。土曜日の夜は全員一緒に食事を取り、日曜日にはもう一度シェアリング・サークルが行われた。[19]

ＭＤＭＡを用いることで、自己防衛的な態度が和らぎ、気持ちを吐露できるようになる、困難な問題や記憶についても、思い出そうとするたびに一緒に現れる辛い感情に圧倒されることなく話すことができるようになる、という評判が広まっていった。精神科医のジョセフ・Ｊ・ダウニング教授は、「無意識の中に封じこまれた材料によって異なるが、幼少期のトラウマから、成人の長期にわたる不安感情、深く抑圧された感情まで、患者はあらゆる状況に対処するようになる」と述べている。[20]

カリフォルニアのセラピスト、アン・シュルギン（ＭＤＭＡの特性を発見したアレクサンダー・サーシャ・シュルギンの妻）は、ＰＴＳＤを患う人々を助けるためにＭＤＭＡを使い始めた。「『私の人生を変えてくれた』と、私たちのところへわざわざ伝えに来てくれた人の数はもう数えきれません」と語っている。[21]

米国でＭＤＭＡが禁止された経緯と理由

ＭＤＭＡを使用していたセラピストたちは、自分たちの仕事を公表することに慎重だった。過去、ＬＳＤが研究室やセラピールームの外で使用され始めたときに起こったことを考えれば、当然だろう。その一方で、この薬物には共感力に加えてエネルギーと多幸感を与える力があり、しかも当時は合法だったのだから、ＭＤＭＡが１９８０年代初頭までにクラブあるいはパーティ・ドラッグとして使用されるようになったのも必然であった。

時を置かずして、米国で麻薬取締局（ＤＥＡ）がＭＤＭＡの禁止に動こうとしていることが明らかになった。これに対して、セラピスト、活動家、研究者たちは、禁止に反対するためのグループを結成した。グループ結成の目的は、研究を通してＭＤＭＡに治療効果があることを示し、そのエビデンスをＤＥＡに提示することであった。医療用途があることが証明できれば、ＭＤＭＡがもっとも厳格な規制が適用される違法薬物カテゴリーである「スケジュール１」に分類されることはないだろうからだ。しかし、３年にわたる闘いの末、しかもその間、ＤＥＡに不利な２件の司法判断がくだされたにもかかわらず、ＭＤＭＡは最終的にスケジュール１薬物に指定され、現在に至っている。活動家たちはリック・ドブリンのリーダーシップのもとに再結集し、ＭＡＰＳを立ち上げた。幻覚剤と同様に、米国のＭＤＭＡ禁止措置は国連を通したグローバル規模でのＭＤＭＡ禁止につながり、世界中のセラピストたちは、セラピーでＭＤＭＡを使用することができなくなった[22]。

ただし、ＭＤＭＡが地下へ潜った場合を除いては、である。スイスでは、１９８８年から１９９３年まで、治療目的であればセラピストは特別許可を申請することが認められていた。だが１９９３年の禁止にともない、一部のセラピストは非合法的にＭＤＭＡを使用するようになっていった。チューリッヒでは、ドイツ系の心理療法家フリーデリケ・フィッシャー博士が、２００９年に逮捕されるまで週末のグループ・セッションでクライアントにＬＳＤに加え、ＭＤＭＡを提供していた[23]。

フィッシャーのセラピーは、サイケデリック（幻覚剤）療法というよりも、むしろサイコリティック療法であった。サイコリティック療法は低用量の薬物を繰り返し投与するもので、幻覚剤療法が高用量の薬物を数回投与するのとは対照的である。フィッシャーは、治療に来る患者のうち、「行き詰まった」と思われる者を週末に自宅で開催するグループ・セッションへ招いた。セッションでは参加者全員がMDMAを、続いてLSDもしくは他の幻覚剤を服用した。彼女は何年にもわたって開催されたセッションを通して100人近くの患者を治療した。患者1人のセッション参加回数は平均25回であったという。[24]

彼女が逮捕されたきっかけは、自分の結婚が破談になったのはフィッシャーのせいだと主張する患者からの通報だった。裁判の過程で、フィッシャーは裁判官に対して次のように供述している。「私にとって、MDMAやLSDのような幻覚剤は麻薬ではありません。数千年もの間使用されてきた、精神を統合するための物質です。酔っぱらうのではありません。クライアントは高揚しながらも明晰な意識状態にあり、そのような意識状態の中で心理療法のワークを行うことができるのです」。判決は、2000スイスフランの罰金と、2年間の保護観察つき16カ月の執行猶予であった。[25]

トラウマの種類によらずPTSDの症状は似ている

精神科医であり、MAPSの主任研究者を務めるマイケル・ミットホーファー博士は、PTSDを「精神的痛手となる衝撃的な出来事の後に生じる一連の症状」と説明する。「注目すべきは、戦争トラウマ、身体的暴行、性的虐待、幼児期の虐待など、トラウマの種類を問わず、人々が抱える症状の多くが基本的に同じであることです」[26]

PTSD患者は、トラウマとそれにともなう感情を何度も繰り返し追体験する。彼らは、ささいなことに驚きやすく、怒りっぽい。フラッシュバックや侵入性記憶、陰鬱な考え、パニック発作、悪夢、その他睡眠障害などに悩まされている場合も多い。トラウマを思い出させるようなことを避け、そのために、感情あるいは家族や友人から距離を置くようになることもある。不安、抑うつ、認知および記憶障害、依存症になりやすく、自殺のリスクも高い。

古典的幻覚剤のPTSD治療薬としての研究状況

PTSDの治療薬として臨床試験が行われているのは、MDMAだけではない。2013年に私たちが初めてサイロシビンを用いたうつ病研究を行ったとき（第5章を参照）、負の転帰（悪い結果）につながり得る唯一の予測因子は、トリップ中の不安だった。このことから、私はPTSDのような不安障害を抱える人々が古典的幻覚剤を摂取すると、マイナスに作用するのではないかという懸念を持った。そのため、古典的幻覚剤をPTSDの治療薬として使うという観点から研究を進めることはなかった。

ところがこの10年ほどの間に、古典的幻覚剤とPTSDに関する事例証拠を耳にする機会が増えてきたのである。その大半は、退役軍人たちがアマゾンやスペインでのアヤワスカ・リトリート、あるいはオランダでのサイロシビン・セッションに参加したときのものだ（第9章で体験談を紹介している）。今では私は考えを改めた。兵士は通常、集団の中でトラウマとなる体験をするため、グループ単位で実施されるリトリートは、おそらく治療だけでなく癒やしの機会にもなるのだと考えられる。特に、他の退役軍人と一緒にリトリートに参加することで、個人セラピーよりも高い効果が得られる可能性さえある。[27,28]

コンパス・パスウェイズ社は現在、サイロシビンを用いたPTSD治療に関する研究を行っている。[29]

また、ＰＴＳＤ患者への6回のケタミン投与を検証した小規模研究で、強力な効果が示されたという予備的証拠もある。より大規模な臨床試験の段階へ進んでしかるべきだろう。[30]

ＰＴＳＤに対するＭＤＭＡ支援療法の進め方

ミットホーファー博士がＭＤＭＡに出会ったとき、彼は精神科の看護師である妻のアニー・ミットホーファーとともにＰＴＳＤを専門とするクリニックを経営し、より効果的な治療法を探し求めていた。「とにかく、臨床的な必要性があったのです。それら［既存の精神治療薬］をひっくるめて反対していたわけではなかったのですが、実際の効果には失望せざるを得ませんでした。より効果的な治療法が求められていることは明らかでした」[31]

ミットホーファー夫妻は、２００４年に開始された初期のＭＡＰＳ研究のうち、退役軍人や消防士、警察官を対象としたものを含む2件の研究を主導した。[32][33] 両者は現在、セラピストの育成に従事する他、ＭＤＭＡが認可された暁にはＭＤＭＡとともに提供されることになるセラピーの手順開発に取り組んでいる。[34]

ミットホーファー博士の説明によると、ＭＤＭＡ支援療法は、症状の軽減を目的とする他の精神治療薬とは異なるという。ＭＤＭＡ療法では、症状の軽減ではなく、症状の背後にある心理的要因がターゲットになるのだ。「そのため、改善に至る治療の過程で、症状が悪化したように感じられる可能性もあります。でも、それを克服するためのサポートを受けられれば、癒やしのプロセスの一部になり得ます」と彼は述べる。

博士は、治療の体験が不快なものとなる可能性があることを事前に警告しておくことが重要だとも話す。「患者たちは、『この薬がエクスタシー（恍惚）と呼ばれている理由がさっぱりわからない』と言います。挑戦的で難易度が高く、痛みをともなうこともあります。それまでたどり着けなかったところへ向かうのです。MDMAを使おうと使うまいと、トラウマの処理が難しいことに変わりありません。でも、MDMAがあればそれが可能になるのです」[35]

治療目的で使用される場合、MDMAは通常16〜18週にわたる治療期間中に2、3回投与され、そのMDMA投与の前後には患者の準備を促すための心理療法セッションと、統合のためのセッションが行われる。

「MDMA支援心理療法は一見、従来の治療法とはまったく異なるように思えます。参加者はベッドに横たわり、時にはアイマスクとヘッドホンをつけ、音楽を聴きます。患者の両脇には男女のセラピストが座り、その状態が少なくとも8時間続きます」。ミットホーファーは、セラピーの様子をこのように描写する。

サイロシビンを使ったセラピー同様、MDMAセッションでは「非指示的」なアプローチを取る。言い換えると、患者自身が対話を主導し、自分が話したいことを話すのである。そのため、患者は自分にしっくりするタイミングで、トラウマの話題を持ち出すことができる。「トラウマはあらゆる機会に現れるものです。どのようなときに、どのような形で出てくるかは、患者ごとに自然に任せるのが望ましいと考えています」と彼は言う[36]。

研究によると、非指示的なアプローチは、もっとも治療が困難と言われるタイプのPTSD、たとえば患者が自身の感情や現実から切り離されたように感じる解離性PTSDにも有効であるという。

また、幼少期か成人期か、複数の出来事か単一の出来事かを問わず、さまざまな原因のトラウマに効果がある。[37]

さらに、治療の効果は、治療終了後も持続することが、最長74カ月まで追跡され、確かめられている。[38]

以下は、同治療を受けた患者の体験記である。

薬からは、絶えず「私を信じて」というメッセージが発せられているように感じます。自分から考えようとするとうまくいかないのですが、恐怖や不安の波にただ身を任せるようにすると、薬がすっと入ってきて、それらを取り込んで、浮かびあがらせます。すると恐怖や不安が雲や霧のように消えてなくなるのです。

この研究に参加していなかったら、深く掘り下げることはできなかったと思います。記憶にともなう恐怖の感情が、怖くて仕方なかったのです。

薬の作用のひとつは、意識をリラックスさせて、深いところへ行く邪魔をさせないようにすることかもしれません。私たちの意識というのは、鎧のように、心の傷からなんとしても自分を守ろうとしますから。[39]

MDMA支援療法を構成する主な要素

■検診：MDMAは脈拍と血圧を増加させるため、心血管系の重大な病気を持つ人には適さない。

■準備セッション：2名のセラピストが担当する。セラピストは、男女がペアとなることが一般的。準備セッションを担当したセラピストが、治療の全セッションを伴走することになる。

■MDMAセッション：通常はセッションの日の午前中にMDMAを服用する。時にアイマスクとヘッドホンをつけて、音楽を聴く。それと交互し、セラピストと話をすることもある。セラピストはオープンエンドの質問を用いて参加者に考えや感情を表現するよう促しながら、患者の心の状態やプロセスを追跡する。

■統合セッション：MDMAセッションの翌朝に1度、その後も数週間にわたり複数回行われる。セラピストは、参加者に自身の経験について話すよう促し、その意味を理解するための手助けをする。

TV中継されたMDMA研究の予想外の結果

さて2011年、私たちはチャンネル4で放送されるMDMA研究をついに開始した。25名の参加者はそれぞれ、1週間の間隔をあけて脳スキャンを2回、1回はMDMAカプセルを投与した後で、

1回はプラセボを投与した後で行った。実験は、二重盲検法で行われ、どちらを先に投与されるかは参加者にも研究者にも知らされなかった。とはいえ、エクスタシー摂取後に生じる変化から、ほぼ全員がどちらを投与されたかを正しく推測している。

番組は「Drugs Live: The Ecstasy Trial（ドラッグス・ライブ：エクスタシーの臨床試験）」というタイトルで、2012年9月26日と翌27日に放送された。テレビ局が資金を提供した初の本格的な科学研究と言って間違いないだろういる。当時、チャンネル4史上、最多のダウンロード数を記録したと聞いている。科学ドキュメンタリーとしては前代未聞であろう。より重要なことは、MDMAの効果に関して、脳全体を対象とした初のfMRI研究であったこと、そしてMDMAの脳内での作用に関して、それまででもっとも詳細な分析が行われたことであった。[40]

結果は、その研究資金の出所に匹敵するほど予想外だった。MDMAの主な作用が、サイロシビンの場合とはまったく異なる脳の領域で生じることがわかったのだ。脳の高次機能の最高中枢と呼ばれる大脳皮質ではなく、情動の中枢である大脳辺縁系に作用したのである。脳の警報システムである扁桃体と、記憶を調整する海馬との間のコミュニケーションが増加していることも突き止めた。この2つは、ストレスとトラウマ記憶の定着に深く関与している領域であり、PTSD患者では脳のこの2領域の間のコミュニケーションが減少する。[41]

もう1つの変化は、大脳辺縁系や情動系の活動の低下であった。なお、MDMAの効果が強いと報告した被験者ほど、活動の低下が顕著であった。[42]

さらに、MDMAには脳の島皮質と呼ばれる部分の活性化を抑える働きがあることが示された。島皮質は恐怖や不安を経験したときに活性化する領域である。[43]

脳内で観察されたこれらの3つの作用は、まさにPTSD治療薬に期待されるものだ。情動と恐怖の中枢（大脳辺縁系と島皮質）の活動を低下させ、警報（扁桃体）と記憶（海馬）の中枢の結びつきを強めることで、PTSD患者が、トラウマとなった記憶へと立ち戻り、それを再処理し、乗り越えるためのセラピーに前向きに取り組めるようになるのだと私たちは考えている。

嫌な記憶を負の感情を抑えつつ想起できる

MDMAが記憶に与える影響についても、私たちは具体的なテストをいくつか行った。脳スキャンに入る前に、参加者に自身が重要だと思う記憶のうち、良い思い出と悪い思い出をそれぞれ6つ書き出してもらった[44]。

記憶の内容を私たちと共有するよう求めることはしなかったが、研究に際して各記憶の識別が簡単になるように、記憶ごとに端的な見出しをつけてもらった。たとえば、良い思い出の1つが「パリでの新婚旅行」、悪い思い出が「友人が死んだと知らされたこと」という具合だ。

脳をスキャンする間、参加者には一つひとつの記憶を20秒間思い浮かべてもらい、脳内の反応を確認した。スキャン後には、それぞれの記憶の鮮明さと、記憶にともなう感情の強さを0～100段階で評価してもらった。なお、プラセボとMDMAを比較できるように、参加者には、プラセボ服用後のスキャンで半分の記憶（良い記憶を3つ、悪い記憶を3つ）を、MDMA服用後のスキャンで残りの半分を思い出してもらっている。

予想していた通り、MDMA影響下の被験者は、プラセボ服用時に比べ、良い記憶をより鮮明に、そして肯定的に評価した。MDMA服用時は、嫌な記憶も良い記憶と同様に鮮明であったが、否定的

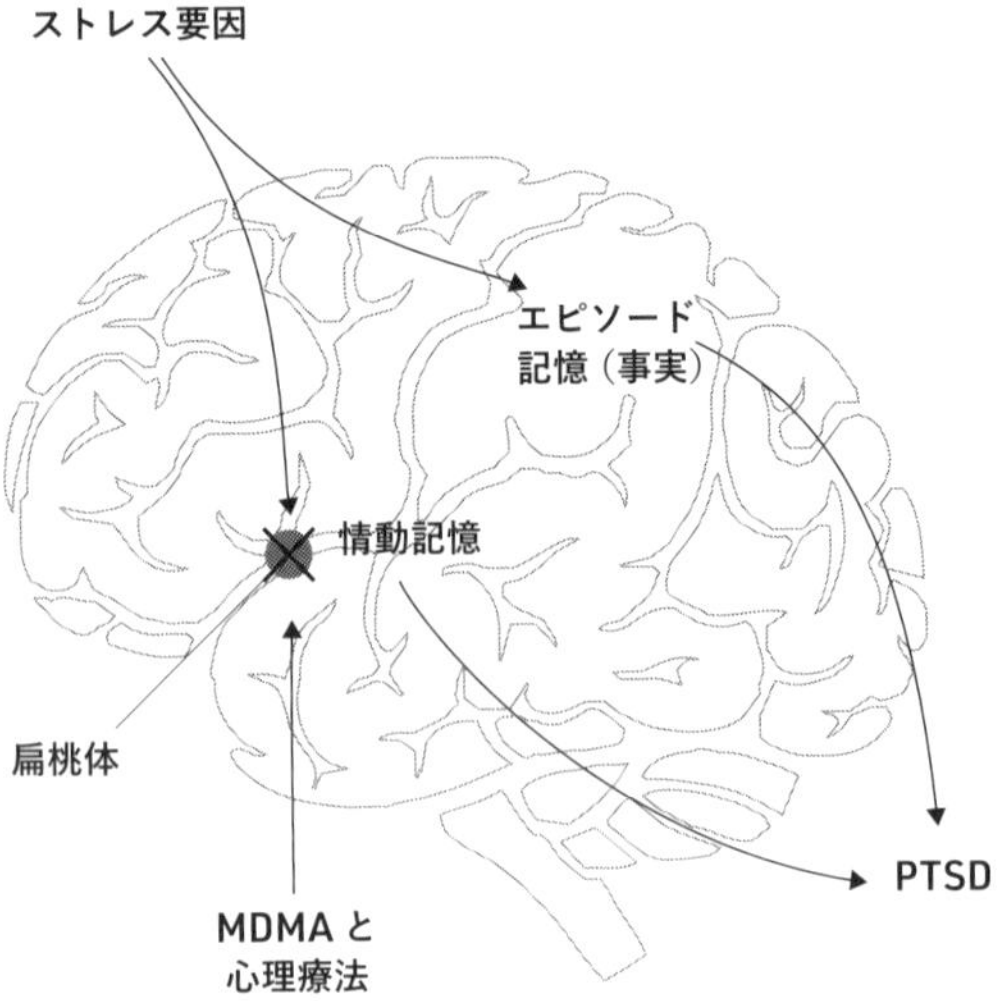

図10＿トラウマとなった出来事に関する記憶の脳内の保管場所と、MDMAが作用する感情的な反応の抑制と回復の促進にかかわる脳領域

出典：Adapted from Nutt DJ, de Wit H, 2021, Putting the MD back into MDMA, *NATURE MEDICINE*, Vol: 27, Pages: 950-951, ISSN: 1078-8956

な度合いはそれほど強まらなかった。

これらの記憶効果は、ＭＤＭＡがＰＴＳＤ治療に効果を発揮し得る理由を示唆している。

図10で示すように、記憶の事実に関する部分の符号化が行われる脳領域は、記憶の感情にまつわる部分が符号化される脳領域とは異なる。ＰＴＳＤ患者をもっとも苦しませるのは通常、感情にまつわる記憶だ。たとえば、強く閉められたドアの音を聞くたびに、脳がそれを紛争地帯で銃撃されたと解釈して、かつてそれが起こったときと同様の感情的な反応を活性化するとしたら、日常生活もままならない。[45]

事実に関する記憶を消去することは、ほぼ不可能だ。だが、記憶にともなう感情を取り除くことはできる。通常のセラピーでは、患者にトラウマとなった記憶を思い出してもらい、セラピストの伴走のもとでその記憶を追体験し、恐怖や不安の感情が消えるまで安心感を与え続ける。だが、PTSD患者の大半にとって、これはあまりに過酷なプロセスである。

MDMA療法では、感情的な反応を抑えることで、トラウマとなった記憶にまつわる感情が消えるまでセラピーを続けることができる。その後は、以前のように湧きあがる感情に圧倒されることなく、その出来事について話をできるようになる。

MDMAの脳内伝達物質やホルモンへの作用

選択的セロトニン再取り込み阻害薬(SSRI)と同様に、MDMAも情動反応を減弱させる(うつ病に関しては第5章を参照)。ただし、私たちの記憶テストを通して示されたように、SSRIとは異なり、MDMAはネガティブな反応のみを弱める。言うなれば、MDMAは情動回路をポジティブな方向へ押しやるのである。[46]

サイロシビン、SSRI、MDMAはどれもセロトニン系に作用するが、その作用の仕方には大きな違いがある。古典的幻覚剤は2A受容体を直接刺激し、セロトニンの働きの一部を模倣することで作用する。それに対してSSRIは、セロトニンの再取り込みを阻害することで、セロトニン濃度を上昇させる。[47]他方、MDMAはセロトニンの放出を刺激することで、セロトニン濃度を直接的に上昇させるのである。[48]

MDMAは、セロトニン受容体に作用するだけではない。他のアンフェタミン類と同様に、注意力の向上と活力をもたらすノルアドレナリンと、同じく活力に加えて、踊りたい、話したい、というモチベーションにつながるドーパミンの放出を促すのだ。理論上は、ドーパミンの放出はＭＤＭＡの依存性につながるはずである。コカインの依存性の背後には、まさにこのドーパミンの放出がある。しかし、ＭＤＭＡの依存性はそれほど高くない。これはおそらく、セロトニン系への作用がずっと大きいためだろうと考えられる（第12章を参照）。

なお、私たちのいくつかの最新研究において、ＭＤＭＡには他にも薬理作用があるらしいことが示唆されているのだが、これについてはまだ解明しきれていない。ＭＤＭＡと同じような方法で神経伝達物質を放出するものの、ＭＤＭＡほどには共感につながらない、似たような分子もある。

ＭＤＭＡがオキシトシンの分泌を刺激することは、以前から知られており、これが他者に対する信頼というＭＤＭＡの効果につながっているのだろうと考えられる。オキシトシンは母親と赤ん坊の絆を強め（ボンディング）、母乳の分泌を促す働きを持つ。成人におけるオキシトシンの役割はあまり明確でないが、カップルやグループの絆を深め、信頼や温かい気持ちを生み出すことから、しばしば愛情ホルモンと呼ばれる。鼻腔スプレーでオキシトシンを投与したところ、社会的共感の向上につながったという実験もある。[49]

そこで私たちは脳画像研究に見られるＭＤＭＡの効果と血中のオキシトシン値との関係を調べたのだが、両者の間に関連性は認められなかった。それでも、脳内のオキシトシン放出は、愛する人——もしセラピー中ならばセラピスト——を信頼し、絆を深めるうえで、一定の役割を果たしているのではないかと思われる。

げっ歯類の動物を用いた研究から、オキシトシンが神経可塑性を促進するという説もある。[50] もしこれが人間にも当てはまるとしたら、MDMAのおかげで人々が、恐怖に関連した過去の記憶の影響を解釈し直し（リフレーミング）、幻覚剤のように恐怖を克服し、前進できるようになることの説明になりそうだ。

セラピーなしのMDMA投与の事例

セラピーを併用せず、MDMAの摂取のみでも、ある程度の効果が得られるようである。私たちの研究参加者のうち、ここでは「J」と呼ぶが、ある女性牧師の体験がとりわけ注目に値する。

Jが研究への参加を希望したのは、MDMAがトラウマの治療薬になる可能性があると耳にしたからだった。彼女は、教区内のホームレスやアルコール依存症問題の多くはトラウマが関係しているのではないかと考えていた。

彼女自身もまた、かつて深刻な暴行を受けた経験から、また他の個人的なトラウマもあってPTSDに悩まされていた過去があった。私たちがそのことを知ったのは、MDMAセッションの後のことだった。Jは、眼球運動による脱感作と再処理法（EMDR）による治療を受けており、自分では回復したものと考えていた。

彼女は、エクスタシーを摂取したときの経験を次のように語っている。「薬が効いてくると、心臓がバクバクして、身体が溶けていくように感じます」。この最初の、難しい段階を過ぎると楽になったという。「しばらくして強烈な感覚が和らぐと、幸せな記憶がたくさんよみがえってきます。幸福感に満たされました。これまでの人生で経験したあらゆる幸せな感情が、心に浮かびました」

続いて彼女は、嫌な記憶についてどのように感じたかを説明してくれた。「記憶をさかのぼり、嫌な記憶に遭遇したときも、それほど悪いものに思えなかったのです。それどころか、後で思い出すことになる良い出来事が起こるうえで、宿命的に必要なものであったように思えたのです」

「ＰＴＳＤの問題は、そのような感情に到達できないこと、あるいは表現できないことです。怒りとともに取り残されて、自分にとって本当に大切な人たちから切り離されてしまったように感じるのです……私はあのときの記憶にともなう感情を、初めて表現することができたのだと思います」。Ｊは、記憶と再びつながれたことで、以前に受けたＥＭＤＲ治療よりも深いレベルで、記憶とそれにまつわる感情を処理することができたと話してくれた。「私の脳は、楽しい思い出を自由に選び出すことができます。もう記憶を閉じこめるよう強いられていません」

数日後、彼女は初めて、過去に受けた暴行のことを完全に思い出した。「起こったことを時系列に沿ってすべて思い出すことができたのです」と言う。だが、それまでとは違った見方をすることができた。そのときの出来事を笑い飛ばすことさえできたのだ。「どうりでＰＴＳＤにもなったわけだ！と思いました」。ＪがＭＤＭＡを摂取したのは、実験的研究の一環であり、治療としてではなかった。それでもなお、本人はＭＤＭＡが回復に役立ったと実感している。ＭＤＭＡのおかげで、「何かとても深遠な経験をできたことは明らかです」と述べている。

とはいえ、セラピーやセラピストの助けを借りることなく、臨床現場外でＭＤＭＡを摂取することは推奨できない。人によっては、トラウマを治療するどころか、トラウマになってしまう可能性もある。

不安症に対するMDMAの効用

脳の情動中枢を落ち着かせるMDMAの作用を考えれば、MDMAがPTSDの他にも、さまざまなタイプの不安障害に対して効果を持つとしても意外ではない。

■命にかかわる病気に罹っている成人の不安症：これまでのところ、有望な研究データが得られている。興味深いのは、作用のメカニズムは異なっているにもかかわらず、古典的幻覚剤とMDMAの両方が不安症を抱える患者の役に立つと思われることだ（古典的幻覚剤の不安症への適用については、第10章で詳述する）。[51][52]

■自閉症成人の社交不安症：自閉症は単一の障害ではないため、MDMA療法が誰にでも有効であるとは考えにくい。だが、自閉症の人の多くが、重度の社交不安症と闘っている。治療の目的は、性格や気質を変えてしまうことでも、ニューロダイバーシティをなくしてしまうことでもない。そうではなく、彼らが他者、特に見知らぬ人々に会ったときに感じる不安に対処できるようにし、なるべく苦しまずに社会とかかわれるよう支援することにある。[53]

拒食症や過食症、パーキンソン病への応用にも期待

現在、退役軍人のPTSDを対象としたグループセラピーの開発が進められている。[54] また、イェー

ル大学では、MDMA影響下でのPTSD患者の脳を調べる研究が始まっている。[55]

MAPSは、PTSDに加え、カップル・セラピー、命にかかわる病気を抱える成人の不安症、自閉症成人の社交不安症（先のコラムを参照）など、MDMAの他の使用法に関する複数の研究を支援したり、資金を提供したりしている。また、拒食症や過食症、社会不安障害などを対象とした研究も計画されている。[56]

インペリアル・カレッジとブリストル大学で、私たちは、MAPSで製造されたMDMAをアルコール依存症の研究に使用した（詳しくは第7章を参照）。その結果、MDMAがアルコール依存症に非常に効果的であることがわかった。おそらく、依存症の問題の根底にトラウマが存在するケースが多いためであろう。[57]

しかし、やらねばならないことは、まだ山積みだ。特に、異なる症状を持つ人々の脳をスキャンし、MDMAがそれぞれにどのような変化をもたらすかを解明していきたいと考えている。

2000年、英BBCの番組「ホライゾン」で、34歳のときにパーキンソン病と診断された映画スタントマン、ティム・ローレンスのストーリーが放送された。パーキンソン病は、ドーパミンの減少によって引き起こされる病気で、通常は高齢になってから発症する。病気そのものと処方された「Lードーパ」という薬の作用が重なって、ローレンスの身体は自分の意思とは関係なく連日のように無動や不随意運動、震えを繰り返していた。彼は、これらの症状の解消にMDMAが役立つことを発見した。「音楽が鳴り響くクラブで立っていたら突然、自分の身体が完全に静止していることに気づいたのです。気持ちも見た目も、まるで普通の人でした。皆さんにとっては大したことではないかもしれません、きっとそうでしょう、でも、私にとっては天啓でした」と彼は述懐している。[58]番組では、ローレンスがジムでエクササイズに励み、スワローダイブや後方宙返りをする姿が映し出された。[59]

後年実施された動物実験でも、ローレンスの経験が裏づけられている。その後、合法的な代替物質を探索する研究が集中的に行われるようになっていった。しかし英国では、「精神作用物質法」の制定以来、MDMAに類似した物質はすべて違法扱いなのである。インペリアル・カレッジでは、代替物質としての可能性を持つMDMA類似物質をいくつか特定しているが、パーキンソン病の研究ラボがスケジュール1薬物の研究遂行に必要なライセンスを有しておらず、それらの物質の研究を前進させることは叶わなかった。他の研究グループも、同じ問題に行く手を阻まれている。[60]

数年のうちに、この研究分野がどのような進展を見せるか、今後の動向から目が離せない。そして何より、他の治療法で効果が得られなかった難治性の症状を持つ患者が、ついに有効な治療法にアクセスできるようになる瞬間に立ち会えたならば、このうえない喜びになるだろう。

第9章
幻覚剤による神秘体験とその効用

死の間際にＬＳＤを摂取したオルダス・ハクスリー

末期の喉頭がんで寝たきりとなったオルダス・ハクスリーは最期のとき、ＬＳＤを１００マイクログラム注射してほしいと妻ローラに筆談で伝えた。ハクスリーは、その前年にあたる１９６２年に出版された小説『島』で、意識を拡張し、生活の質を向上させ、より良い社会をつくり、また死を楽に迎えるために、住民たちが「モクシャ薬」（サイロシビン・マッシュルームのこと）を摂取する世界を創造した。

ローラは後に、オルダスの兄ジュリアンとその妻ジュリエットに宛てた手紙で次のように書いている。「オルダスはふいに死が間近に迫っているという事実を受け入れたかと思うと、彼が信じて止まないこのモクシャ薬を摂取しました。『島』で描いたことを実践したわけです。その後の彼は、失っていた周囲に対する関心を取り戻したような、同時に安心したような、穏やかな様子でした」

１時間ほど経つと、「彼の顔に、モクシャ薬を飲んだときにいつも見せる、無上の喜びと完全な愛に満ちた表情が浮かんできました」。1時間後に、ローラは再度100マイクログラムのLSDを注射した。それから数時間後、オルダス・ハクスリーは息を引き取った。

ローラは上述の手紙の中で、ハクスリーは「もっとも平穏で、もっとも美しい死」を迎えたと記している。彼女はまた、「オルダスは（もちろん私も）、『島』で書き表したことが真剣に受け止められなかったという事実にひどくショックを受けていたと思います。同書は、サイエンス・フィクション作品として扱われました。けれども、『島』で描かれた一つひとつの生き方は、彼の空想の産物ではなく、あちらこちらで実際に試みられたことであり、そのうちのいくつかは、私たちの日常生活でもあったのです。オルダスの臨終の様子を知ってもらえたら、そのことだけでなく、『島』で描写されている多くの事実が今この時この場所で可能なのだと、人々の意識を呼び覚ますことができるかもしれません」

そのうえでローラは、今なお重要性を持つ問いを投げかける。「では、オルダスの今際の迎え方は、私たちの、そして私たちだけの救いであり続けるのでしょうか。それとも、誰もがその恩恵を受けられるべきなのでしょうか」[1]

エビデンスが積みあがって、幻覚剤は人々が安らかな死を迎えるのを助けるだけでなく、末期と診断された患者が死と向き合ううえでも役立つことが示されつつある。それだけではない。幻覚体験のスピリチュアルな側面は、どのようなものであれ何らかの困難に直面している人々が、人生の意味、さらには神の存在を見つけ出す後押しをするようなのだ。

終末期患者のケア手段は限られている

私たちの多くは、死を強く恐れる。余命宣告を受けたとき、場合によってはそれ以前の段階、つまり死に至る可能性がある病気だと告げられたときに、かなりの割合の人が不安になったり、落ちこんだりするのも、まったく驚くにあたらない。

抗うつ薬が、このグループの人々に必ずしも効くとは限らない。この領域の研究は非常に限られているのだが、わずかな研究結果からは、抗うつ薬にプラセボを上回るような効果はなさそうであることが示唆されている。[2] それはおそらく、これらの患者がうつ病や不安症というよりも、もっと生と死にかかわることに苦しんでいるからだろう。その症状は言うなれば意欲減退症候群で、人生の意味や目的の喪失、気分の落ちこみ、無力感、落胆、閉塞感などが含まれ、その他にも、自分を落伍者のように感じたり、うまくいかない、対処できないと思い詰めたり、自殺を考えたり、より遅くではなくより早く死にたいと願ったりするというものである。[3,4]

現在、死を迎えようとする人々の苦痛を取り除くため（時に、終末期の数週間を平穏に過ごすため）に用いられている方法は、オピオイド系鎮静剤を投与して感覚を鈍らせ、酩酊状態をもたらすことだ。だがそれは、考えたり、感じたりできなくなることを意味する。痛みからは解放されるかもしれないが、身体は不活発になり、脳の働きが麻痺し、死にゆくまでの間、適切な会話を交わすことさえままならなくなってしまうケースも多い。

50年以上前のことになるが、私がガイズ病院のメディカルスクールで臨床研修を受けていた当時、医師たちは痛みに苦しむ末期がん患者に、ブロンプトン・カクテルと呼ばれるヘロイン（またはモルヒネ）とコカインを混合した鎮痛薬を投与していた〔その呼称は英国の王立ブロンプトン病院で開発されたことに由来〕。

優れた臨床薬理学者、そして医師であり、良き教師でもあったジョン・トラウンス教授による、終末期の患者のケアをテーマにした講義を今でも覚えている。死の床にあったハクスリーにLSDを与えたというローラ・ハクスリーの手記を読んでいた私は、講義中に手を挙げ、「終末期の患者にLSDを投与することは検討に値しないでしょうか」と質問した。それに対するトラウンス教授の答えは、「私はそれについて何も知らないし、君とそれについて議論することもない。どのみち違法である」だった。そのとき頭に浮かんだことは、口に出さなかった（私らしくない）。ここに書いておこう。

「いや待ってくれ、モルヒネやコカインも違法だぞ」

オピオイド系鎮痛剤や抗うつ薬が解決策とならない以上、余命わずかとなった患者をケアする医師としての私たちの能力には、今でも大きな欠落がある。だが幻覚剤が、この欠落を埋めてくれるかもしれない。昨今、ハクスリーの選択が正しかったことを示唆する研究の数が増加の一途をたどっている。

重篤な疾患を持つ患者のケアを目的とした幻覚剤使用に関する最初の科学研究の結果が発表されたのは、ハクスリーが亡くなった翌年の1964年である。[5] 同研究では、50人の被験者に、100マイクログラムのLSDを単回、もしくはオピオイド系鎮痛剤を経口で2回投与した。LSD摂取グループでは、死への恐怖が軽減しただけでなく、短時間のうちに疼痛管理が容易になったと報告されている（疼痛治療については、第10章で取り上げる）。研究者たちは、1960年代から1970年代半ばにかけてさらに2件の研究を行い、いずれも良好な結果が示された。被験者たちは自分が何を投与されたのかわかっていたものの、当時の研究から得られる判断材料は、ＬＳＤによって終末期の患者たちが満足した最期を迎えられるだろうことを示唆している。

これらに連なる研究の糸が再び紡がれたのは、２０１１年のことだ。そして今日までに、進行がんを含む、命にかかわる病気を抱える患者を対象に、ＬＳＤとサイロシビンの両方を用いた臨床試験が4件完了している。[6,7,8,9] 各研究からは、幻覚剤療法が、不安や抑うつ、自殺念慮に加えて、意欲低下に関連するその他の症状など、重篤な病気を抱える人々のさまざまな症状の多くを緩和できること、さらには精神的な満足感を高めることが示唆されている。その一方で、これらの研究において有害な副作用は認められておらず、身体的に脆弱な状態にある人々にとっても幻覚剤療法が安全であることがうかがい知れる。

より最近では、たとえば後天性免疫不全症候群（ＡＩＤＳ）など、終末期以外の幅広い病気に対する幻覚剤療法の研究が行われている他、幻覚剤療法の費用対効果を高めるべく、グループを対象とした幻覚剤支援療法の開発も進行中だ。[10]

安らかな死を迎える助けとなる自我消滅の感覚

鍵を握るのは、幻覚剤の抗うつ作用である。トリップから戻るやいなや、多くの人がより前向きな気分になったと報告し、そのような気分が数日から数カ月継続する。これはうつ病患者の場合と同じメカニズムが働き（第5章を参照）、幻覚剤がネガティブな思考回路をオフにするのだろうと考えられる。

だが、幻覚剤の効果はそれだけにとどまらない。幻覚剤の摂取は、意識を変容させ、スピリチュアル体験、神秘体験、または個人の限界を超えた体験をもたらす確実な方法である。これらの体験はいずれも、個人を超越した、より大きな何かが存在するという感覚、あるいはいつもの思考パターンから引きずり出されるような感覚をもたらす。『Modes of Sentience: Psychedelics, Metaphysics, Panpsychism（感覚の種別：幻覚剤、形而上学、汎心論）』[11][12]の著者で哲学者のピーター・シェーステット＝ヒューズ博士は、この意識の深遠な変化には、さらに2つの要素があると述べている。1つは、体外離脱や自我の消滅であり、自己と世界とを隔てる壁の消滅だ。もう1つは、形而上学的な体験であり、私たちがこれまで世界を説明してきた方法が崩壊し、人生や宇宙に対する認識が根本的に変わるというものだ。

その結果、自分自身や世界に対する見方が根底からひっくり返されることがある。神秘体験とは、他者から愛されている感覚、自分自身を慈しむ感覚に他ならない。このような愛の感覚は、旧来の宗教的な趣きを帯びていると言っても良く、それゆえ人々は神の愛を感じるのである。だが神秘体験はしばしば、より広範に、人間や自然、時にはあらゆるものからなる、相互につながった共同体の一部であるという感覚にまで広がっていく。多くの人が、愛の感覚や認識を、すべての人のみならず、すべてのものをつなぐ普遍的な感情として表現する。これは、ある人にとっては、神が人々に与える無条件かつ遍在する愛というキリスト教的な感覚かもしれないし、別の人にとっては、自然や宇宙との一体感を意味しよう。

人が死を恐れる理由の1つは、死をすべての終わりと考えるからである。人々の苦しみを和らげる幻覚剤のパワーは、患者に死はけっして終わりではないと思わせるその能力にある。鍵を握るのが、自我の解消、世界や宇宙との融合や一体化、あるいはより深いつながりといった体験だ。人々は、自身の身体を離れて、浮遊し、抜け殻となった身体を上から見下ろしているかのようにさえ感じる。より極端なケースでは、自分の身体が空間全体へ広がっていくような、自分の身体が自分のものであるという感覚や完全性が消散していくように感じられることもある。それでも、ただ姿かたちが異なるだけであり、自分が自分であることに変わりはない。

私たち一人ひとりを構成する原子はいつまでも存在し続け、ある時点でいや応なく新しい生命に組みこまれることを、私たちは頭ではわかっている。幻覚剤のおかげで私たちは、この論理を心情的にも理解できるようになるのだ。幻覚剤が慰めになるのは、死とは完全なる無を意味するのではなく、むしろ移行なのだと気づかせてくれるからだ。キリスト教の葬儀では、生命の転生の科学が発見されるずっと以前から、「dust to dust, ashes to ashes（塵は塵に、灰は灰に）」（キリスト教の祈禱書の一節。「灰は灰に」の後、「永遠の命への復活を確かな希望としてこの遺体を捧げます」と続く）と祈ってきたのである。

自我解消体験とはどのようなものか

以下は、幻覚剤摂取後に生じる自我解消の度合いを測定するために考案された自己報告式の尺度「Ego Dissolution inventory（自我解消一覧）」[13]からの引用である。

■自己あるいは自我の解消を経験した

■宇宙との一体感を覚えた
■他者との一体感を覚えた
■自己重要感の減弱を経験した
■自己あるいは自我の崩壊を経験した
■自分自身の問題や心配事で頭を悩ませることが減った
■自我という感覚そのものがなくなった
■自己あるいはアイデンティティという「記号」自体が消え去った

幻覚剤による宗教的、神秘的、スピリチュアルな体験

何千年もの間、意識を変容させ、神秘体験をもたらすために人類はさまざまな方法を用いてきた。たとえば、感覚遮断、断食、睡眠遮断、瞑想、儀式的な太鼓、詠唱（チャンティング）、歌、踊り、スウェット・ロッジ〔米国先住民の神聖な儀式。セージなどを敷いたサウナのような小屋で汗をかくことで、心身の浄化や癒やしを得る〕があり、もちろん天然の幻覚剤、今では合成幻覚剤もここに含まれる。

私たちの脳画像研究でも、健康なボランティア被験者であれ病気を抱えた被験者であれ、かなりの数の参加者が何らかの神秘体験やスピリチュアル体験をしたと述べている。たとえば、うつ病を対象とした最初の研究では、高用量のサイロシビン摂取後に患者の約4分の1がこのような体験をしたと言い、特に2名は神の存在を感じたと報告した。

同研究では、各患者のポジティブな心理的体験の度合いを測定した。宗教的、神秘的、スピリチュ

アルな「ピーク」体験の測定である。その結果、ピーク体験の度合いが高いほど抗うつ反応も高いことがわかった。深いトリップに入れなかった2名は、うつ病に対する効果も相応にとどまったようである。[14]

その際、脳内の薬物の量が重要なのか（多ければ多いほど、より深い効果が得られる可能性が高い）、スピリチュアルな体験そのものが重要なのかは、判然としない。良好な結果が得られた人は共通して、トリップ後に自然や他者との「つながり」をより強く感じたと報告している。ある人は、「［投与を受けた後］外に出ると、すべてがとても明るく色鮮やかで、いつもと違う印象を受けました。木の葉や鳥の存在など、普段なら気にも留めないようなささいなことに気づきました」と述べている。[15]

別の人は、「目の前にかかっていたヴェールが取り除かれて、何もかもが突然はっきりと見えるようになり、光り輝き、明るくなりました。植物を目にしては、その美しさを味わえるようになりました。今でも、自宅の蘭の花に目を向けるたびにそう感じます。このような状態が、ずっと持続しています」と話している。

一部の被験者の間では、こうした知覚の改善が長く定着した。たとえば、被験者の1人は6カ月後に次のように話している。「今なお物事が違って見えます。公園を見渡せば、これまで目にしたことのないような色鮮やかな緑色が広がっているのです。木々に囲まれていると、まるで初めて経験するような、生き生きとした生命力を感じて、素晴らしい気分になりました」

トリップ中の経験があまりに強烈に感じられ、それを言葉に表すのに苦心したという人もいた。ある人は後にこのように表現している。「私は私であると同時にすべての人であり、一体であり、60億の顔を持つ1つの生命体であり、愛を求める者であると同時に愛を与える者であり、海を泳いでいる一方で、海そのものだったのです」。別の人は次のように述べている。「まるでGoogle Earthのように、ズームアウトしていきました。私は自分自身と、あらゆる生き物と、そして宇宙と絶対的なつながりを持っていました」

2名の患者は、神の存在を感じたと語った。そのうちの1人は、「教義上の意味での神ではなく、私たちの心の内に宿る神の元型と言えるようなものであり、それがリアルに、私たちとともにあるのです。本当に存在することを、身をもって経験したのです。私は突然歓喜に包まれ、目を大きく見開き、口を開けたまま宙に浮き、完全に畏怖と恍惚の状態にありました。それはとても力強いメッセージでした」と説明した。

もう1人の報告は次の通りだ。「そのとき、神の存在を感じました。聖書を読んで育ったので、神はずっと男性だと思っていましたが、女性のエネルギーのように感じられました」。別の患者は、その存在を神とは呼ばなかったが、「全能で無条件の愛を与える」女性の「太古の存在」を描写している。

幻覚剤影響下で、寺院やヒンドゥー教の神々など、宗教的なイメージを目にした者もいた。ある人は、幻覚体験のピーク時について「私はシヴァ神で、踊っていた」と話している。また、超自然的な力として、力強い「愛」の感覚を報告した人もいた。

神秘体験をどのように解釈するか

宗教的に解釈するならば、幻覚剤、あるいは断食、瞑想、祈り、睡眠遮断はどれも、その人物に外側から神秘体験をもたらす霊媒だということになる。言い換えれば、その体験は神からもたらされるものであり、脳をそれが受け取れる状態に同調させることが可能である、ということだ。
このような宗教的見解をうまく表現した言葉を引用しよう。次の文章は、20世紀フランスの哲学者であり、イエズス会の司祭であり、古生物学者でもあり、その宇宙論には進化論も含まれていた（このために彼の著書はローマ・カトリック教会から発禁処分を受けた）ピエール・テイヤール・ド・シャルダンのものだと考えられている。「私たちは霊的な体験をしている人間ではない。私たちは人間的な経験をしている霊的な存在なのだ」[16]
2000年に亡くなった民族植物学者のテレンス・マッケナは、サイロシビン・マッシュルームを人類と共生関係にある地球外生命体だと説明した。「これらの化合物は、大昔に地球の生態系に注入された『蒔かれた遺伝子』なのではないかと考えている。銀河系のどこか他の文明から送られ、この惑星へやってきた自動宇宙探査機によって蒔かれたのだろう」と書いている。[17] マッケナ版の理解では、神秘体験は地球外生命からのコミュニケーションの一種ということになる。
神経科学者である私は、幻覚剤による神秘体験は脳から生じると考えている。夢や躁状態、統合失調症の妄想など、他の形の変性意識も同様だ。その一方で私は、なぜ人間が存在するのか、なぜ私たちは宗教的な信念体系を持つのか、そしてそれはどこから来たのか、という問いにずっと魅了されてきた。子どもの頃、「世界を創ったのは誰か」をテーマに同級生と議論したことがある。級友は「神が創った」と言う。私は、「じゃあ、誰が神を創ったんだ」と聞き返さずにはいられなかった。主観的な経験は脳から生まれると信じている点で、私はある種、還元主義的な思考の持ち主なのだろう。別の次元や超越的な存在といった、人間の幻覚体験に関する私の現在の考えは、無神論者というより不可知論者だ。それは、英国王立協会の元会長であり、英国王室天文官を務めたマーティン・リース卿の考え方に近い。リース卿は宇宙の起源に関する研究で、宇宙の存在がランダムな出来事の帰結であるとは考えがたいと論じた。彼の著書『宇宙を支配する6つの数』には、ビッグバンが起こったときに刻印された宇宙のあり方をつかさどる6つの変数に関する驚くべき物語が説明されている。それら6つの変数は、それぞれがほぼ完璧に、実際のこの宇宙での値と同じ大きさでなければならなかった。さもなくば、星も、生命も、私たち人類も存在し得なかっただろう。リース卿は2011年、賞金100万ポンドのテンプルトン賞を受けた際、批判を浴びることになった。同賞が「宗教の進歩」のために創設されたものであり、その趣旨にはスピリチュアルな側面も含まれていることが批判の理由だった。これについて卿は、『ガーディアン』紙のインタビューで次のように語っている。「科学研究に取り組んでいると、もっとも単純な物事でさえ真に理解することがいかに難しいかを実感します。ですから、あらゆる現実のあらゆる深い側面について、自分はわかっていると信じ、その理解は不完全な類推などではないと思っている人に対して、私はどうしても疑いの目を向けてしまうのです」[18]

人間の意識の本質を研究するにあたっても、同じようなレベルの謙虚さが求められる。科学者としてのキャリアを通して、脳の複雑で入り組んだ仕組みが新たに発見されるたびに、何度も驚き、魅了され、畏怖の念を覚えてきた。幻覚剤が、スピリチュアルな体験をしている人の脳で何が起こっているのかを解明するのに役立つ素晴らしいツールであることに疑いの余地はない。幻覚剤を用いれば、思想家たちにインスピレーションを与え、人類の歴史に影響をおよぼしてきた特別な精神状態を、科学的に管理された環境において高い信頼性を持って誘発することができるのだ。幻覚剤という手段を用いることで、数日間におよぶ断食や睡眠遮断、数年にわたる瞑想、あるいは超越や悟りの境地に達するために用いられてきた長い歴史を持つその他の方法と比べて、間違いなくずっと簡単に、時により安全に、私たちの脳が秘める驚異的な能力に関する洞察を得ることができるのだ。

しかしそれならば、幻覚剤を摂取した人によって異なる個人的な経験を説明する方法にはどのようなものがあるだろうか。ドイツの偉大な精神科医であり哲学者であったカール・ヤスパースはこれに関して、形式と内容という2つの要素があると考えた。幻覚剤トリップの形式については、現在では脳の接続性の変化という観点から説明することができる。しかし、その内容、つまり私たちが見たり、感じたり、考えたりすることは、脳画像はもとより、本当の意味での科学ではまだ説明できないし、永遠に説明できないかもしれない。その人のバックグラウンドや心理状態から推測することは可能だが、トリップ中に異次元の世界で超越的な存在に遭遇したという確信に対する反証可能性はないのだ。

研究からは、臨死体験（NDE）のような極端な体験は、脳の働きの変化により起こるのであって、脳の外側から来るものではないことが示唆されている。実際、NDEのもっとも説得力ある説明は、脳への酸素供給不足である。酸素機材なしで長時間潜水するフリーダイバーたちも、神秘体験のような状態へ到達するという。

アヤワスカとDMTは神秘体験を誘発する

インペリアル・カレッジでは、神秘体験との関係がもっとも深い幻覚剤の1つであるDMT（アヤワスカに含まれる物質、第2章参照）の研究に取り組んできた。アヤワスカもしくはDMTを摂取した人はしばしば、自己の感覚を喪失し、異次元に入りこみ、宇宙との一体感を覚え、さらには地球外生命体や超越的な存在を見たり感じたりしたと説明する。DMTトリップ中によくあるもう1つの経験は、超越者が存在する別の次元に連れていかれるというものだ。

それは、ハイパースペースへと続く「ワームホール」を通過するような感じだと描写する人もいれば、もう1つの宇宙へのドアを潜り抜けるようなものだと言う人もいる。さらに、より高い次元の意識に入りこむような感覚であり、そこで超越者から、あるいは新しい次元／空間からにじみ出る強力な愛に包まれたと言う人もいる。そして、この新しい次元や宇宙は、現実世界よりもある意味、現実的で、鮮明で、望ましいと感じられる。

インペリアル・カレッジでの研究では、アヤワスカそのものを扱うことはできなかった。アヤワスカは植物の成分や調製法がさまざまなので、標準化された研究用量を投与することが非常に難しいためである（とはいえ、行われてはきた）。そこで代わりに、アヤワスカの有効成分であるDMTを用いた。

研究を立ち上げるにあたり、リック・ストラスマン教授からいくつかアドバイスをもらった。精神科医であり、仏教徒でもある教授は、1990年から1995年にかけてDMTの先駆的な研究を行い、その成果を著書『DMT—精神（スピリット）の分子—臨死と神秘体験の生物学についての革命的な研究』にまとめている[19]。彼は、ニューメキシコ大学に勤務する間、60人近くの被験者にDMTを約400回投与した。しかし、規制の問題やその結果生じるコストに悩まされ、最終的には研究を断念している。

ストラスマンは、シャーマンがアマゾンでアヤワスカを使ってもたらすのと同様の効果を、西洋の科学者が実験室でDMTを用いて再現できることを立証した。そして、DMTの投与が安全であることも確認している。

DMTを使った研究の難しさは、良好な画像を取得するのに時間が足りないことだ。成分が肝臓や血液中ですぐに分解されてしまうので、効果が10分も持続しないのである。アヤワスカは、化学物質であるDMTほど早くは分解されない。それはアヤワスカが、DMTを含む植物と、DMTの分解を遅らせる植物という2種類の植物から作られているからである。だが、DMTに加えてもう1つ、しかも未検証の化学物質を被験者に投与する研究には許可が下りないだろうことは、わかりきっていた。

研究主任を務めた神経科学者のクリス・ティマーマン博士は、スキャンに十分な時間を確保できるDMTの投与方法を編み出した。約15分の間をあけて、2回静脈注射するのである。低用量（7ミリグラム）のDMTで試したところ、顕著な視覚変化が現れ、用量を増やすと（14ミリグラム）さらに効果が大きくなった。最高用量（20ミリグラム）の投与では、アヤワスカを飲んだときに見られる典型的なトリップ状態が生じた。

トリップから戻り、スキャナーから出てきたところで、被験者たちに視覚体験についても描写してもらった。すると、最高用量を摂取した数人は、人の姿や超越者のような形の絵を描いた。[20]

2回目のDMT研究では全員に同じもの、すなわち20ミリグラムのDMTを2回とプラセボを静脈注射した後に、それぞれ脳スキャンを実施した。その目的は、人々が超越者の存在を目にしたときに、脳内で何か特別なことが起こっているかどうかを確認することであった。本書執筆時点では、心理学的データと画像データについては発表を終えているものの、超越者に遭遇する経験と脳内変化の位置関係の分析は複雑であり、なお途上である。[21]

DMT幻覚体験は臨死体験によく似ている

臨死体験（NDE）は、死の瀬戸際に起こる脳内現象だ。臨死体験を経て蘇生した人は、体外離脱、別世界への移行、内なる平和、超越者との交信といったスピリチュアル体験を報告するが、それらは一見したところ、DMTトリップで報告される経験と非常によく似ている。

人間を含む哺乳類は、脳内、特に松果体で微量のDMTを生成する。[22][23] そしてこの2つの意識変容状態には非常に多くの共通点があるため、研究者たちは、死の間際に体内でのDMT分泌量が急増するのではないかという仮説を立てた。しかし、この仮説は、創薬化学者のデヴィッド・ニコルズ教授が行った詳細な科学分析によって否定された。[24]

同教授は複数の論拠の中でも特に、松果体で生成されるDMTの量は、いかなる種類であれ幻覚体験を生み出すのに必要となる量の何分の1にも満たないことを指摘した。

インペリアル・カレッジでは、ベルギーのリエージュを拠点に臨死体験の研究に取り組む昏睡科学研究グループと共同で研究を進めている。DMTを摂取した人々と、臨死体験を持つ人々に同じアンケートに回答してもらうのである。調査項目には、「過去に起こった出来事の場面が思い浮かびましたか」、「輝く光を見ましたか。もしくは光に包まれていると感じましたか」といった質問が含まれている。

双方の結果を比較すると、体験に相当の重複が見られること、とりわけ自我の崩壊と神秘的な経験に関して重なり合うことがわかった。臨死体験グループの方がより多くの宗教的か

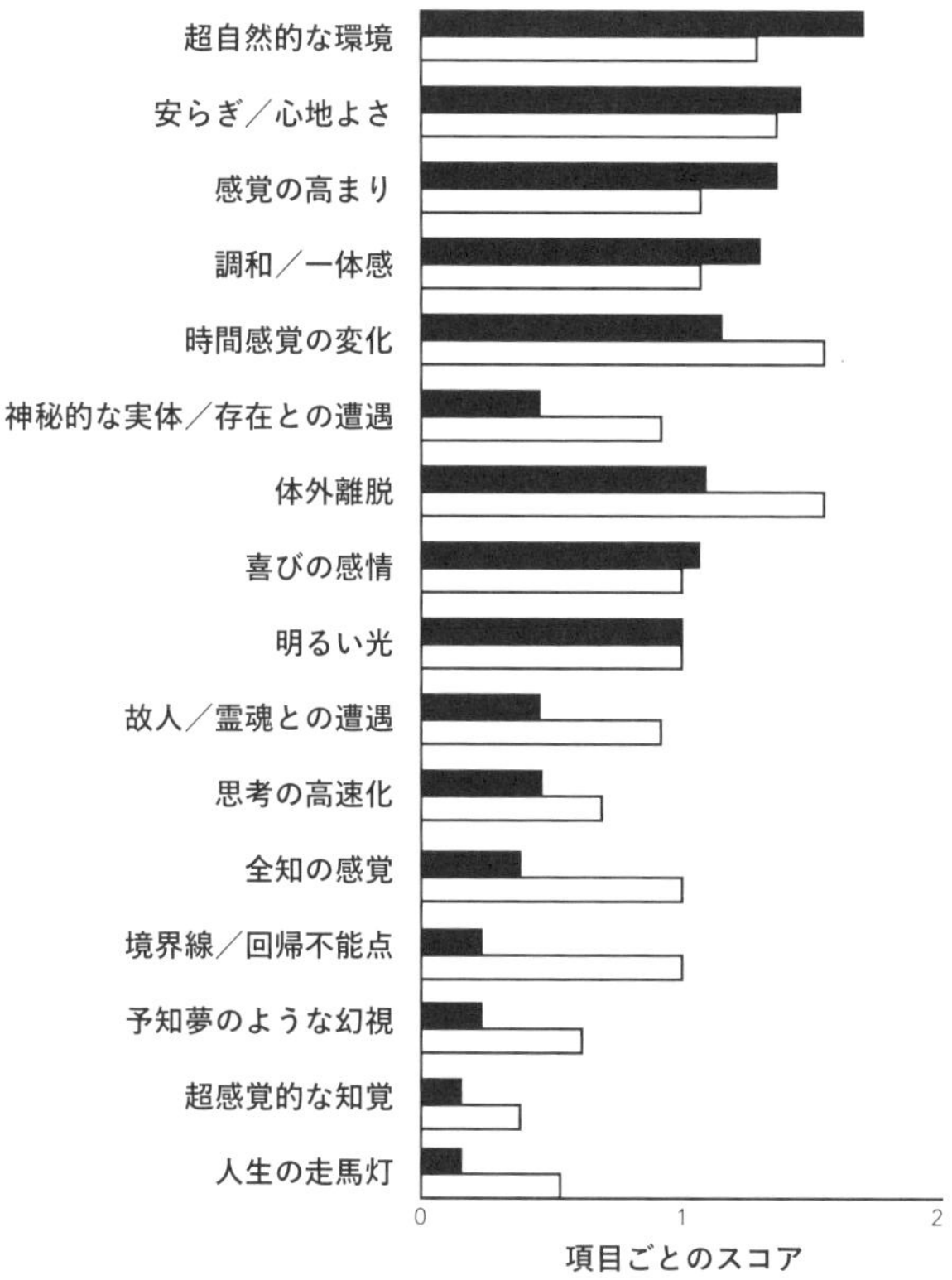

図11＿DMT（黒）と臨死体験（白）がもたらす意識変化のさまざまな側面の比較

出典：Adapted from Timmermann C, Roseman L, Williams L, Erritzoe D, Martial C, Cassol H, Laureys S, Nutt D, Carhart-Harris R et al., 2018, DMT models the near-death experience, *Frontiers in Psychology*, Vol: 9, ISSN: 1664-1078

つ超自然的な経験と体外離脱を経験していたが、それ以外の主観的な報告の程度はおおむね同じであった。[25]

神秘体験は人の性格特性をも変える

神秘的な体験をすることで、精神、感情の両面から気分が良くなる可能性が高くなるだけでなく、1度の神秘体験が、性格や価値観、世界観の変化にも関連していることが研究で明らかになっている。

20人のうつ病患者を対象とした、私たちの小規模な最初のうつ病研究では、治療後3カ月が経った時点で性格特性テストも行った。次の表は、幻覚剤が、ビッグ・ファイブという人の性格を定義する重要な特性であると考えられている5つの特性におよぼす影響を示したものだ。表から読み取れるように、被験者たちは開放性、外向性、誠実性が高まる一方で、神経症傾向が低下したと報告している。誠実性と神経症傾向の2つの変化は、従来の抗うつ薬を服用している人でも報告されるものだが、興味深いことに、開放性と外向性の変化は幻覚剤に特有だ。[26]

◇脳がより開放的になる

開放性の指標は興味深い。なぜなら、この性格特性は、脳の中で何が起こっているかについてのスナップショットを与えてくれるからだ。

幻覚剤の服用後に開放性が高まった例に、色覚異常を持つ外科医が、初めて血液の赤色が見えたと報告したケースがある。幻覚剤が、網膜からの視覚信号を変化させることはない。なぜなら、障害そ

神経症傾向	取り巻く世界を苦痛、驚異、危険と感じる度合い。感情の不安定性。	**低下**
外向性	興味やエネルギーが、主観的な経験という内面的な世界ではなく、人々や物事という外部世界に向けられている度合い。	**上昇**
誠実性	計画性や目標志向性の度合い。どの程度ルールを順守し、即時的な報酬を我慢して遅らせることができるか。	**上昇**
開放性	知的、文化的なあらゆる種類の新しい経験に対するオープンさの度合い。	**上昇**
協調性	協力的、または利他的な行動を取る傾向の度合い。	**変化なし**

のもの、つまり「色を知覚する細胞」である錐体が少ないことに変わりはないからだ。しかし私は、幻覚剤が、感覚入力と色の概念の間の新しい脳のリンクを促進するのだろうと考えている。

これは観念の拡大である。第4章で述べたように、幻覚剤は脳を多くの方向へ開放する。受容性が高まり、異なる見方、聞こえ方ができるようになるだけでなく、考え方やあり方を受け入れられるようになる。世界を新たな視点で見て、解釈し直すという脳の開放性は、さまざまなレベルで起こる。

私たちは、開放性はスピリチュアル体験の始まりであるか、あるいはそのような体験へと至るのに欠くことのできない事前準備なのではないかとも考えている。文脈は異なるが、フランスの化学者ルイ・パスツールの言葉を借りれば、チャンスは準備された心にのみ微笑むのだ。

◇つながりの感覚が強化される

幻覚体験の後、人々は自分自身や他者、より広い世界とのつながりを強く感じると報告する。孤立や断絶が精神的そして感情的な苦しみと関連していることを考えれば、これは重要な点だ。ベル・フックス（米国の社会活動家、フェミニスト）も書いている。「孤独の中で癒やされることは、皆無でないにせよ、めったにない。癒やしとは、交わりの行為なのだ」

ロザリンド・ワッツ博士は、インペリアル・カレッジ在籍当時、このようなつながりの感覚が高まる度合いを表す「ワッツ・コネクティッドネス・スケール（WCS）」とそれに呼応する被験者への質問表を作成した。[27] 1200人以上を対象にしたアンケート調査や、サイロシビンと抗うつ薬の比較を目的とした臨床試験の参加者に行った質問から、幻覚剤摂取後は、この尺度で調査する3つの要素、すなわち「自己とのつながり」「他者とのつながり」「世界とのつながり」のすべてが高まることが示された。

私たちの脳スキャン研究にボランティアとして参加した健康な被験者の一部は、サイロシビンまたはLSDセッションの後、自然とのつながりをより強く感じたと報告している。彼らはスキャナーの中というけっして居心地が良いとは言えない環境で薬物を摂取したにもかかわらず、そのように答えたのだ。

エクスティンクション・レベリオン（気候変動の進行や生物多様性の減少、そして複合危機に対する注意を喚起し、政治の無策を正すことを目的に、科学者などが中心となり立ち上げた抗議活動。日本では「絶滅への反逆」とも呼ばれる。過激な抗議活動で知られ、創設者のブラッドブルック氏は、市民的不服従の手段として幻覚剤の集団摂取を提唱している）の創設者、ゲイル・ブラッドブルック博士は、「ワンネス（oneness）」（単一性、統一性、完全性）とのつながりをもたらした幻覚体験について次のように話している。「人には、この壮大な生命に貢献する何らかの役割があります。そのためにしばらくの間ここにいるだけであり、いわばそれが私たちの目的なのです」。そして次のように続ける。「私たちは、ワンネスになるためにここにいるわけではありません。私たちが死を迎えれば、たくさんのワンネスが生まれるでしょう。お互いが真につながるために、この薬をどのように使えば良いのでしょうか」[28]

◇自我の解消という経験

自我の解消はそれ自体、自分自身のことをより神秘的に考えるよう促すのに十分な役割を果たすのかもしれない。幻覚剤を摂取した人は自分の脳が、それまで思っていた以上に、並外れたこと、異なることができるという事実に驚くことになるだろう。そして身体から離脱し、彼方の世界と相互につながるという感覚は、それだけで神秘的な情動をもたらすのではないだろうか。

オンライン上で幻覚体験に関するアンケートを実施したところ、[29]幻覚剤の影響下で自我の解消を強く経験した人ほど、神秘体験が強烈であることがわかった。このことは、自我の解消と神秘体験が同じ脳の変化に起因している可能性、ないしは異なる形で表現された同じ脳の現象である可能性を示唆している。

サイロシビンとLSDを用いた私たちの両研究からは、自我の解消は後帯状皮質（PCC）と呼ばれる脳の一部がオフになることによってもたらされると、（ほぼ確実に）示されている（第4章参照）。PCCの仕事は、感覚、特に視覚、それに場所と時間の感覚からの入力を統合することだ。PCCは、自分がいつどこにいるのかを教えてくれる「平常時」の意識の主要制御装置なのである。

PCCが脳の他の領域と対話をしなくなると、脳は混乱し、自分の身体がいつどこの空間にあるのかがわからなくなり、これが自己の意識の崩壊に結びつく。

そのPCCと切り離される脳領域の1つが前帯状皮質（ACC）である。不安にまつわる体験は主にACCで調整されることから、強烈な「体外離脱」体験が一般的に不安を引き起こさないのは、両者のつながりが途切れるためなのではないかと考えられる。

自我の解消の原因としてのPCCのシャットダウンは、脳腫瘍の摘出手術の症例報告によって確認されている。外科医は手術の最初の段階で、電気刺激を用いて腫瘍のマッピングを行う。これは、患者が覚醒している間に行う必要がある。電気刺激を与えると、健康な脳組織はオフになるが、腫瘍を刺激しても影響はないことから、腫瘍の場所・領域がわかる。このとき、PCCが刺激されると、患者は言葉を発しなくなり、質問にも反応しなくなった。4秒後、彼はこの状況から抜け出し、「夢の中にいるようでした、私は手術室の外にいました」と語った。次のPCC刺激では、「夢の中にいるようでした、私は浜辺にいたのです」と言い、3度目は、「夢の中にいるようで、白い風景に囲まれていました」と答えた。

興味深いことに外科医たちは、この患者の気分や幸福感が術後数週間にわたり良好であったとも報告している。[30]

神秘体験と脳のモデル生成プロセスの関連

幻覚剤影響下の脳で生じる1つの大きな変化が、これまでに述べてきた性格、感覚、脳の変容を生じさせる原因となっている。それは、デフォルト・モード・ネットワーク（DMN）がオフラインになることだ。DMNは、自己や自我の定義を担当する脳システムである。私たちの脳画像研究では、神秘体験がDMNの機能停止と強く関連していることが示されている。

第4章で説明したように、脳は世界についてのモデルを構成しながら活動している。私たちが「見える」「聞こえる」と思っているものは、目や耳から入ってきたものではない。そうではなく、感覚的な入力と脳内部での予測との組み合わせ、あるいは融合なのである。脳は外の世界について予測を立て、入ってくる情報を分析し、解釈し、両者を比較し、関連する記憶と結びつけて予測を洗練させ、行動のための計画を策定する。このプロセスのおかげで私たちは、脳がミリ秒単位で環境をスキャンして理解しなければならない場合よりもずっと速く、リアルタイムで行動し、対応することができるのだ。

通常、これらの予測は非常に優秀で、脳はかなりの労力を節約できる。しかしながら、時には予測を誤ることもある。そのようなときには、自分の脳が働いていることが実感できるはずだ。たとえば、あなたの脳は、仕事関係の知人を目にするのは仕事に関連する場所だと予想している。スーパーマーケットや空港などで同僚にばったり会った経験があれば、そのときのことを思い出してみてほしい。仕事仲間だと認識するのに、いつもより時間がかかったのではないだろうか。

脳は、思考、創造、アイデアに対しても、これと同じモデル生成プロセスを実行する。眠っている間でさえそうなのだ。脳がつくり上げる物語、つまり夢は、あなたの精神状態、たとえば心配事やストレス、悲しみ、関心事などを反映している。PTSD患者はトラウマの夢を見るし、愛する人と死別したばかりの人は故人の夢を見る。会計士に至っては、なんと数字の羅列の夢を見る者もいるのだ！

あなたの脳の一部は、これらの物語を現実のものとして扱う。なぜわかるかというと、悪夢を見ている間は心拍数と血圧が上昇し、眼球の動きが夢の映像と連動するためだ。脳は、私たちが夢と一緒に動いてしまわないよう、手足の動きをつかさどる中枢のスイッチを切りさえするのである。この能動的な抑制が正常に動かなくなるのが、レム睡眠行動障害と呼ばれる状態で、パーキンソン病の前触れ症状として発生することも多い。そのような状態にある人は、夢の通りに行動して闘ったり、夢の中の攻撃から身を守ろうとしたり、叩いたりして、しばしば自分自身やベッドを共にしているパートナーを傷つけてしまう。この能動的な抑制が存在し、通常は機能するという事実は、運動を生み出す領域を含む脳の一部が夢を現実だと認識してしまうのを、脳が何らかの形で「知っている」ことを示している。

このことから、幻覚剤の影響下で生じる変容した入力情報を理解しようとして、脳がスピリチュアルなモデルをつくり上げている可能性はあると考えられる。そして信心深いタイプの人の場合、脳が作るモデルはそれを宗教的体験の枠にはめこむのである。

背景文化の違いが幻覚の内容に影響与える

なぜアヤワスカを摂取したアマゾンの人々はジャガーや蛇を見ると報告するのに対して、西洋の人々は宇宙人や超越者、神を目にしたと報告するのだろうか。私たちの研究の被験者のうち何人かは、サイロシビンとLSDを摂取した際の幻覚体験について、神の存在を感じたと説明した。彼らは、神とは感覚であり、巨大かつ重要な存在あるいは実体であり、しばしば真っ白な光の輝きの中にいたと語った。

西洋人のアヤワスカ・ユーザーの中には、現地の人々が目にするようなジャガーや蛇、その他の獣類を見ることができなかったと言って、落胆する者もいる。

アレクサンダー・シュルギンは著書『PiHKAL』において、精神科医で幻覚剤を用いた心理療法の先駆者として知られるクラウディオ・ナランホを、幻覚作用を持つ植物の植物学研究のパイオニアであるリチャード・エヴァンズ・シュルテスに紹介したときのことを次のように描写している。1970年代に交わされた両者の会話は、同じ薬物であっても、それを服用する人のバックグラウンドや期待によって、効果がいかに異なるかを浮き彫りにしている。[31]

ナランホ:「ジャガーをどう思いますか」
シュルテス:「ジャガーが何か」
短い沈黙。
ナランホ:「南米産のバニステリオプシス・カーピ（アヤワスカの原料の1つ）には詳しいですか」
シュルテス:「その植物に学名をつけたのは私です」
ナランホ:「カーピを煎じたものを飲んだことは?」
シュルテス:「15回ぐらいでしょうか」
ナランホ:「なのにジャガーは一度たりとも?」

このトピックを深掘りした科学研究はないものの、もっとも可能性の高い解釈は、夢がそうであるのと同じように、幻覚体験の内容は文化的に決定されるということだ。
アヤワスカを使用するアマゾンの部族では、幼い頃から、彼らの宗教の中心的な要素である蛇やジャガーといった動物について学ぶ。そのため、アヤワスカの影響下でも、これらの動物が現れるのである。幻覚剤には蛇のような形の幻視を見せる傾向があり、そのことも、蛇の出現を助長している。

西洋のアヤワスカあるいはDMTユーザーは、しばしば宇宙へ旅した、あるいは、超越者やエイリアンがいて、自分たちとかかわり合い、話しかけてきたと報告する。これらは、近年の宇宙探査の歴史とサイエンス・フィクション誕生の産物である可能性が高い。

キリスト教の信者であれば、イエス・キリストやキリスト教の神、あるいはその抽象表現を見る傾向がある。遠くの丘や山の上にある町や宮殿、大聖堂を見ることも多い。いずれも何世紀にもわたって西洋美術、特に宗教画で描かれてきたモチーフだ。

ここでも、人間に備わる予測構成マシンである脳が作用している。この予測構成マシンは文化的な期待に基づいて準備されている。つまり、私たちは見るだろうと予測するものを見るのだ。いやひょっとしたら、見たいと望むものを見るのかもしれない。

信仰厚い人の幻覚剤体験は宗教的になりやすい

信仰心を持たない人の脳に干渉しても、宗教的な信念を誘発できる可能性は低いだろう。しかし、信者や、神への信仰を取り入れようとしている人にとっては、幻覚剤がもたらす超越的な感覚、自分を超えた何かもしくは誰かを眼前にする感覚は、宗教的なものになる。幻覚剤を用いることで、宗教的あるいはスピリチュアルな悟りを求めている人々が、より早く、そしておそらくより遠くへ到達するのを後押しできることを示した研究もある。

1962年の聖金曜日〔復活祭直前の金曜日。イエス・キリストが十字架にかけられた日にあたる〕に行われた「聖金曜日実験」は、薬物が宗教的体験をどのように誘発するか、あるいは高めるかを科学的に評価しようという野心的な試みであり、精神薬理学の歴史における偉大な実験の1つに数えられる。

実験を主導したウォルター・パーンケ博士はハーバード大学の医師で、ティモシー・リアリーやリチャード・アルパート博士（後にスピリチュアルの世界を探究し、指導者ラム・ダスとなる）を含む、ハーバード大学の幻覚剤研究グループのメンバーでもあった。パーンケは聖職者でもあり、人々が神に対する霊的な気づきを得るための手助けをすることにも関心を持っていた。

実験が行われたのは、マーシュ・チャペルと呼ばれる地下の小さな礼拝堂で、上の階では通常の礼拝が行われていた。博士課程の研究プログラムの一環として、パーンケは、神学を学ぶ大学院生を2つのグループに分け、一方に高用量（30ミリグラム）のサイロシビンを、他方には活性プラセボとしてニコチン酸を投与した。[32]

サイロシビンを摂取した10人のうち9人が、深遠な宗教体験を経験した。プラセボ対照群で同様の体験をしたのは、10人の被験者のうち1人だけであった。90%という成功率から、この実験は「マーシュ・チャペルの奇跡」と呼ばれるようになった。そして、このような深い宗教的洞察を自ら経験した神学生たちは、永遠とは言わないまでも、何十年もの間、その信仰を維持したのである。[33]

この実験の現代版に取り組むのが、ジョンズ・ホプキンス大学とニューヨーク大学の研究者たちだ。[34]

彼らは、ユダヤ教、キリスト教、イスラム教など、さまざまな宗教の指導者を募り、各人にサイロシビンを2回投与した。その後、それぞれの信仰について質問を行っている。最終的な結果はまだ公表されていないが、初期の報告によれば、大半の被験者がサイロシビン摂取後、霊的な洞察を得て、各々の宗教的信念に対する確信を深めたという。マーシュ・チャペルの奇跡の再来である。

米国聖公会教会の司祭ハント・プリーストが、次のように語っている。「自分の肉体を感じ、異言を話すなど、初めてペンテコステ的な体験をしました〈キリスト教の教派、ペンテコステ派は、宗教的高揚状態にある信徒が学んだことのない異言語を発する現象を聖霊の賜物としている〉。身体にエネルギーの力が吹きこんでくるのを感じました。今は、霊的な癒やしが本当にあることを理解しています。それまでも信者に手を重ねたり、一緒に祈ったりしていましたが、有り体に言えば、私はただ彼らに触れ、ただその場にいただけでした。今では、癒やしが存在することを知っています。認めるのは若干恥ずかしいですが、私はずっと私の頭の中だけで考えていました。癒やしは私の身体の中にあったのです」

「私は本当に聖霊の存在を感じました。このことは断言できます。ジョンズ・ホプキンス大学での旅は、まるで2度目の聖職叙任式のようでした」

その後、彼は聖職者のための幻覚剤リトリートを運営するキリスト教協会を設立した。協会の名は、ラテン語で「結ぶ」を意味する「Ligare（リガーレ）」である。「最良の宗教とは、私たちを神に結びつけるものです」と彼は述べている。[35]

脳の制御を切り神秘的体験に導き意識を変える

薬物以外で、スピリチュアル体験や宗教的な体験をするための入り口の1つに瞑想がある。瞑想も、幻覚剤と似たような方法で生理機能を変化させ、凝り固まった思いこみや考え方から脳を解き放つことが知られている。睡眠遮断、詠唱、踊りなど、こうしたアプローチの多くにも、幻覚剤と似たような形で、ＤＭＮを抑制する作用があるのではないかと私は推測している。それらは脳に影響を与えるので、私たちは超自然的な感覚を得たり、「体外離脱」のような経験をしたりする。もともとその傾向があるならば、神への信仰が強まることもある。

私たちの多くにとって、幻覚作用を持つ薬物は、こうした感情や洞察にアクセスするためのもっとも簡単な方法である。なぜなら幻覚剤は、努力を要することなく、確実性高く、脳内の変化を引き起こすことができるからだ。幻覚剤は、型にはまった世界の見方や考え方のパターンを破壊する。幼少期に土台が築かれ、年を重ねるにつれて深く染みついてきたものを壊すのだ。脳の制御中枢をオフにすることで、多くの人が神秘的である、あるいは神に触れていると感じるような、類のない体験を生み出す。少なくとも、驚嘆し、畏怖の念を抱かずにはいられない。

アフガニスタンでの従軍を経て、不安症とうつ病との診断を受けたキース・エイブラハムは、アヤワスカを求めて、ペルーのジャングルへ向かった。

私は、２００４年から２０１２年までイラクとアフガニスタンも含めて9年近く、パラシュート連隊に所属していました。アフガニスタンでの戦闘は特に凄まじく、私たちはまさにその中心にいたのです。絶えず攻撃にさらされ、連日の抗戦を余儀なくされました。戦友を何人か失いました。人生を変えてしまうような怪我を負った者も多数いました。そのような場面に何度も直面し、銃弾の飛び交う戦場から遺体や負傷者を運び出しました。アフガニスタンに駐留していた7カ月のうち4カ月はそのような状況が続きました。

戦うために入隊し、戦闘のための訓練を受けてきたわけですが、アフガニスタンでの体験は、トラウマになるほど衝撃的でした。大隊は軍事行動中に10人の隊員を失い、そのうち5人は、私が所属する小規模な前方作戦基地の兵士たちでした。

アフガニスタンを離れる前から、私は同地での状況に葛藤を感じていました。いわれのない戦争であまりに多くの友人を失い、無駄な時間を過ごしてしまったように感じていたのです。もちろんそのために戦地へ赴いたわけですが、人を殺した以外に何かを達成できたようには思えませんでした。「このことはきっと自分に何らかの影響をもたらすだろう」と考えながら、帰路に就きました。

トラウマらしき症状が初めて出たのは、それから1年後のことです。当時のパートナーとバーで語らいながら、楽しい時間を過ごしていたときです。何について話していたかは覚えていませんが、アフガニスタン関連でなかったことは確かです。目から涙が溢れ出ていることに気づきました。肉体的には泣いていましたが、何か悲しいことがあったわけではないのです。ものすごく動揺しました。私は「何かをあまりに強く握りしめているせいで、それが自分の中から漏れ出てきている」と感じました。私が問題を抱えていることは、自分自身、そしてパートナーの目にも明らかでした。

私は、かかりつけ医に助けを求めました。抗うつ薬を処方され、カウンセラーを紹介されました。

抗うつ薬のせいで、私の感覚は完全に麻痺してしまいました。それがどうしても我慢できず、服用を中止しました。カウンセラーは若い女性でした。彼女にトラウマを与えてしまうような気がして、自分が目撃したことを話せませんでした。他のカウンセラーだったら違ったかもしれません。

問題が解消されることはなく、この頃になると昼夜を問わず、手、顔、足、背中に大量の汗をかくようになっていました。髪がどんどん抜け始め、毎朝、枕が抜け毛だらけになっていました。行動も変わってしまいました。語彙も、感情的知性も失われてしまい、パートナーに伝えたいことがあっても、それを表現することができませんでした。私が苛立つと、彼女も苛立ち、お互いを苦しめて、2人して泣く。私の涙はヒステリックなものになりました。堂々巡りを繰り返した挙げ句、ついに私たちの関係は破綻しましたが、そのこともトラウマになったように感じています。

別のセラピストのもとで心理療法を受け、他の抗うつ薬も試してみましたが、何の効果もありませんでした。

この頃、私は軍を離れ、ロンドンの金融街で働いていました。あるとき、2人の友人がほぼ同時期に別々にメッセージを送ってきて、2人とも、ペルーへ旅してアヤワスカを飲み、非常に意義深い経験をした、君も試してみるべきだ、と言ってきたのです。

2週間の休暇を取って、ペルーに飛びました。一番近い村から歩いて1時間かかるジャングルの奥深くにある、タンボと呼ばれる木造の簡素な小屋で10日間、1人で過ごすことになりました。ジャングルは鬱蒼としていて、真っすぐ上を向かないと空が見えないほどでした。小屋には水道も電気も通っていませんでしたが、20メートルほど先に川があり、そこで身体を洗うことができました。1週間分の水と食料は、すべて自分で運びこまなければなりませんでした。

小屋の持ち主たちは私をそこまで案内してくれ、バナナや、ローズアップルと呼ばれる赤い果物など、自由に採って食べられる植物を教えてくれました。そして、500メートルほど離れたところにカカオ農園を持ち、私の面倒を見てくれることになっているファアンを紹介したところで、彼らは去っていきました。

私は多くの時間をジャングルの中で、ときにただ座って過ごしました。どこへ行くのも自由でした。ジャングルそれ自体が薬になりました。ジャングルには小さな黒い猿がいて、私のバナナを盗みにきました。小屋に戻るとバナナはすっかり食べられた後なのです。ジャングルのあちこちで簡単に手に入るのに、なぜわざわざ私のバナナを狙うのか不思議でしかたありませんでした。話し相手が必要なときは、ファアンと過ごしました。ファアンは何度か鶏を絞めて、夕ご飯を作ってくれました。

シャーマンが来るのは2回、いずれも午後の遅い時間帯だと聞いていました。その日は朝食だけを取るようにとのことでした。

最初の約束の日の午後、私が小屋の外で座っていると、ドン・アクイリノが川沿いの小道に現れました。村の長老です。50代、もしかしたら60代かもしれません。ジーンズにTシャツ姿で、写真でよく見るような伝統的なシャーマンの服装ではありませんでした。それというのも、彼はメスティーソ、つまり純粋なシピボ（先住民）の家系ではなく、スペイン系の血を引いているからだそうです。茶色の液体が入ったコカ・コーラの小瓶を持っていました。彼は英語を理解せず、私も片言のスペイン語しか話せないため、お互いにできる範囲でコミュニケーションを取りました。

ファアンもやってきました。ファアンが私の身体のケアを引き受け、シャーマンであるドン・アクイリノは私の精神状態の担当です。アヤワスカを摂取した夕方は、2日間とも同じ流れでした。私たちはおしゃべりをしながら、日が暮れるのを待ちました。そして、シャーマンがコップ1杯分のアヤワスカを注いでくれました。飲み終えたら、横になって目を閉じるようにと言われました。

シャーマンが、イカロと呼ばれる伝統的な詠唱や治療歌を歌い始めました。何度も繰り返される詠唱もあれば、韻文とコーラス形式の歌であることがはっきりとわかるものもあり、ただ音を鳴らすだけのこともありました。それは、魔法のようでした。まるで私を旅に連れ出すための魔法の乗り物のようでした。たとえアヤワスカを飲んでいなかったとしても、美しく感じられたと思います。時には速く激しく、聴いているのが辛いこともありました。でもそれは、旅の困難な部分を通り抜けて、肉体や感情を浄化できるようにデザインされているのです。吐き気を感じるかもしれません。ピークに達したときには、嘔吐するか、何らかの方法で浄化をすることになります。それは下痢かもしれませんし、げっぷ、感泣、咳、吐き気かもしれません、何らかの形で緊張を解き放つのです。私は泣きました。苦痛が取り除かれたような、ホッとした気分でした。まるで薬が望ましくないものを一掃してくれているようで、それが終わるとイカロも穏やかで落ち着いた、リラックスしたものへと変化していきました。

2回のアヤワスカ体験の間、私はたくさんの幻視を見ました。1度は、まるで違う世界に来たことに気がつきました。昔風のビクトリア朝の教室にいて、黒板がありました。私の目の前には高年の女性が立っていて、彼女の姿を通して薬が私に語りかけてきました。私の行動パターンと選択を映し出して、自分自身が苦しみの原因になっていることを私にわからせてくれました。

彼女は、私の人生の転機となる瞬間へと私を連れ戻しました。私が暴力や怒り、苛立ちで反応した場面です。そして、各場面で彼女は私の役を演じ、思いやりと許し、忍耐と優しさを持って相手に接して見せてくれたのです。私にどう行動すればいいかを教えてくれたのです。

そしてこう言いました。「さあ、これからあなたはもう一度、同じ岐路に立つのです。相手と自分自身に対して、思いやりと許し、忍耐と優しさ、そして感謝の気持ちを持って対応してください」

それぞれの重要な瞬間がテストでした。もし彼女が求める通りの行動を取ることができたら、そのテストに合格したことになり、別の重要な場面が次のテストとして与えられます。失敗したら、やり直しです。彼女はとても親切で忍耐強く待ってくれました。「もう一度やってみて。我慢を忘れないで。叫んでいる相手を理解して。思いやりを持って、相手を許して。相手が苦しんでいることをわかってあげるのです」と言われました。

軍に関連するテストは1つもありませんでした。たとえば、こんな場面がありました。酔っぱらいがぶつかってきました。食べ物が飛び散り、それが床に落ちたかと思うと、その男は私に怒鳴り散らしてきたのです。実際の状況では、私は最後、相手に頭突きを食らわせました。アヤワスカのテストでも懲りずに頭突きをしてしまい、不合格になりました。頭突き以外の対応を取れるようになるまで、テストを何度も繰り返しました。私は、テストで提示されたそれぞれの状況から抜け出す方法を学びました。まるで一生分の時間をかけたような気分でした。

その夜は一晩中、スピリチュアルな指導が続きました。ある時点で、私はそれが終わったことに気づきました。疲労困憊でした。シャーマンが「終わったよ」と言うのを聞くやいなや、身体の向きを変えてそのまま眠りこんでしまいました。目を覚ますと、シャーマンが「よくがんばった、うまくいった」と声をかけてくれました。

ジャングルを後にしたとき、自分の人間関係の問題に関してはまだやるべきことが残っていると感じていました。

帰国後、軍隊にいた頃の友人たちが幻覚剤に起因するトラウマはすっかり癒えたことがわかりました。他方、戦闘体験に起因するトラウマはすっかり癒えたことがわかりました。すべての退役軍人が、こういった治療を受ける機会を与えられるべきだと実感したのです。そのような考えから、米国の慈善団体「Heroic Hearts Project（勇者の心プロジェクト）」の英国支部を創設しました。団体の活動を通して、退役軍人のグループをペルーに連れていきました。サイロシビンを用いた治療を受けるために、オランダへの旅も計画しています。私たちはインペリアル・カレッジとパートナーシップを組み、退役軍人の外傷性脳損傷に対するサイロシビンの潜在的効果に関する観察研究（第8章を参照）を立ち上げました。精神科医のサイモン・ラフェル博士とともに、PTSDに対するアヤワスカの効果を調べる研究も開始しています。近い将来、幻覚剤を必要とするすべての人が、こうした治療法にアクセスできるようになることを願っています。人生を劇的に変えることができるのですから。

プロジェクトの詳細はheroicheartsuk.comをご覧ください。

第10章
古典的幻覚剤をうつ病以外に用いる
不安症、疼痛、摂食障害、ADHD、強迫性障害

幻覚剤は幅広い疾患に効く可能性がある

うつ病を対象にしたサイロシビン療法の初の臨床試験を成功裏に終わらせた後、私たちインペリアル・カレッジの研究グループは、幻覚剤が役立つと思われる他の疾患についての検討を開始した。私たちの考えでは、幻覚剤はとめどなく繰り返される脳の反芻プロセスを邪魔し、悪しき思考習慣を破壊することでその効果を発揮する。この前提に基づき、私たちは神経性食欲不振症（拒食症）と強迫性障害（OCD）にターゲットを絞り、研究に着手した。どちらも、固定してしまったネガティブな思考パターンを特徴とする疾患だ。

他の研究グループも、神経可塑性を高める幻覚剤の能力から恩恵を受けるだろう疾患に注目し、研究を進めている。彼らは、脳の成長や再配線が必要とされる、脳卒中や外傷性脳損傷などの疾患に焦点を当てている。

凝り固まった思考をともなう疾患にはセラピーが必要なのに対し、脳の成長が求められる疾患には

リハビリテーションも不可欠だ。幻覚剤の適用範囲の広さは実に興味深い。なにしろ、必要に応じて脳の再学習と脳の変化、その両方を促すのである。

本章では、幻覚剤が効果を発揮する可能性のある主な疾患を取り上げ、関連する研究を紹介していきたい。また、疾患ごとに、現状でのエビデンスの質を10段階で評価している。大半の研究が初期段階にあることから、スコアは総じて低い。しかし、商用化を目指す複数の製薬会社が今まさに同分野の研究に投資をしており、今後10年以内にこれらの治療法のいくつかは実用化に至る可能性が高まっている。

不安症

エビデンス評価：3／10

うつ病を対象としたサイロシビン療法の認可が実現に近づきつつある今、研究者たちの関心は不安症に向かっている。理にかなった動きだ。なぜなら、古典的幻覚剤と同じくセロトニン系に作用する選択的セロトニン再取り込み阻害薬（ＳＳＲＩ）が不安症に処方されているからだ。加えて、サイロシビンは１９６０年代、インドシビンという名で、不安症の薬として一部の国で使用されていた。

最近のアンケート調査で、（研究室外での）幻覚体験と不安症の症状レベルの低下には関連があることが示された。[1] また、米国のいくつかの研究から、末期患者の不安軽減に関して良好な結果が得られている。さらに、マウスでの実験ではあるが、前臨床研究において、ストレスを受けたマウスへのＬ

SDの反復投与に抗不安作用があることが観察された。[2]

不安症のみにターゲットを絞った、ヒトを対象とした臨床試験はまだ行われていない。幻覚剤トリップ中に強い不安を感じる人は、さほど良い結果を得られない傾向があることから、不安症の治療には、実証済みの抗不安薬と幻覚剤を併用する必要があるかもしれない。発表前ではあるが、スイスのある研究では、不安症のためにSSRIを服用しているもののまだ完治には至っていない患者に高用量のLSDを投与している。予備報告によると、SSRIを摂取しているにもかかわらず、ほとんどの被験者がLSDによるトリップを経験し、不安が軽減したという[3]（第5章で述べたように、一般論として、SSRIは幻覚剤の効果を減弱させると考えられている）。

反復性群発頭痛

エビデンス評価：9／10

群発頭痛の痛みは、出産時の痛みよりも、場合によっては銃で撃たれたときの痛みよりも強いと形容される。鋭く、焼けるような、あるいは突き刺すような痛みは耐えがたく、どうにか苦痛から逃れようと、頭を揺り動かしたり、歩き回ったり、頭を打ちつけたり、家から飛び出し、氷水に顔を突っこんだりする患者の様子が報告されている。群発頭痛は別名「自殺頭痛」とも呼ばれるが、群発頭痛に悩まされる人々が自殺を企図する割合の高さに由来している。群発頭痛の啓蒙活動に取り組む慈善団体「ClusterBusters UK（クラスターバスターズUK）」の代表を務めるエインズリー・コースは、「痛みは残忍かつ深刻であり、パートナーとの関係、家庭生活、仕事、友人関係を破綻に追いこむ」と述べている。[4]

群発頭痛は男性によく見られ、夜間に発作が起こることが多い。片頭痛の一種であると考えられているが、発症の原因は定かでない。また、既存の治療法が効かないケースがたびたびある。

幻覚剤を数日おきに（通常）マイクロドージングか、あるいは幻覚を生じさせない低中用量で投与すれば、頭痛発作が治まるだけでなく、長期の寛解につながる可能性があることが以前から知られている。[5]

これは若干、逆説的でもある。人によってはサイロシビン摂取後に頭痛を訴えることがあるからだ。そのため、頭痛持ちの人々を臨床試験に参加させることに、私たちは慎重な姿勢を取っている。

幻覚剤が頭痛に効果を発揮するのは、神経可塑性を高める幻覚剤の働きによるものと考えられる（詳細は第5章を参照）。ただし、現時点では違法であるため、同治療法を処方することはできない。

数年前、群発頭痛の患者を3人紹介されたことがある。夜間の酸素吸入をはじめ、確立されたあらゆる治療法を試しても効果がなく、私のもとに送られてきたのだ。

それぞれの患者に、サイロシビンやマジックマッシュルームを試してみたいと思わないかと、入れ知恵してみた。

1人目は、試すつもりはないと答えた。違法だし、逮捕でもされようものなら年金が受け取れなくなりはしないか心配だと言う。2人目の患者は、挑戦してみようと言い、キノコ狩りに出掛けた。そして週に1度摂取したところ、頭痛がなくなったという。3人目は、英国でのサイロシビン研究に資金を提供したいと申し出た。だがその当時、同分野の主要団体であった前述のクラスターバスターズ

UKは、違法性を理由にそれを辞退した。最近になって、同組織は法改正を求めるキャンペーンを開始している。[6] 法律を誤って解釈し、研究目的での幻覚剤使用が違法であると思いこんでいる人は今でも少なくない。実際は合法なのだが。

研究は既に進められている。最初の臨床試験はデンマークで実施されており、同研究では、10人の患者に低用量から中用量のサイロシビン（コンパス・パスウェイズ社の独自合成バージョンのサイロシビン「COMP360」）を週に1回、3週にわたり投与した。その結果、頭痛発作の頻度が30％減少したという。ある患者は、完全寛解が3週間持続した。[7]

また、「2-Bromo-LSD」と呼ばれる、幻覚作用のないタイプのLSDに関する有望な研究もある。[8]

サイロシビンの入手が困難であることから、LSDに似た効果を持つが、ヒルガオ科の植物の種子から抽出できるLSA（リゼルグ酸アミド）を代替として利用する研究者もいる。なお、一般的な園芸植物の種子でもあるため、LSAを含む種子の所有は合法だが、種子からLSAを抽出することは違法である。[9,10]

慢性疼痛と疼痛症候群

エビデンス評価：4／10

今から10年前、精神疾患を抱える患者の1人がその病歴について話してくれたことをきっかけに、私は疼痛を対象とした幻覚剤療法に関心を持つようになった。彼は、10代前半の自転車事故で怪我を負って以来、重度の慢性疼痛（神経障害性疼痛）に悩まされるようになった。学業にも支障をきたすようになり、歩行もままならなくなったが、効果的な治療法を見つけられずにいた。15歳の誕生日に、彼は友人たちにクラブに連れていかれ、そのうちの1人からLSDをもらった。試してみたところ、痛みが劇的に和らいだという。完全に消えることはなかったが、以前のひどい痛みに比べれば、何のことはないと感じられる程度になったと話してくれた。

この患者が患っていた神経障害性疼痛を含め、疼痛症候群にはさまざまな種類がある。腕や脚を失ってなお、そこにない腕・脚に痛みを感じることもある。幻肢痛と呼ばれる症状だ。また、線維筋痛症というものもある。疼痛症候群の1つで、全身に痛みがあり、極度の疲労感を覚える。私たちは、この線維筋痛症に対するサイロシビンの効果を調べる脳画像研究を開始した。

これまでの結果を踏まえ、幻覚剤はいくつかの異なる方向から痛みに作用するのではないかと考えている。第一に、動物モデルを用いた実験で、抗炎症作用があることが示唆されている。第二に、うつ病患者の場合と同様に、痛みも脳に埋めこまれてしまい、痛みについて考えたり、感じたりすることを止められなくなることがある。もともと痛みがなかった脳の領域に痛みがアップロードされ、繰り返し再生され続けるのだ。このプロセスは、通常の意思の力で制御できる範疇を超えている。
脳画像からは、痛みを感じている人の脳では前帯状皮質（ＡＣＣ）が過剰に活動していることが読み取れる。脳の高次領域の一部を成すこの回路は、意欲、情動、記憶を統合する役割を担っている。幻覚剤は正常な脳のＡＣＣを混乱させることがわかっており、このメカニズムが鍵を握っている可能性がある。幻覚剤は痛みに関連する回路を混乱させるのかもしれない。幻覚剤が制御不能な脳の思考ループを混乱させるのと同じだ。
もう１つ興味深い点は、マインドフルネス・トレーニングが疼痛制御の方法として広く採用されるようになってきていることだ。第６章で述べたように、幻覚剤は瞑想と同じように作用すると見られる。つまり、サイロシビンが作用するならば、マインドフルネスが同じプロセスを促進する可能性がある。そして、両者を組み合わせることで、さらに強力な効果を期待できるのではないだろうか。[11]
最後に、神経可塑性（新しいニューロンの成長や、ニューロン間の新たな結合）が高まれば、脳内に新しいつながりが生まれ、再配線が行われ、痛みのネットワークが上書きされる可能性もある。[12][13]

脳卒中と外傷性脳損傷

エビデンス評価：2／10
脳損傷と聞くと、つい頭部の強打を思い浮かべてしまう。だが実際には、軽く頭を打った後、数日間、意識が朦朧としたり、混乱したような感じが続いたりするレベルから、一生意識が戻らない重度のものまで、非常に幅が広い。さらに、軽度外傷性脳損傷（ＭＴＢＩ）と呼ばれる、表面的には判断の難しい脳損傷もある。中東での戦争から帰還した兵士たちが注意力と集中力の低下やブレインフォグを訴えたことから、問題が顕在化した。被弾や殴打といった明白な頭部外傷が見られないにもかかわらず、彼らの脳が何らかの損傷を負っていることは明らかだった。

大半のケースでは、車両やトラック、戦車が爆撃を受けた際に脳が強く揺さぶられ、いわゆる揺さぶられっ子症候群と同じような衝撃が加わったことが判明した。このようなダメージを受けた脳は、数カ月から数年にわたりさまざまな機能障害を起こすことがある。スポーツ中の怪我も、ＭＴＢＩにつながる可能性がある。スポーツでの脳のダメージは、頭部を殴られた回数、ノックアウトされた回数、ヘディングをした回数、そしてそれらの衝撃の強さによって変わってくる。

ＭＴＢＩでは、脳の損傷が広範におよぶ。脳全体に影響が拡散していき、あらゆる種類の認知的・感情的機能障害を引き起こす可能性がある。そのため、ＭＴＢＩには、患者の経験と症状をたずねる以外に、優れた診断方法が存在しない。

戦争やスポーツで生じるＭＴＢＩと、脳卒中には共通点がある。すなわち、ニューロンとその結合の喪失である。脳卒中とは、血栓が脳内の血管を詰まらせる脳血栓や脳内の血管が破れる脳内出血によって引き起こされる急性脳損傷の総称である。いずれの場合も、脳への酸素供給が失われてしまうため、神経細胞が酸素不足で壊死してしまう。死んだ細胞は毒性因子を放出し、その毒性因子が周辺の細胞を死滅させるため、損傷の範囲が拡大する。

最近まで、脳卒中後の損傷拡大を最小限に止める試みは、脳への酸素供給を復活させることに重点を置いてきた。血栓溶解剤の投与によって、状況次第では脳血管の手術によって、血管を再開通させ

脳卒中	脳損傷
・動脈瘤の破裂による出血 ・血流を阻害する血栓	・外傷性脳損傷（TBI）。脳全体に広がるびまん性の微小病変。爆発時の振動などが原因となり得る。 ・直接外傷（頭部の殴打）による局所的なダメージ。車のフロントガラスに頭部を強打した際に生じる前頭部の脳損傷などが典型例。 ・皮質下の損傷。モハメド・アリが有名だが、ボクサーによく見られるパーキンソン病など。

図12＿頭部外傷

るのだ。治療は時間との勝負である。

種類を問わず、あらゆる脳損傷に求められるのは、壊死した、あるいは壊死しかけているニューロンを再生させることによって、脳の治癒を助ける方法だ。ここで、幻覚剤の出番である。幻覚剤が神経可塑性を促進するという最近の発見に加えて、幻覚剤は新たな神経突起の成長を促し、さらに損傷を受けた神経細胞に生じる神経炎症を抑えることで周辺の脳細胞に損傷が拡大することも防げると考えられている。

複数の研究者が、脳卒中後の回復に幻覚剤が役立つのではないかと考え、研究を進めている。2年前、インペリアル・カレッジの私のもとにもAlgernon Pharmaceuticals（アルジャーノン・ファーマシューティカルズ）社から脳卒中患者を対象としたDMT研究の打診があった。

私は当初、脳卒中を経験したばかりの人にDMTトリップを強いるのは、倫理面で問題があるのではないかと懸念した。DMTが回復の加速をもたらしたことを示すラットを用いた研究論文に基づき[14]、幻覚が生じない用量を投与する計画であると同社が保証したことで、その心配は払い去られた。

アルジャーノン社は、倫理審査を経て、ヒトを対象とした最初の臨床試験実施の承認を得た。私の研究グループは、ＤＭＴを幻覚作用が生じない用量で6時間、ゆっくりと継続投与する方法を開発し、健康なボランティア被験者での試験を成功のうちに終わらせたところである。

もう1つ重要な問題に、ＤＭＴ投与のタイミングがある。脳卒中後すぐのＤＭＴ投与は、血圧の上昇につながる可能性があり、リスクが高い。その一方で、投与時期が遅すぎると、脳の回復を後押しする最適なタイミングを逸してしまいかねない。私たちは、脳卒中から2、3週間後にＤＭＴを投与することに決めた。そして現在、脳卒中患者を対象とした初の安全性試験を行っているところだ。[15] なお、本研究では、麻痺していない半身（健側）の動きを制限することで、麻痺した側（患側）を使うよう脳に学習を強いるリハビリテーションもあわせて実施される。

また、右記研究をベースに、インペリアル・カレッジの研究者の1人が、外傷性脳損傷（ＴＢＩ）からの回復支援を目的としたＤＭＴ研究を前臨床モデルで開始している。

アルツハイマー病と認知症

エビデンス評価：1／10

アルツハイマー病やその他のタイプの認知症は、現在のところ一方通行の疾患だ。すなわち、ひとたび認知症となった脳を再生させ、機能を回復させる治療法は存在しない。しかし、幻覚剤の使用によって、認知症患者がより機敏になった、認知機能が改善された、周囲で起こっていることを認識できるようになったという症例報告がある。潜在的な治療効果は、前述の脳損傷のケース同様、神経可塑性を促進し、神経炎症を抑える幻覚剤の力にあると考えられる[16]。

認知症をターゲットとした幻覚剤研究は、緒に就いたばかりである。Eleusis Pharmaceuticals（エレウシス・ファーマシューティカルズ）社は、安全性と脳機能への影響を調べる目的で、48人の高齢者を対象にLSDをさまざまな用量で試験投与している。4日おきに、6回の投与を行ったところ、中用量の投与であれば高齢者にも安全であることがデータから示唆されている。今後、認知機能障害やアルツハイマー病の患者を対象としたさらなる研究の実施が求められる[17]。

摂食障害

エビデンス評価：4／10

神経性食欲不振症（拒食症）の患者――若い女性がそのほとんどを占める――は、本人が理想とする超低体重を目指して、食事を厳しく制限する。食事制限の最初の原動力は通常、自分が太っているという（誤った）思いこみ、すなわち歪んだ身体イメージである。さらに、体重をコントロールすることが、自分の人生をコントロールできている、自分を律することができているという感覚にすり替わってしまうこともある。人によっては、食事制限に過剰な運動が加わることもある。その行動はいつしか、食べることへの常習的な抵抗、痩身や空腹に対する中毒症状のように定着していき、生命を脅かすほどの体重減少や飢餓に直面してもなお続くのである。

神経性食欲不振症の人はたいていの場合、自分で自分を傷つけていることに気づき、食事の極端な制限や低体重の維持は、自分が真に望んでいることでも、必要としていることでもないと理解するようになる。それでも、思いこみや摂食制限から逃れることができないのだ。

通常のアプローチは、抗精神病薬のオランザピンや選択的セロトニン再取り込み阻害剤（ＳＳＲＩ）のフルオキセチン（商品名プロザック）などの薬物を用いて、体重の増加を図り、身体的な不調を軽減させることだ。これらの薬には、体重増加だけでなく、気分を改善し、強迫観念を緩和する効果もある。

しかし、治療がうまくいかないケースがあまりに多いという現状がある。あらゆる精神障害の中で、神経性食欲不振症は死亡率がもっとも高いことも知られている。[18]

このような背景から、実験的な治療を試す価値がある。うつ病を対象としたサイロシビン研究の後、インペリアル・カレッジでは、神経性食欲不振症の研究に着手することにした。サイロシビン支援療法によって、摂食障害の典型と言える硬直的で自己破壊的な思考パターンを崩壊させることができるのではないかと期待したのだ。

臨床試験を率いたメグ・スプリッグス博士は、「私たちは問いをとらえ直す必要があります」と述べる。「問うべきは必ずしも『神経性食欲不振症をどのように治療するか』ではありません。私たちが焦点を当てるべき問題はむしろ『人々が回復のプロセスに取り組めるようにするにはどう支援すればいいか』なのです」[19]

幸運なことに、ある慈善家から資金援助を受けることができ、今まさに臨床試験を進めているところだ。[20] 米国とオーストラリアでも、いくつかの研究グループが神経性食欲不振症を対象とした研究を開始している。オーストラリア政府は、シドニー大学での神経性食欲不振症研究を含む幻覚剤研究のために、1500万豪ドル〔1豪ドル＝100円換算で、15億円に相当〕の予算を組んでいる。シドニー大学とインペリアル・カレッジの研究グループは、研究デザインの面で協力関係を結んでおり、ゆくゆくは双方の大学で得られたデータセットの統合が可能になるのではないかと考えている。[21]

ジョンズ・ホプキンス大学でも臨床試験が進行中で、1、2年以内に研究成果が発表される予定だ。[22]また、カリフォルニア大学のウォルター・ケイ教授が、コンパス・パスウェイズ社との共同研究の結果を発表しており、予備研究データでは、摂食障害と不安症のスコアの改善が示された。[23][24]コンパス・パスウェイズ社は、上記の研究とインペリアル・カレッジでの私たちの予備的調査の結果に基づいて、神経性食欲不振症を対象とした、複数の研究センターによる無作為化比較試験（RCT）を立ち上げようとしている。[25]

幻覚剤は、他の摂食障害にも効果を持つ可能性がある。研究室外の調査だが、これに関連するアンケート調査のデータが収集されている。摂食障害を持つ人々を対象としたあるアンケート調査では、幻覚剤摂取後に不安や抑うつの症状が緩和されたことが報告されており、それほど顕著ではないものの、摂食障害の症状にもある程度の改善が見られた。[26]

別のインタビュー調査では、神経性食欲不振症と神経性過食症を含む摂食障害と診断されていた人々が、アヤワスカを摂取した後の変化について話を聞いた。回答者の大半が、摂食障害に関連する思考や症状が軽減したと回答している。また、苦痛をともなう記憶や思考を処理し、摂食障害の根っこにあると思われる原因を癒やすうえでも役立ったようである。[27]

Tryp Therapeutics（トリップ・セラピューティクス）社は、過食性障害（BED）の治療薬として、独自に合成したサイロシビン「TRP−8802」を用いた臨床試験を実施している。予備的なデータからは、日常的な過食が4週間で80%減少したことが明らかになった。[28]

さらに、神経性食欲不振症の固定化した思考パターンの打破に、ケタミンが有用である可能性を示した臨床体験がいくつかある。[29] アウェイクン・クリニックでは、神経性食欲不振症患者へのケタミン治療の提供を開始したところだ。ある患者は、ケタミン摂取後のトリップで初めて自分を外側から観察することができ、自分の身体に対する見方がいかに歪んでいたかを知ることができたと報告している。

強迫性障害（OCD）

エビデンス評価：5／10

今日に続く幻覚剤研究の新時代は2006年までさかのぼることができるが、その初期に研究された疾患の1つが強迫性障害（OCD）である。

研究が行われたのは米国の強迫性障害を専門とした研究センター、研究を率いたのはフランシスコ・モレノ教授だ。研究を立ち上げるきっかけとなったのは、幻覚剤を自ら実験的に使用した人々の間でOCDの症状が軽減したという（科学的な検証が行われていない）事例報告であった。研究者たちは、この障害に対する既存の治療法がSSRIのようなセロトニン系に作用するものであることから、同じくセロトニン系に作用する幻覚剤にも効果があるのではないかという仮説を立てた。そして、小規模研究を通して、サイロシビンの投与により症状が軽減し、その状態が通常24時間以上継続することを突き止めた。[30]

幻覚剤の働きに関する理解が進んできている今では、強迫性障害に幻覚剤が有効であることも合点がいく。強迫性障害は、何の役にも立たない強迫的な思考パターンによって行動が生じる障害である。一般的に、人々が助けを求めて医者を訪ねてくるのは、ある行動を過剰に、あるいは一定の回数行わなければ気が済まないような衝動がある場合だ。たとえば、手を洗わなければならない、電気のスイッチを切ったか見直さなければならない、玄関の鍵をかけたか確認しなければならないなどである。

強迫観念の根底にある恐怖は、強迫行為を実行する際に間違いを犯すと、その結果、何らかの害が生じるという本人の思いこみだ。手洗いの場合は細菌による感染かもしれないし、電気のスイッチならば火災の発生かもしれない。

強迫行動を実行できないと、強い不安を感じ、極度の苦痛を覚える。愛する人が苦しむ姿を見たくない家族もまた、彼らの強迫行動に従わざるを得なくなる。

モレノ教授は現在、アリゾナ大学でOCDを対象とする幻覚剤研究を復活させており、サイロシビンと鎮静剤ロラゼパムを比較する二重盲検試験を行っている。予備的な結果では、サイロシビンがOCDの症状を有意に改善することが示されている。[31][32]

イェール大学の研究者たちも、サイロシビンを使った強迫性障害の臨床試験を実施中だ。ベンという名の試験参加者が、次のように述べている。

効果をうまく言い表す唯一の表現は、古い習慣や行動が退化の痕跡のように、まるでもう何の意味も持たない付属器官のように感じられるようになったことです。私は自分の身体に『住み直す』という意識的な選択をしたのですが、私の脳は、もはや意味をなさないこれらのパターンを持ち続けていました。

それぞれの症状が現れるたびに、私はそれをあるがままに受け止めました。いつしか、もう自分には当てはまらないのだと理解できるようになると、症状がいつのまにか消えていったのです。一つひとつ、自然に消えていきました。

ついには症状が生じる間隔が何週間にもなりました。特定のシナリオ、言い換えると、特定のものに結びついた症状が発生したり、あまり一般的でない症状が起こったりするまでの間隔が伸びていきました。これらのことは、何日も何週間もかけて現れる小さな贈り物のようなものになったのです。これらの症状に再び遭遇しても、完全にOCDから解放されたと感じられるところまで到達したのです。[33]

数年前、インペリアル・カレッジの研究グループに対し、OCD研究のための資金集めを専門とする慈善団体であるオーチャードOCDからアプローチがあり、過去の幻覚剤研究を再現・拡張する研究助成金を申請してはどうかと提案を受けた。大いに興味をそそられた。それというのも、その少し前に、強迫性障害の軽減のためにマジックマッシュルーム茶を飲んでいる女性の動画を見たばかりだったのだ。動画の女性いわく、1回のトリップで数カ月にわたり症状が緩和されるという。[34]

英国を代表する強迫性障害の専門家である、ハートフォードシャー大学のナオミ・ファインバーグ教授と共同で、ペイシェント・エキスパート〔治療を受ける側の立場として意見を述べる患者・治療経験者」に、研究デザインへの協力を求めた。彼らの考えは、大きな可能性を秘めた新治療薬を熱烈に歓迎する一方で、コントロールを失いたくないという理由から、完全な幻覚剤トリップの経験は避けたいというものであった。

研究者と患者、双方が歩み寄り、中用量（10ミリグラム）のサイロシビン投与で合意した。これは、幻覚を誘発したり、あるいは自制心を失ったりするほどの量ではないが、不安を和らげることで、患者が既存のOCD治療法である行動療法に、より効果的に取り組めるようになる可能性が高い量と言える。このような中用量の投与は、1960年代から1970年代にかけて、サイコリティック療法と呼ばれていた個人向けの心理セラピーの準備段階で非常に広く実践されてきた。倫理審査の段階を終えて既に研究の承認を得ており、臨床試験の実施を告知して以来、100人以上の患者から参加の申しこみがあった。私たちの研究は今ちょうど、動き始めたところだ。[35]

注意欠陥・多動性障害（ADHD）と注意欠陥障害（ADD）

エビデンス評価：3／10

考えすぎてしまう人の症状を対象にした薬が、考えずに行動しがちな人の症状にも効くというのは、直感に反するように思える。典型的なADHD（いくつかの種類があり、混合していることも多い）患者は、衝動的で、刺激を求めて、ないしは関心の赴くままに1つのテーマから次のテーマへと飛び移り、学業成績は不振、生活面では整理整頓が苦手で、しょっちゅう物を失くす傾向がある。私の患者にも、1度の旅行でパスポートを3回紛失した強者がいる。物まねで有名なコメディアン、ローリー・ブレムナーは、大人になってからADHDと診断された。薬物療法を受ける前の生活について、彼はこう語っている。「時々、皿回しをしているような気分になるのです。サーカスの演目で、6枚の皿を回していて、そのうちの1枚がいつも落ちそうになっている、そんな人生だったように感じます」[36]

注意力や集中力を高めるために、ADHD患者には通常、リタリン（メチルフェニデート）や他のアンフェタミンなどの精神刺激剤が処方される。だが、LSDの発見者であるアルバート・ホフマンは、低用量のLSDがリタリンの代替になるかもしれないと考えていた。[37]

どの時点を切り取っても、ADHDは欧米諸国の精神科において、もっとも診断頻度の高い疾患である。ADHDの有病率は人口の3〜4%とされ、その割合はうつ病や不安症よりも高い。[38]うつ病や不安症が現れては消えていく疾患であるのに対し、ADHDは永続的であるのがその理由だ。

ADHDの「H（hyperactivity、多動性）」の部分は、すべての患者に見られるわけではない。これは特に女児や女性に当てはまり、女性の場合は多動性よりも不注意の傾向が強く、彼女たちの頭の中では後述するような思考がぐるぐると渦巻いている。

LSDに一定程度の効果があることを示す研究がある。複数のアンケート調査で、一般的な薬を服用するよりも、マイクロドージングでの自己治療を好む人がいることも報告されている。[39]

マーストリヒト大学のキム・カイパース教授は、健康なボランティア被験者を対象に、さまざまな量のLSDを摂取してもらい、注意力に与える影響を調べた。教授は、幻覚を誘発しない低用量のLSD投与が注意力の改善につながることを確かめている。[40]

これらの幻覚剤研究は、分子精神医学を専門とするキングス・カレッジ・ロンドンのフィリップ・アシャーソン教授の研究に基づいている。同教授は、カンナビス〔大麻〕を用いたADHD治療研究の先駆者であるが、カンナビス支援療法もまた、逆説的に見える治療法の1つである。[41]

アシャーソンの新しいアプローチは、ほとんど議論されることがないもののADHDの一般的な症状であるとともにADHD患者の疲れやすさの原因でもある、過剰なマインド・ワンダリング〔心の迷走〕や反復的なぐるぐる思考の治療に的を絞ったものであった。[42]

おそらく、幻覚剤とカンナビス、どちらにも、心の迷走と反芻思考の両方を妨げる作用があるのだろう。これまでのところ、幻覚剤を用いた臨床試験は短期的なものにとどまっており、長期的な治療法として有効か否かはまだ明らかになっていない。しかしながら、この分野の研究継続には商業的な関心もあり、現在、成人のADHD患者を対象とした低用量LSDの臨床試験が進行中である。[43]

第11章
マイクロドージングの効果を探る

幻覚剤の微量摂取が流行している

その人がマイクロドージング（微量の幻覚剤摂取）をしているかどうかは、どうすればわかるだろうか。たぶん本人が話したがるからわかるだろう。マイクロドージングを取り入れている人は往々にして、「布教活動」に努める傾向があるのだ。きっと、活力が湧く、集中力が増す、創造性と生産性が高まるといった話を聞かせてくれることだろう。もしくはマイクロドージングのおかげで、ストレスが解消された、抑うつ気分が改善した、不安が軽減された、片頭痛が和らいだ、などと言うかもしれない。

過去10年ほどの間に、幻覚剤をトリップや幻覚作用を誘発しない、あるいは明白な効果がまったく感じられないほど低用量で摂取する「マイクロドージング」の人気が急速に高まった。人気が出るのも何ら不思議ではない。上述のような恩恵が期待できそうであるにもかかわらず、完全な幻覚剤トリップのように時間をかける必要もないし、困難さも伴わないというのだから。魅力的な効用を宣伝文句に、マイクロドージングは今や、トリップ目的での幻覚剤使用よりも広く普及しているようである。

流行の源は、テック業界コミュニティだった。その後、ユーザー層は拡大の一途をたどり、ブログやソーシャルメディアの投稿、掲示板のスレッド、報道記事などが量産されていった。ある母親がマイクロドージングで「子どもと遊ぶのが楽しくなる」と書いたかと思えば、別の記事では「マジックマッシュルームやＬＳＤを『マイクロドージング』するTikToker（ティックトッカー）たち、メンタルヘルスに役立つと主張」といった見出しが躍る。[1]

ほとんどの国や地域で幻覚剤は違法であるにもかかわらず、昨今ではマイクロドージングがまるで、栄養、運動、瞑想と並び立つウェルネスの最新トレンドないしは新たなライフスタイルかのように書かれ、語られている。

このトレンドは、精神学者で研究者でもあるジェームス・ファディマンと、その著書『Psychedelic Explorer's Guide（幻覚剤探究者のためのガイド）』が刊行された２０１１年までさかのぼることができる。同書では、マイクロドージングの説明にまるまる1章が充てられている。[2]

ファディマンのキャリアは、幻覚剤研究の第1波と、現在の波との間にまたがっている。１９６０年パリで、当時大学でチューターを務めていた心理学者のリチャード・アルパート（後のラム・ダス）に勧められＬＳＤを摂取し、幻覚を経験した。「その後の数時間で、自分の世界観がどうやら制約されていたことに気づきました」と言う。彼はパリを離れ、講演でコペンハーゲンを訪れていたオルダス・ハクスリーとティモシー・リアリーに会いに行った。米国に戻ったファディマンは、こちらも１９６０年代の幻覚剤ムーブメントの中心人物であった研究者ウィリス・ハーマン博士、そしてマイロン・ストラロフとともに、２００マイクログラムのＬＳＤを摂取した。これは非常に高用量である。

このときの経験について彼は、「私の人生のほとんどを変え、自己同一性の本質を変え、そして時間と空間の概念を変えてしまった」と語っている。彼は大学院生として、International Foundation for Advanced Study（IFAS、国際先進研究財団）〔ストラロフなどによってカリフォルニア州に設立され、1965年までLSDとメスカリンの研究を推進していた〕でストラロフとともに幻覚剤療法の研究に着手した。LSDが禁止された日、すべての研究をただちに中止するよう求める政府からの書簡がクリニックに届いた。ところがファディマンは創造性に関する研究のために、ちょうど4人の科学者にLSDを投与したところだった。研究者たちは口裏を合わせ、政府からの通知が届いたのは翌日だったことにした。

2000年、ファディマンは、禁止される以前にマイクロドージングをしていた人々とのネットワークを構築し、経験談の収集を開始した。この仕事は、彼が「人間の可能性に対する私の認識を変えた」と形容する、自身が最初に体験した200マイクログラムという高用量でのトリップから始まり、「今なお続けているライフワーク」なのだと話す。[3]

ファディマンは、人々がお互いに投与量や効果について話し合ったり、安全性に関するアドバイスを提供したりする、マイクロドージングの情報共有サイトも立ち上げており、現在、59カ国から2000人以上の投稿者が同サイトを介して情報を交換している。[4]

当初、マイクロドージングをめぐる対話は、生産性と創造性の向上に関するものが大半を占めた。だが人々は次第に、気分の改善のためのマイクロドージングについて語り始めるようになる。作家アイェレット・ウォルドマンのベストセラー『A Really Good Day（本当にいい1日）』は、30日間のLSDマイクロドージング体験記である。更年期のホルモンバランスの乱れによる気分の浮き沈みを安定させ、その過程で結婚生活や子どもたちとの関係の修復、そして仕事のパフォーマンスの向上にも、マイクロドージングがいかに役立ったか、その一部始終が描かれている。ウォルドマンのストーリーはテレビシリーズ化も予定されている。

それなのに、つまり、マイクロドージングがこれだけ普及し、しかも大量の、主に肯定的な体験談がインターネット上を飛び交っているにもかかわらず、マイクロドージングがどのように作用するのかに関しては科学的な見解の一致がまだ得られていないと言われたら、それどころか、本当に効果があるのかどうかさえも不確かだと言われたら、きっと驚かずにはいられないだろう。

経験者の報告に基づくマイクロドージングの恩恵

人々が語る、マイクロドージングの恩恵には、以下のようなものがある。

- 心理：気分の改善、抑うつ症状の緩和、不安の軽減、感情の安定、活力の増大、共感力や自己洞察力の向上
- 痛み：群発頭痛や片頭痛の解消
- 依存：物質や使用に対する渇望の減少
- 認知：仕事の能率、注意力や集中力の向上、明瞭な思考
- 創造性：新たなアイデアの創出、新たな思考プロセスの発見
- スピリチュアル：気づき、意味の発見

■人間関係：社交性やつながりの強化、他者に対する思いやり、良好な人間関係
■ウェルビーイング：月経前症状の緩和、睡眠の質の向上、より健康的な食事習慣、性機能の改善[5,6]

マイクロドージングはどのように行われているか

マイクロドージングとは一般に、娯楽目的で使用する幻覚剤の20分の1から10分の1の用量を定期的に摂取することと理解されている。通常はサイロシビンやLSDが使われ、アヤワスカやイボガインが用いられるケースは少ない。認知機能の向上、活力の増大、感情バランスの安定、不安の軽減などを目的に、幻覚作用を持つ薬物を閾値以下の用量で使用すること、と定義されている。

理論上は、知覚や意識に何の変化も感じないほど低用量であるべきだが、実際には、リラックスできたり、いくらか社交的になったり、気分が明るくなったり、場合によっては頭が少しふらついたり、視界がわずかに揺らいだり、音が多少歪んで聞こえたりと、幻覚剤の影響に自分で気づく量を摂取する人が多い。幻覚剤の影響に気づくが、機能には影響を与えない量である。

典型的な摂取計画は、週に2、3回、通常は仕事を始める前にマイクロドージングを行う。これを4~8週間を1ブロックとして続け、その後2週間以上の休薬期間を設ける。薬物への耐性がつくことを回避するために、ほとんどの人は摂取日と摂取日、ブロックとブロックに一定の間隔をあけるが、

マイクロドージングのやり方は人によりさまざまだ。

マイクロドージングと他の摂取用量との違い

幻覚作用の強さは、脳内の2A受容体の何パーセントに幻覚剤が結合したか（受容体占有率）によって決まる。コペンハーゲン大学の脳画像研究のおかげで、サイロシビン影響下の脳に関しては非常に良いデータを参照することができる。それによると、サイロシビンのマクロドージング（幻覚トリップを誘発する用量の投与）では受容体占有率が高く、摂取用量を減らすと占有率もそれに比例して減少することがわかる。[7]

◇マイクロドージング

この用量範囲では、知覚や意識がわずかに変化し、よりリラックスした気持ちになり、気分が良くなり、少し頭がクラクラすることもある。

◇ミディドージング

たとえば初期の認知症患者を対象とした研究など、被験者が完全な幻覚トリップを望まない研究などで採用される用量範囲。[8]

第6章で言及したように、1950年代、英国の精神科医ロナルド・サンディソン博士が、セラピーで「行き詰まった」患者を救うために実践していたサイコリティック療法で投与したのもこの用量範囲である。[9]

ミディドージングでは、視覚の安定性に変化が生じ、色に対する感性が研ぎ澄まされ、聴覚に違いが感じられ、触れられたときの感覚も鋭敏になる。思考は明晰でありながら、さまようような、柔軟なものになる。これは過去についての思考も同様であるようだ。また、物事に対応する際に、感情の導きを感じられることもある。

インペリアル・カレッジで行われた最初のうつ病研究では、治療抵抗性うつ病の患者にサイロシビンを2回投与した。1回目は安全性を確認するためのテストとしてミディドージングを、2回目はマクロドージングを行った。[10] ミディドージングでは、被験者のほとんどが気分に変化があったと報告している。そのうちの1人は、姉妹との関係を振り返る、非常に強烈な経験をした。大半の人は、ミディドージングでは洞察力の高まりを感じるものの、この被験者のようなブレークスルーを経験することはめったにない。

◇マクロドージング

完全な幻覚剤トリップをもたらす用量範囲。娯楽目的に加え、近年の研究でもっともよく採用されているのがマクロドージングである。第2章で説明したように、聴覚、触覚、視覚を中心に知覚に著しい歪みが生じる。ほとんどの人は、クリスマスツリーのイルミネーションのようにキラキラ輝きながら動く、明るく鮮やかで美しい幻覚を見る。共感覚を経験する人もいて、感覚がハイブリッド化し、音に色がついたように感じられ、数字までもが色を帯びてカラフルになる。

これ以上の高用量は賢明ではない。たとえば、125マイクロミリグラムを超えるLSDを摂取しても、望ましい効果が得られる可能性が低い一方で、頭痛、血圧の変化、不安感といった有害な作用が増えることが研究で明らかになっている。[11]

マイクロドージングは魔法の薬か

経験者たちが報告するマイクロドージングの効果に関する長々としたリストを読めば、これほど人気があることに説明は不要だろう。しかし科学者としては、このような広範なリストには首をひねらざるを得ない。とはいえ解明は困難だ。これほど多岐にわたる効果を証明するには、どのように実験をデザインすればいいのだろうか。初めてマイクロドージングについて耳にしたとき、私はユーザーの体験談にとても興味を持った。だが、1つの物質あるいは物質群であっても、これほど多くのことを成し遂げられるとは、にわかには信じがたかった。

数年前まで、マイクロドージングに関する正式な研究はほとんど存在しなかった（今でも極めて少ない）。驚くに値しない。幻覚剤が違法である国や州では（大半はそうだ）、それが1分子であろうと、1キロであろうと、違法は違法なのだ。そのため、幻覚剤を微量しか使用しない研究の前にも、高用量投与を行う研究と同じ障壁が立ちはだかる。それはすなわち、汚名や風評リスク、高額なコスト、安全性や倫理にまつわるお役所仕事である。

インペリアル・カレッジでもかつて、LSDのマイクロドージング研究のための倫理審査許可を取得したことがある。ベックリー財団から、いくらかの研究資金援助も取りつけた。だが、研究を遂行するにはとても足りなかった。法的要件、そして倫理委員会から課された安全規則は、全量投与の場合とまったく同じだった。薬物は金庫で施錠管理したうえで病院内のみで投与すること、そして被験者を丸一日病院に滞在させることが求められた。異なるのは、マイクロドージングは被験者一人ひとりに幻覚剤を複数回投与する必要があり、そのたびに入院が必要となるため、研究費用が法外に高くつくことだ。マイクロドージング研究の大半が、独自に入手した薬物を実生活で使用する人々を対象にしたアンケート調査に基づいている理由はここにある。だがこのような自然主義的な研究には、根本的な欠陥がある。摂取した活性物質の量を研究者が確かめるすべがないのだ（そもそも活性物質が含まれていない可能性さえある）。

マイクロドージングにリスクはあるか

古典的幻覚剤は、セロトニン2A受容体だけでなく、心臓血管系に存在するセロトニン2B受容体にも作用する。このことが、1つの懸念要因となっている。1990年代、2B受容体を刺激する作用も持つ、フェンフェンと呼ばれる肥満治療薬が心臓弁や血管の壁を肥厚させ、まるで池を詰まらせる水草のように、肺動脈を閉塞させることが判明した。同薬物を服用した患者の3分の1に、深刻な心臓弁異常の問題が生じたのである。

現在研究が進められているほとんどの幻覚剤療法では、幻覚剤の投与頻度は低く、1、2回の投与にとどまることが多い。このような定期的ではない投与計画であれば、心臓障害を引き起こす可能性は極めて小さい。つまり、障害を引き起こすほどの頻度ではない。マイクロドージングにとっての朗報は、マイクロドージングを何年も続けている人がいるにもかかわらず、これまで副作用の報告がないことだ。それでも、2B受容体に作用しない化合物の開発に取り組む製薬会社もある。より長期的な観点から、マイクロドージングが他の予期せぬ副作用を引き起こす可能性については未知である。

マイクロドージングで脳内に何が起きるか

全量投与（フルドージング）での研究から、LSD、サイロシビン、アヤワスカを含む古典的幻覚剤の主な作用機序がセロトニン2A受容体にあることはわかっている。しかし、マイクロドージングが脳に与える影響に関するデータは非常に限られているのが現状だ。それでも、一般的に考えられているセロトニンの作用と同じように、ごく低用量でストレスに対するレジリエンスを高め、その結果、脳機能が改善する可能性が示唆されている。マイクロドージングはさらに、消化管内の神経やマイクロバイオーム（腸内細菌）にも働きかけ、私たちのウェルビーイングを促進するようである。[12]

第5章で説明したように、全量投与では、2A受容体の刺激が神経可塑性をもたらし、ニューロンの新しい結合が増加することで、思考がより柔軟になることが研究を通して示されている。[13]微量の投与でも同様の効果が得られるかは証明されていないが、一部の研究者は、マイクロドージングが新たなニューロンの成長を促進し、それにより脳の損傷や認知症を予防する効果があるのではないかと推測している。

初期のLSDユーザーの一部が長生きしたことは、早死にや「クスリ呆け」が幻覚剤使用の必然的な帰結として起こるわけではないことの証しであろう。アルバート・ホフマン、そして英国のLSD研究のパイオニアであり、早い時期に幻覚剤の医学研究に取り組んだ1人として知られるバーミンガム大学の実験精神医学教授ジョエル・エルケスは、ともに100歳を超える長寿をまっとうした。何年も前に定年を迎えたある高名な精神医学の教授にこのことを話すと、80歳を過ぎても矍鑠《かくしゃく》として活動的な彼は、「私が元気な理由はそれで説明できる！」と笑みを浮かべながら答えるのであった。

セロトニン受容体には、2A受容体の他に14種類あり、マイクロドージングではこれらの受容体のいくつかに対する作用が鍵となる可能性が示唆されている。たとえば、5HT6受容体と5HT7受容体は、気分や認知にかかわっており、後者は概日リズムにも関与している[14]。

しかし、幻覚剤の臨床薬理学の第一人者として知られるマティアス・リヒティ教授は、たとえば認知機能に与える影響など、低用量での幻覚剤投与で得られると言われる有益な効果について懐疑的な見解を持つ。「積極的な摂取では認知機能の障害につながるLSDが、ユーザーが主張するような、低用量での使用では魔法のように集中力の向上をもたらすことを裏づける証拠は存在しない」と、彼は書いている[15]。

マイクロドージングの科学研究とプラセボ効果

ネット上には、マイクロドージングに関する逸話的な報告（体験談）がごまんとある。しかし、格言でも言われるように、逸話が複数集まったところでデータを代替することはできないのだ。人々の体験談が誤りだと言っているわけではない。だが、自分の体験をわざわざ投稿する人は、マイクロドージングに対してそもそも肯定的である可能性が高く、その時点でバイアスをはらんでいる。

それよりもいくらか質の高いエビデンスに、観察研究がある。これは、マイクロドージングを行う個々のユーザーの摂取計画を開始前から終了後まで追跡してアンケート調査するもので、データはリアルタイムで収集される（被験者は過去を振り返って報告するのではなく、現状を報告する）。

たとえば2019年の研究では、マイクロドージングの摂取計画をスタートした98人を追跡し、毎日欠かさず気分や注意力、ウェルビーイングに関するテストに答えてもらった。さらに、性格、創造性、主体感についても質問を行っている。マイクロドージング期間中のテストでは、心理的機能の向上が報告された。また研究終了時点では、被験者たちはマインド・ワンダリング（心の迷走）が低減し、抑うつ気分やストレスのレベルが低下したと回答している。[16]

2022年のアンケート調査研究では、調査対象者を年齢と性別の条件を揃えた2つのグループに分け、一方のグループには約1カ月間マイクロドージングを行い、他方のグループには投与しなかった。調査開始時点、そして22～35週の間に再度、全員に心理アセスメントを受けてもらい、依存、うつ病、不安についてたずねるとともに、認知能力、記憶力、処理速度（どれだけ速くタスクをこなせるか）のテストも実施した。その結果、マイクロドージングを行ったグループでは、気分の改善と、不安、抑うつ気分、ストレス症状の軽減が見られた。[17]

しかしながら、薬や介入が有効であることの立証には、これらのエビデンスは十分とは言えない。科学研究におけるゴールドスタンダードは、二重盲検の無作為化比較試験（ＲＣＴ、後述）である。プラセボ効果を超える効果の有無を測定することができるのが、ＲＣＴだ。

プラセボ効果とは何か

プラセボ効果とは、本来何の効果も持たないはずの治療――砂糖の錠剤や偽の注射など――が、症状の改善につながることを指す。すべての治療には、ある程度のプラセボ効果がある。効くはずだという患者の希望や期待、医師の診断さらには病院にいるという安心感でさえ、プラセボ効果の要因となる。その効果は驚くほど強力で、薬物摂取時の経験、症状、行動、生理的反応に影響を与える可能性がある。[18] たとえばいくつかの研究で、プラセボの効果が、イブプロフェンやモルヒネを含む鎮痛剤を上回るという結果が示されているほどだ。[19]

通常、医薬品の承認を得るには、プラセボよりも優れていることを臨床試験で証明する必要がある。臨床試験はたいていの場合、二重盲検の無作為化比較試験（RCT）によって行われ、一部の人はプラセボ群に、残りの人は「活性」薬剤群に無作為に分けられる。自分がどちらのグループに属すかは知らされない。研究者も、どの被験者に実薬が投与されたかを知ることはできない（これが「二重盲」の意味である）。薬物を投与されたという知識、つまり期待効果が結果に影響をおよぼすのを防ぐためだ。

近年では、脳画像研究によってプラセボが脳のさまざまな部位に影響を与え、実際の神経学的効果をもたらすことが確かめられている。ハーバード大学医学部の助教授で遺伝学者のキャサリン・T・ホールは次のように述べる。「私たちは長年、プラセボ効果を想像の産物だと考えていました。今では、脳のイメージング技術を通して、砂糖の錠剤を与えられた人の脳が、文字通り、光り輝くのを目にすることができます」[20][21]

ホールの考えでは、プラセボ効果のシグナルが脳内の化学経路を伝わり、実際の生物学的治癒プロセスのスイッチを入れ、痛みを和らげるなどの効果をおよぼすのではないかという。プラセボ反応は、神経症状や心理症状により強く現れることが示されており、それはまさに幻覚剤のスィートスポットでもある。その一方で私は、幻覚剤はプラセボ効果がたどる脳内の化学経路を拡大させていることがいつか判明するのではないかと思いをめぐらせてみたりもするのである。

幻覚剤のマクロドージングで二重盲検法を行うのは不可能だ。実薬を摂取した被験者のほとんどが、そのことに気づくためだ。セラピストやガイド役の目にも、誰が何を摂取したかが明らかになる。マイクロドージングならば、理論的には二重盲検法の実施は可能だが、たいていの場合はうまくいかないことが研究で示されている。わずかではあっても知覚できる効果があれば、自分がどちらのグループに属しているかを被験者が正しく推測できる可能性が高いことを意味する。だが、このバイアスを排除するためのデータ分析手法もある。[22]

ここへきて、マイクロドージングの二重盲検試験がいくつか実施されている。しかし、その結果はマイクロドージングの信奉者にとっては残念なものであった。

たとえば、ある研究では健康な被験者が研究室で、3、4日の間隔で4回、LSDのマイクロドージングを行った。実験参加者にはランダムに、プラセボ、マイクロドージング、より用量の多いミディドージングが割り当てられた。摂取後には、1時間ごと合計5時間にわたり、気分に関するアンケートに答えてもらう他、認知および行動テストを実施した。[23]

その結果、最初のミディドージング時に被験者がより前向きな気持ちになったことを除き、気分や認知に関する有意な効果は認められなかった。用量の多いミディドージングであれば、ほぼ間違いなく気づくため、いかなる効果も被験者の期待に左右される可能性がある。

インペリアル・カレッジの研究では、私たちはこの「期待」の影響について深掘りしたいと考えた。研究グループはまず、マイクロドージング摂取計画の開始前に、調査参加者にどのような効果が得られると思うかアンケートを採った。そして、マイクロドージングを開始して4週間後に、再度アンケート調査を行った。人々は、マイクロドージングによってウェルビーイング、気分、パフォーマンスが向上したと回答した。また、不安や抑うつの症状が軽減し、レジリエンス、社会的つながり、協調性、心理的柔軟性が高まったと述べている。

だがここに落とし穴がある。被験者の肯定的な期待から、肯定的な効果を予測することができたのである。このことは強力なプラセボ反応が働いていることを示唆する。[24]予想外だったわけではない。これまでも、期待を含めたマインドセット、つまり「セッティング」が重要であることが、幻覚剤を全量摂取した際の効果についてはわかっていたからだ。[25]

ところが、うつ病を対象とした私たちの2回目の研究では、サイロシビンのマクロドージング〔全量摂取〕を2度行ったが、摂取前の被験者の肯定的な期待から実際の効果を予測することはできなかった。その一方で、興味深いことに、選択的セロトニン再取り込み阻害薬（SSRI）のエスシタロプラムを43日間毎日服用したグループでは、被験者の肯定的な期待から実際の結果を予測することができたのだ。[26]

プラセボを上回る効果はなさそうという実験結果

病院での入院を前提としたマイクロドージング臨床試験には資金不足だったため、私たちインペリアル・カレッジの研究グループは、新しいタイプの自然主義的な試験方法を考案した。プラセボ対照群を設け、かつ無作為化も行うものだ[27]。

バラス・シゲティ博士とデヴィッド・エリツォ博士は、マニュアルを作成し、実験参加者自身にビタミン剤用の空カプセルと封筒を使って、実薬とプラセボ対照薬を準備してもらうやり方を説明した。被験者はまず、自分が普段摂取している微量幻覚剤を不透明なカプセルの一部に入れる。それ以外のカプセルは、空のまま閉じる。この空のカプセルがプラセボとして使われることになる。8週間分のカプセルができたところで（4週分には実薬のカプセルが含まれ、残りの4週分はプラセボ対照薬のみ）、QRコードのついた8枚の封筒に別々に入れる。

このQRコードをスキャンすると、プロジェクトのITシステムに接続され、実験参加者に、どの封筒を残し、どの封筒を破棄するのか、また残した封筒をどの週に開封し摂取すべきか指示が届く。被験者の知らぬ間に、実薬グループとプラセボグループが形成されているという仕組みだ。

完璧な実験ではない。実験参加者が自分で用意した幻覚剤を私たちは検査できないため、正確な用量を把握していないからだ。参加者には特定の日に、アンケートに答える形で気分や経験を評価してもらった。

結果には驚かされた。4週間後、多くの調査研究で示されているように、マイクロドージング実験の参加者たちのウェルビーイングやマインドフルネスに関連する多くの心理的パラメーターに改善が見られた。だがそれは、実薬を摂取した参加者にも、プラセボを摂取した参加者にも当てはまり、2つのグループに差はなかったのだ。

このことは、マイクロドージングに対する期待は、実際のマイクロドージングと同程度の効果を持つこと、つまり強いプラセボ効果があることを示している。プラセボを服用した人の多くが、実験後にプラセボであったと聞かされてもまったく信じられないほど強力だったのだ。ある被験者からは次のようなメールを受け取った。「残りの封筒を確認したところ、確かに私は実験中ずっとプラセボを摂取していたようです。正直、かなり驚いています［中略］私は強力な『変性意識』体験を引き起こすことができたというのに、その理由は、マイクロドージングの可能性に対する期待だけだったというのですから」

マイクロドージングには肯定的な効果があるように思えるが、その効果は、プラセボ効果を上回るものではない。シゲティは、「研究開始時、私たちはマイクロドージングがプラセボよりも効果があることを証明して、ヒーローになることを思い描いていました。残念ながら、結果は期待外れ、正反対であることがわかりました」と振り返る。「マイクロドージング・コミュニティの人々もかなり落胆していました。研究結果を発表したときは、ヘイトメールが届いたぐらいです」

この研究を通して導かれた私たちの結論は次の通りだ。マイクロドージングには効果がある。ただし、薬そのものよりも、効果に対する人々の思いこみの方が重要である。

だからといって、マイクロドージングに価値がないというわけではない。多くの人が、科学的根拠がないにもかかわらず、ビタミン剤を摂取している。私たちはそれが健康のために良いと思っているし、そう思うことで、実際に恩恵を受けている。

研究室で実施されたプラセボ対照試験もあり、こちらはある程度肯定的な結果が得られている。同試験では、24人の被験者にラボ内でプラセボ、少量のマイクロドージング、高用量のマクロドージング、あるいはミディドージングでLSDを投与し、その後、気分と認知機能のテストを行っている。

その結果、ごく少量のマイクロドージングでも、気分や注意力の改善などの効果が認められた（注意力の改善が確認されたことから、同研究グループはその後、ＡＤＨＤをターゲットとした低用量ＬＳＤの研究を開始している）。

ミディドージングでは、気分に関連する指標、親近感、集中力においてプラセボを上回る改善が見られた。ただし、不安や混乱の項目に関しては悪化が報告されている。[28]

たとえ最小用量でも被験者が効果に気づいている以上、上述の投与量はどれもマイクロドージングに該当しないという議論もあろう。

現時点では、マイクロドージングに効果があることを示す確かなエビデンスは存在しない。その一方で、ラボ環境での長期的な研究は実施されていないものの、これまでのところ心配されるような悪影響も見られないようである。研究数があまりに少ない現状は、臨床試験においてまだ検証されていない変数が他にもたくさんあることを意味する。もしかしたらマイクロドージングが効果を発揮するには、これまでの研究で検証されてきた期間よりも長い時間がかかるのかもしれない。実生活の環境での実験では投与量も未知の要素である。通常、被験者が摂取する薬物を調べることはできないからだ。マイクロドージングは、うつ病などの既往症がある人だけに有効だということも考えられる。セロトニンが不足している場合、マイクロドージングでも十分にセロトニンの増強を図ることができる可能性も考えられる。[29]

オーストラリアのWoke Pharmaceuticals（ウォーク・ファーマシューティカルズ）社は、うつ病の治療に焦点を絞り、サイロシビンを定期的にマイクロドージングする初の臨床試験を開始している。２

50人を超える中等度のうつ病患者を募り、6週間にわたり、被験者の半数にはマイクロドージングを、残りの半数にはプラセボを投与する。投与量は、マイクロドージングの用量範囲の最大値が予定されている。[30]

子どもたちへの低用量の幻覚剤投与をどう考えるべきか

ブラジルのサント・ダイム教会とウニアン・ド・ベジタル教会(第2章で言及)では、踊りと詠唱に加え、毎週低用量のアヤワスカを飲むことが宗教儀式の一部となっている。儀式の役割は、コミュニティの団結を促すことである。これらの教会の儀式では通常、小児期後期の子どもたちにアヤワスカを提供し始める(もっと幼い子どもたちに提供されることもある)。調査によると、アヤワスカを飲んだ子どもたちに悪影響は観察されていない。むしろ、その逆かもしれない。儀式でアヤワスカを摂取するグループのティーンエイジャー約40人と、対照群となるティーンエイジャー約40人を比較したところ、言語能力や視覚能力、精神的柔軟性、記憶力などの認知能力に差は認められなかった。[31]だがアヤワスカを摂取する10代の若者たちは対照群と比べ、不安症、身体醜形障害、注意欠陥を示すスコアが低く、[32]飲酒量も少なく、直近でアルコールを摂取した割合も低かった。[33]

このことは、興味深い問題を提起している。思春期の若者には、通常の抗うつ薬が効きにくいことが知られている。低用量の幻覚剤が、メンタルヘルスの問題を抱える青少年の治療に有益である可能性はないだろうか。あるいは、ストレスや葛藤への対処の仕方を学ぶうえで、低用量の幻覚剤が役立つのではないだろうか。インペリアル・カレッジでは、これらの答えを探るための研究を今まさに開始しようとしているところだ。

第12章
MDMAの危険性は大幅に誇張されている

著者が薬物乱用諮問委員会委員長を罷免された理由

薬物乱用防止法がその役目を果たすためには、つまり人々の薬物の乱用を抑止するためには、科学的エビデンスに基づいた法整備が求められる。別の言い方をするならば、違法薬物の使用に対して科される罰は、その実害に比例したものでなければならない。（オーストラリアでは）現在、MDMAが医薬品として十分に安全であると認識されるようになり、米国やカナダでも間もなく同様の対応が取られようとしている。このことは、1990年代から2000年代にかけての英国政府やメディアによるエクスタシー（MDMA）の扱いが、科学的根拠を欠いていた事実を白日の下にさらす。

1990年代、私は薬物乱用諮問委員会（ACMD）のメンバーに選出され、英国政府の仕事にかかわるようになった。1971年に制定された薬物乱用防止法では、薬物を相対的な有害性に基づいてA、B、Cの3段階に分類すると定められ、その判断はACMDが行うこととされている。同法は、薬物に関する意思決定を政党政治から切り離し、近視眼的な党利党略が悪法の制定につながるリスクを最小化するよう設計されている。ＭＤＭＡは、ヘロインやコカインと並び、もっとも危険な薬物としてもっとも厳しい罰則の対象となるクラスＡに分類されていた。

報道機関は当時、薬物に対する強い反対姿勢、特に反エクスタシーを鮮明にしていた。記事では、エクスタシーは脳に永続的なダメージを与え、記憶障害やうつ病を引き起こすという主張が展開された。エクスタシーを摂取して死亡した人がいれば、マスコミはそれを漏らさず報じ、その描写はときにぞっとするほど細部にまでおよんだ。これらの死亡事故は実に痛ましいものであったが、その一方で、さまざまなバックグラウンドを持つ専門家——警察、医療関係者、科学者、一部の政治家、そして私——の間では、ＭＤＭＡにはクラスＡに分類されるほどの依存性もなければ有害性もないという点で合意が形成されようとしていた。

しかし、政府は明らかに、１００％エビデンスに基づいて薬物政策に関する意思決定をしようなどとは考えていなかった。特にＭＤＭＡとカンナビス〈大麻〉（後者については拙著『Cannabis〈カンナビス〉』を参照）については明白だった。英国政府は「麻薬戦争」政策に固執し、すべての違法薬物は危険である、禁止すれば薬物使用を抑止できる、薬物使用者は犯罪者である、というスタンスを取った。

私はこの時期、政治的な理由に基づいて薬物政策に関する意思決定を行う政治家の姿を何度も目撃することになった。たとえば、２００５年7月、麻薬吸引グッズを扱う店で乾燥マジックマッシュルームが販売されているという報道を受けて、当時のトニー・ブレア政権は議論を尽くすことなく性急に、マジックマッシュルームの分類をクラスＡに変更する法案を通過させた。

何千年もの間、何百万人もの人々がマジックマッシュルームを摂取してきたにもかかわらず、ネガティブな影響に関する報告がほとんど存在しないことを考えれば、これは非論理的な対応と言わざるを得ない。しかし労働党率いる政府は、自分たちが政権に就いたら断固たる措置を講ずると主張する保守党に対抗し、「麻薬に対して厳格」なイメージを打ち出すことで有権者からの支持を得ようとした。ACMDには、委員会設立の趣旨であるはずの「エビデンスを検討」する機会さえ与えられなかった。

下院科学技術特別委員会は、2006年の報告書『Drug classification: making a hash of it?（薬物分類：徹底見直し？）』[1]でACMDに対して、MDMAの薬物分類の根本的な見直しを、クラスBへの移行の可能性を視野に入れ提案した。その根拠の1つとして、「最近の統計によれば、2004年のエクスタシー使用者数はヘロインの約13・5倍に上るにもかかわらず、エクスタシーによる死亡件数はヘロインの約3％であった」ことが挙げられている。

数回にわたるACMD会議を通して委員会のメンバーは、MDMAを含むもっとも一般的に使用されている薬物の害に関する、初のエビデンスベースの評価を作成した。それぞれの薬物を順に取り上げ、一貫した方法論で有害性をスコア化していった。私たちはこの分析を、「Development of a rational scale to assess the harm of drugs of potential misuse（乱用の可能性のある薬物の有害性を評価するための合理的な尺度の開発）」と題する論文にまとめ、『ランセット』誌で発表した。同尺度に基づけば、エクスタシーのクラスAへの分類は、その害を適切に反映したものでないことは明らかだった。それどころか、エクスタシーよりも有害性の低いドラッグは、亜硝酸エステル類〔亜硝酸アミル、またはポッパー〕とカート〔覚醒作用を持つ植物。葉に覚醒作用をもたらすカチノンが含まれる〕しかなかったのだ。[2]

ＡＣＭＤは２００８年にエクスタシーに関する報告書[3]を発表し、多くの提言を行った。政府はそのほとんどを受け入れたが、鍵となる２つの提言は却下された。１つは、薬物被害の低減と傾向のモニタリングを目的として、全国的な検査スキームを確立すること。もう１つは、有害性が比較的低いという特性を考慮し、ＭＤＭＡをクラスＡからクラスＢに分類し直すことであった。委員会が検証を重ねてきたあらゆる研究や統計、幅広い専門家から集めた意見を前にしても、ジャッキー・スミス内務大臣はこれらの提案に対する支持を拒否した。

私は、以前にも増して率直に、政府の薬物政策に対する批判を公言するようになった。この頃までに私は、ＡＣＭＤの活動に10年間、携わっていた（ＡＣＭＤは本来、薬物関連法規制の意思決定の土台となるエビデンスを精査し、提示するための委員会である）。だが、それまでの業績もすべて、水泡に帰そうとしていた。

科学者の視点からこのことがどう見えるか、考えてみてほしい。科学が依拠する基本原則は、証拠（あるいは真実）に基づき決定をくだすことだ。ところがこのとき、政府は、保守寄りのメディアに迎合し、実際には被害を深刻化させている政策を取り、それをとがめられることもなかった。被害を悪化させる例を１つ挙げるなら、ある物質が禁止されると、人々は新たな、しばしばより強力で危険性の高い合法的な代替品を作ることで法律の回避を試みる。

私は、エクスタシーならぬ「エクアシー」[4]という名の架空の依存症を創作し、考察記事を書いてみた。ちなみに、エクアシーとは、乗馬依存症（equine addiction syndrome）を意味する私の造語である。私の患者の１人が落馬し、不可逆的な脳障害を負ったことから、乗馬とはどれほど危険なスポーツなのだろうかと調査してみたのだ。その結果、乗馬は想像していた以上に危ないこと、障害物の飛越がとりわけ危険であることがわかった。

記事の意図は、乗馬よりもエクスタシーを摂取するべきだと勧めることではない。馬は危険だから乗らない方がいいと言うつもりもない。エクスタシーが有害ではないなどとも書いていない。そうではなく、薬物の危険の大きさを私たちの日々の生活に潜む危険の大きさと比べることで、人々が薬物の相対的な害について賢明な決定をくだせるようにしたかったのだ。[5]

だが、政府にとっては許容しがたいものだった。内務大臣から電話がかかってきたかと思うと、合法的な活動と非合法的な活動をこのような形で比較するのは、ＡＣＭＤ委員長としての立場を逸脱している、と怒鳴られた。乗馬は若者が好む活動の1つであり危険でもあるので、いい比較対象だと思うのだが、と説明を試みた。メディアの影響により国民は、ことのほかエクスタシーの害を実際よりも大きくとらえがちだ。だが大臣は聞く耳を持たなかった。私をおおやけに批判することで、議員歳費の不正使用に対する自分への注目をかわせると考えたのかもしれない。[6][7]

私は刑事司法研究センターで、「薬物の有害性の推定：リスキーなビジネス」をテーマに講演を行い、合法および非合法薬物の両方がもたらす害を分類する新たな方法に対する理解と協力を求めた。その際、『ランセット』誌に発表した方法論に基づけば、ヘロイン、コカイン、バルビツール酸系薬剤、メサドンに次いで、アルコールが5番目に有害であることを説明した。ちなみに、タバコは9番目だ。カンナビス、ＬＳＤ、エクスタシーも有害ではあるが、それぞれ11位、14位、18位とその危険度はずっと低い。

私はまた、恐怖を植えつけるだけでは、薬物やその他の有害な活動を試したがる青少年を制止することはできない事実を受け入れるべきだとも述べた。政府の仕事は若者を危険から守ることであり、若者が聞き入れるのは、信頼できる正確な情報だけであるということも話した。そして、以下のように言明した。「私たちは、彼らに真実を伝えなければなりません……薬物の有害性が正確に反映された分類をともなう、完全に科学的根拠に基づいた薬物乱用防止法は、強力な教育ツールになると考えます」[8]

だが、新たに内務大臣に就任したアラン・ジョンソンが首を縦に振ることはなかった。彼は私のスピーチを政府方針への反対意見の表明と見なし、私に辞任を求め、その後、私の更迭を決めた。彼は『ガーディアン』紙への寄稿で次のように書いている。「政府のアドバイザーであると同時に、政府の政策に反対する運動家であることは認められません。それが罷免の理由です。これは長い伝統を持つ、広く理解が得られた原則なのです」[9]

幻覚剤の有害度はアルコールよりずっと低い

委員会を追放された後も、私は著名な専門家グループとともに薬物の真の危険性の測定作業を続け、公益を目的とした団体「ドラッグ・サイエンス」を立ち上げた。2010年、私たちは、非常に複雑な分野の分析のために設計された多基準決定分析（ＭＣＤＡ）と呼ばれる手法を用いて、より洗練された薬物の有害性分析を発表した。依存性、健康被害、犯罪、経済的損失、環境被害など、本人および他者に対する16項目におよぶ有害性すべてに関して専門家の見解をＭＣＤＡの変数として取りこみ、薬物ごとに明確な有害性スコアを算出した。[10]

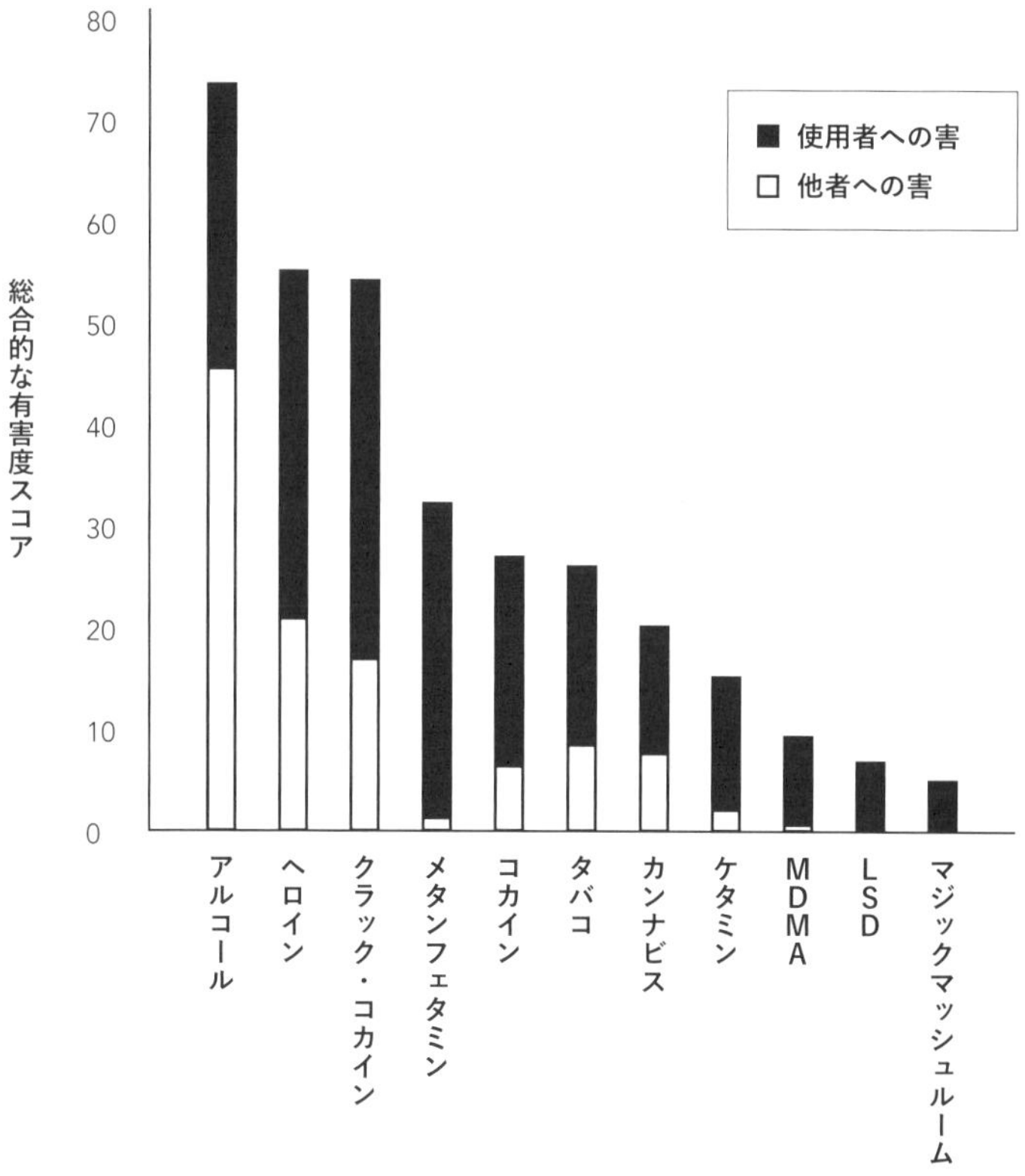

図13＿総合的な有害度スコアに基づく薬物の比較

出典：Adapted from Nutt DJ, King LA, Phillips LD, 2010, Drug harms in the UK: a multicriteria decision analysis, *LANCET*, Vol: 376, Pages: 1558-1565, ISSN: 0140-6736

図13のグラフから読み取れるように、使用者本人と社会の両方に与える害を考慮したならば、全体としてアルコールの有害性が突出している。使用者に対する害のみに注目すると（棒グラフの上部、色つき部分）、クラック・コカインがもっとも有害で、メタンフェタミン、ヘロインがそれに続く。

本書で言及してきた、ケタミン、マジックマッシュルーム、ＬＳＤ、エクスタシー（ＭＤＭＡ）などの幻覚剤および幻覚剤類似薬物は、他者に与える害も、使用者本人へおよぼす害もかなり小さいという結果が得られた。特に、ＬＳＤとマジックマッシュルームは、どちらの危険性も極めて低いことがわかった。

本章の残りの部分では、ＭＤＭＡと他の幻覚剤のリスクについて深く掘り下げていきたい（第13章で取り上げる依存性は除く）。読み進めるにあたり、有害性に関する研究のほとんどは違法性が問われる状況で使用された薬物に関するものであること、また適切に管理された臨床試験や医療現場で使用される薬物は、クラブや野外フェスなどで摂取される非合法薬物とは比較にならないほど安全であることを覚えておいてほしい。臨床試験では、純粋な化合物を安全が保証された用量のみ使用し、患者や実験参加者が薬物の服用に適することを確認し、生じ得る作用について事前に説明を行い、少なくとも1名、通常は2名のセラピストが同席する場で薬物を投与し、その後、患者が自身の経験を統合できるように手助けする。

その他の薬物リスク評価方法

薬物の危険性を検証する別の方法は、「暴露マージン（ＭＯＥ）」と呼ばれる評価基準で、これは過剰摂取を引き起こすレベルと、人々が通常摂取または服用する量との間の比率を示す。この手法はたとえば、食品に含まれる発がん性物質の量に関するリスクを計算するのに使われている。カンナビスのMOEは数百倍であり、これは過剰摂取がまず起こらないことを意味する。それに対して、ヘロインは平均用量の2倍の量で死に至る可能性がある。MDMAは約10倍、比較するならばコカインは約2倍となっている。[11]

さらに別のリスク評価方法に、毒性の程度を致死量で示す指標がある。これは特定の薬物によって引き起こされた死亡の絶対数を、その薬物が消費された量で割ったもので、処方薬の相対的なリスクを示すためによく使われる。

この評価基準では、ヘロインのリスクがもっとも高く、その危険性はケタミンやMDMAのほぼ30倍に達する。[12]

MDMA摂取後の死亡事故の原因

英国で今なお人々の記憶に残る最初のMDMA関連死はおそらく、1995年のリア・ベッツの死亡事故であろう。ベッツは、18歳の誕生日の5日後に病院で亡くなった。彼女は自宅で数人の友人たちと、1錠のエクスタシーを摂取したという。両親は、死の直前に撮影された、病院のベッドで生命維持装置につながれて横たわる娘の写真を公開した。その写真は、反薬物キャンペーンのポスターや、学校での薬物乱用防止のための教育プログラムに使われた。この当時のティーンエイジャー世代は、「one pill can kill（1錠でも命取り）」というスローガンを繰り返し聞くことになった。

ロンドン西部の病院の救急科に勤務する毒物学者で、ＭＤＭＡ研究のパイオニアでもあるジョン・ヘンリー博士が、リア・ベッツの検視審問で検案報告書を提出している。１９９０年代初頭、ＭＤＭＡ関連の入院患者の治療にあたっていたヘンリーは、それまで健康だった若者たちが、この新しいクラブ・ドラッグによって死亡する理由について考察し、論文を発表した。その論文でヘンリーは、ＭＤＭＡに関連する複雑な主要因を特定している。それは、高体温、脱水症状、腎機能低下であった。

リア・ベッツが死亡した当時、クラブの客は、体温が上がりすぎないように、休憩を取り、水分補給を怠らないように、と警告を受けていた。ところが、ヘンリーが検視審問に提出した証拠によれば、リアの死因は不純物の混じった粗悪な錠剤を摂取したためでも、薬物そのものの毒性反応でもなく、脱水症状でもなく、むしろ水を飲み過ぎたこと、つまり低ナトリウム血症のせいだった（水中毒と呼ばれる状態）。彼女は熱気溢れるクラブでエクスタシーを摂取したわけでもないのに、90分の間に7リットルの水を飲んだのだ。危険性を軽減するためのアドバイスに従った結果、最悪の事態を招いてしまった悲劇的なケースである。彼女の死後、ＭＤＭＡを使用する人々に向けて作成されたリスク軽減のためのアドバイスに、水分不足のみならず水分の過剰摂取がもたらす危険性に注意を促す項目が追加された。

錠剤のＭＤＭＡ含有量が増大し死亡率も上昇

ＭＤＭＡはもともと、白色の錠剤として販売されていた。その後、２０００年代半ばになると、より高純度、高価格な「プレミアム」製品として、結晶状のMDMAが市場に出回るようになった。[13]
タイでMDMAの主要原料である天然物サフロールの生産取り締まりが強化されたことから、2008年から2010年にかけて世界はMDMA不足に陥った。もちろん麻薬生産者がそれぐらいで諦めるわけはなく、ほどなくして、サフロールを必要としない、より安価な合成薬物の製造プロセスが開発された。形も色も新たに、ブランド名まで与えられた新錠剤は、MDMAの含有量も高められた。一部の錠剤はMDMAを最大477ミリグラム含んでいたが、これは成人の用量の4倍に相当する。それにともない、英国ではMDMA関連の死亡率も上昇し、2010年の8件から2018年には92件へと増加した（現在は減少傾向にあるものの、2019年に78件、2021年には67件と、依然として高い水準で推移している）。[14]
これらの死亡例の多くは、ティーンエイジャーでMDMAの経験が比較的少ない、またはMDMAへの耐性が比較的低い人たちであり、彼らはMDMAの保水作用の影響も受けやすく、水中毒になりやすいと見られている。

MDMAは脳にダメージを与えるという主張の信憑性

米国では、1985年にMDMAが禁止された。それ以降、MDMAの研究に資金が提供されるのは唯一、その有害性を調べる場合に限られた。それらの研究の大半は、脳に焦点が当てられている。娯楽目的の用量のMDMA摂取によってヒトの脳にダメージが生じることを示す証拠が得られれば、禁止措置の正当化につながり、MDMAの使用から人々を遠ざけることができるという発想である。

MDMAを使用すると、大量のセロトニンが一気に放出される。これがMDMAを摂取すると気分が良くなる理由の1つだ。正常な脳では、神経インパルス（電気信号）がセロトニンの放出を刺激し、セロトニンはシナプスを通して隣のニューロンの受容体に伝達される。セロトニンはその後、トランスポーター（シナプス間隙で神経伝達物質の輸送を行うタンパク質）によって再び取り込まれ、再利用される。ところが、MDMAを摂取すると、セロトニンの放出が増加するのみならず、トランスポーターによる再取り込みが減少する。

反MDMA研究が注力したのは、主に次の2分野であった。1つは、MDMAが認知機能に与えるダメージを明らかにしようとするもので、たとえば、学習能力や記憶能力といった実行機能の障害である。もう1つは、MDMAがセロトニン系にダメージを与え、うつ病を引き起こす可能性の証明であった。

MDMAの禁止後も、米国ではMDMA使用者の数が増加していた。たとえば2001年7月にニューヨーク警察が100万錠のエクスタシーを押収しているが、1度にこれだけの量が差し押さえられたことは過去に例がなかった[15]。その年、米国の量刑委員会は、エクスタシーについても新たに、極めて厳しい量刑ガイドラインを適用すると決定した。

米国では、違法薬物に関連する犯罪の量刑は「マリファナとの同等性」を指針としている。それまでエクスタシー1グラムに科される量刑は、マリファナ35グラムの刑の重さに相当した。2001年、エクスタシーに対する刑罰は14倍に引き上げられ、エクスタシー1グラムに対し、マリファナ500グラムと同じ量刑が科されることになったのである（ちなみに、コカイン1グラムはマリファナ200グラム、ヘロイン1グラムはマリファナ1000グラムの量刑に相当する）。この厳罰化の主な理由の1つは、MDMAには神経毒性があるという研究結果が上乗せされたことであった[16]。

ＭＤＭＡに不利に働くエビデンスとなった研究論文の主要著者の１人が、ジョンズ・ホプキンス大学医学部のジョージ・リコート教授である。著名な神経病理学者であるリコートは、精神科医である妻のウナ・マッキャン教授とともに、ＭＤＭＡが脳に与え得る害に関心を持ち、米国政府から資金援助を受けて研究を実施した。

広く参照されることになる、ヒトを対象としたマッキャンの１９９８年の実験[17]では、陽電子放射断層撮影法（ＰＥＴ）イメージング技術を用いて、14人のＭＤＭＡユーザーと、対照群となる非ユーザー15人の脳を調べ、セロトニンを輸送するタンパク質〔セロトニン・トランスポーター〕を比較した。その結果、ＭＤＭＡ使用者では、トランスポーターの結合に減少が見られたと報告されている。なおＭＤＭＡグループの被験者は、ＭＤＭＡを70～４００回摂取した経験を持っていた。

しかし、ＭＤＭＡ使用者のうち、トランスポーターの結合に関する数値が比較対照群の範囲外であったのは１名のみであった。ちなみにこの被験者は、１５０回以上ＭＤＭＡを摂取した経験を持っていた。また、対照群でトランスポーターの結合度合いがもっとも低い被験者は、ＭＤＭＡグループの１人を除き、全被験者の最低値であった。

言い換えれば、ＭＤＭＡの使用によってトランスポーターの結合が減少したとしても、減少後の値が基準範囲から外れることはなかったのである。さらに、摂取量との相関関係も認められず、数名の被験者は、１２５０ミリグラムという想像を絶する高用量を摂取したと申告している。ＭＤＭＡがヒトのセロトニン系にダメージを与えるという論文著者の主張は証明されていない。

リコートの２００２年の研究では、ＭＤＭＡが脳にダメージを与える可能性を調べるべく、動物モデルを用いた非臨床（前臨床）試験を行った。エクスタシー摂取をともなう夜遊びで、脳に何が起こるのかを解明することを目的としていた。実験では、大音量の音楽（ロックバンド、ザ・ポーグスの音楽だったという裏話を耳にしたことがある）とまぶしい照明の中、サルに薬物を与えた。
実験結果からは、娯楽目的で一晩MDMAを使用しただけで、ドーパミン系にダメージを与え、パーキンソン病のリスクを高める可能性が示唆された。[18]
この結果が発表されたとき、米国国立薬物乱用研究所の元長官で、高名な神経科学者でもあるアラン・レシュナーは、「エクスタシーの使用は、自分の脳機能でロシアンルーレットをするようなもの」と発言している。[19]
問題は、『サイエンス』誌に掲載された同論文に現実との整合性がなかったことだ。何百万人もの人々が何年もMDMAを使用しており、その一部は、大音量の音楽が鳴り響く環境で薬物を摂取していたにもかかわらず、パーキンソン病の症例は1件も見られなかった。データが疑問視されるようになり、数カ月後、論文は撤回された。
後に薬瓶のラベルに手違いがあり、実験で投与されたのがMDMAではなくメタンフェタミンだったことが判明した。メタンフェタミンは、ヒトを含むすべての動物種でドーパミン系に毒性作用をおよぼすことが、当時から既によく知られていた。[20]

米国のMDMA規制は非合理だと断じた裁判

2010年、人権擁護団体米国自由人権協会（ACLU）が米国政府を相手に訴訟を起こし、2日間にわたる審理を通し、MDMAに科される重い量刑に対して異議を唱えた。事の始まりは、70錠のMDMA錠剤を所持していたショーン・マッカーシーという男が逮捕され、5年から6年の懲役判決を受けたことだった。

法廷での議論の中心は、MDMAに(i)神経毒性、(ii)幻覚作用、(iii)依存性があるか否かであった。まさに、MDMAに厳格な量刑ガイドラインが適用された根拠が問い直されることになったのだ。

ユニバーシティ・カレッジ・ロンドン（UCL）の臨床精神薬理学ユニットの創設者であり、ディレクターを務めるヴァル・カラン教授は、ACLUの主張を支持する議論を展開した。彼女は、MDMAは精神刺激作用を持つ一方で、幻覚作用を持つ薬物ではなく、依存の可能性はほとんどなく、神経毒性があるとしたエビデンスには欠陥があり、まだ結論は出ていないと述べた。

カランはまた、MDMAにより誘発される神経毒性に関する動物実験は、ヒトによるエクスタシーの典型的な使用パターンを反映していないと指摘した。[21] 彼女の説明は次の通りだ。初期の動物実験では、リスザルに、体重1キログラムあたり5ミリグラムのMDMAを4日間注射している。ラットを用いた実験でも、同様の量が投与されている。これを平均的な体重75キログラムのヒトに当てはめると、1日あたり375ミリグラムという高用量になる。MDMAユーザーの大半が、ひと月の間に1ないし2回、80〜120ミリグラムを経口摂取することを考えれば、これがいかに高用量であるかがわかる（80〜120ミリグラムを2、3回投与するMDMA支援療法と比べてもはるかに多い）。

カランはさらに、ヒトを対象とした研究では、どの作用がMDMAに由来するのかを見極めるのが難しいと主張した。それまでの研究では、MDMA摂取以前に、被験者のセロトニンマーカー、認知機能、衝動性、メンタルヘルスにばらつきがある可能性が考慮されていなかった。加えて、違法に入手した錠剤には、他の精神作用薬物を含む汚染物質が混入している可能性も排除できない。実際、MDMAをアルコールやカンナビス、他の薬物と混ぜて使用する者も多い。おまけにパーティやレイヴでＭＤＭＡを使用するケースでは、夜間にＭＤＭＡを摂取し、その後、薬物の精神刺激作用で夜通し起きていることになる。睡眠不足のせいもあり、翌日の認知機能の測定で、最高のパフォーマンスが発揮されることは期待できない。そして最後に、錠剤に含まれるＭＤＭＡの量は種々さまざまであり、使用者の報告に基づく調査では正確性が担保できない。

教授はさらに、ヒトの脳への影響を調べた研究に関しては、変化の度合いは小さく、人々の認知機能に違いをもたらすほどではないと述べた。またＭＤＭＡの使用を止めた場合、時間の経過とともに、どのような影響も好転するよう見受けられる、とも述べている。

カランが提示したエビデンスには説得力があった。ウィリアム・Ｈ・ポーリー3世判事は、量刑を60％引き下げ、ＭＤＭＡ1グラムあたりマリファナ500グラムではなく、（コカインと同じく）マリファナ200グラムに相当する量刑が適切であるとの裁定をくだした。[22][23]

判事は続けて、2001年のＭＤＭＡに対する量刑の引き上げは、科学的エビデンスの歪曲された、恣意的な選択を反映したものであったと結論づけた。実際彼は、事実を「ご都合主義的に漁った」として、2001年の米国量刑委員会を批判し、同委員会の分析は「選択的で不完全」であったとの結論を導くとともに、コカインと異なりエクスタシーは、「もっとも依存性の低い薬物の1つ」であることにも言及した。[24]

ＭＤＭＡが抑うつ気分をもたらすというのは本当か

ＭＤＭＡ影響下でセロトニンを大量放出した脳は、即座にその貯蔵量を補充することができず、補充に数日かかることもある。[25]いわゆる「火曜日の憂鬱」（週末に薬剤を使用後、その反動で火曜日に憂鬱な気分になることから名づけられた」は、おそらく薬の影響によるセロトニン不足、夜を徹して踊り続けたことによる疲労、睡眠不足、栄養不足、脱水症状が重なった結果であろう。

より大きな疑問は、MDMAを繰り返し摂取することが、持続的な気分の落ちこみやうつ病につながるかという点だ。エクスタシーの使用者は、抑うつ症状を報告する割合が高い。気分の低下、抑うつ、神経過敏、不安が何カ月も続くことを示したエビデンスもある。[26]

陽電子放射断層撮影（PET）スキャナーを活用し、異なるトレーサー（放射性標識。特定の物質や薬物、そして変化を追跡するために添加される、目印となる物質）を用いて、MDMAを摂取することで起こり得るセロトニン系の変化を調べた研究がいくつかある。セロトニン・トランスポーターの減少が確認されたものもあれば、一部のセロトニン受容体に増加や減少が観察された研究もある。いずれの発見も、セロトニン値の減少に対する、脳によるセロトニン補償作用である可能性がある。MDMAユーザーでは、脳への影響と摂取用量との間には関連があるように見られ、使用量が多いほどトランスポーターのレベルが低くなっている。[27][28][29]

ただし、この種のセロトニン脳画像研究では、エクスタシーを平均より多く使用している人の脳を測定する傾向がある。アダム・ウィンストック教授は、研究参加者のエクスタシー摂取量と、「Global Drug Survey（グローバル薬物アンケート調査）」の回答者が報告した摂取量とを相互参照している。同教授によれば、研究参加者の薬物使用は、量、頻度ともに、使用者全体の上位5〜10％に入るという。実際、平均を比較すると、研究参加者は1年間でグローバル薬物アンケート調査回答者の7倍の錠剤を摂取している。[30]

最近の非臨床モデル研究では、ヒトが使用する量に合わせてMDMAの投与量を調整したところ、有意な神経毒性を示す証拠は得られなかった。[31] その理由の1つは、メタンフェタミンや他の精神刺激薬とは異なり、MDMAはドーパミンよりもセロトニンの放出を促し、これが脳や心臓の保護につながっているためと考えられる。

MDMAユーザーを対象とした脳画像研究のメタ分析では、トランスポーターの値は時間の経過とともに対照群と同程度に戻ることが示唆されている。[32]

持続的な抑うつ気分をもたらす作用があるか否かは、まだ解明されていない。しかし、医薬品として使用される限り、MDMAにその可能性はないと考えられる。BIMA研究（第7章を参照）で私たちはこの点を詳しく調べているが、MDMA摂取後の被験者に持続的な気分の低下が現れた証拠は認められなかった。同研究の被験者は、アルコール依存症患者グループであり、潜在的に脆弱であったことを付け加えておく。[33]

MDMAが脳に与え得る影響を探るもう1つの方法に、睡眠の質の測定がある。これは、ロビン・カーハート＝ハリス教授が、ブリストル大学で私と行った最初の研究であり、博士号取得のための研究テーマとなった。

セロトニンは、睡眠中の夢を見るフェーズ（レム睡眠）の発現を遅らせる作用がある。そのため、セロトニンが枯渇すると、夜の早いうちに夢を見ることになる。セロトニン値がほんのわずか低下するだけで、夢を見るまでの時間が短縮されるため、脳内のセロトニンの働きを調べるうえで、もっとも精度の高い測定法の1つと言えよう。

同研究では、エクスタシー使用者（エクスタシーを150錠以上摂取した経験を持つ）と、非使用者（摂取経験ゼロ）とを比較した。基準となるのは、彼らの平時の睡眠である。測定の結果、エクスタシー使用者と非使用者の間で、夢を見るフェーズが現れるタイミングに差は確認されなかった。つまり、エクスタシー使用者の脳内のセロトニンは不足していないことが示唆されたのである。

私たちは続いて、被験者のトリプトファン〔セロトニンはトリプトファンから合成される〕を欠乏させることで、脳内のセロトニン量を低下させた。これは標準的な手法で、食事を調整することで、アミノ酸であるトリプトファンの濃度を下げることができる。トリプトファン濃度の低下にともない、脳内のセロトニン生成量が減少するため、夜間睡眠時、夢を見るタイミングが早まる。

MDMAが使用者のセロトニン系にダメージを与えているのであれば、セロトニンを枯渇させることの影響はより大きなものになるだろうと、私たちは推論した。だが、そうはならなかった。トリプトファンの欠乏は、どちらのグループにも同じ影響をもたらした。本研究から導き出された全体的な結論は、「MDMAは脳内のセロトニン機能に変化をもたらさないと考えられる」であった。[34]

米国の学術ジャーナルにこの研究論文の掲載を依頼したところ、編集者に諦めろと諭された。米国の論文査読者は、MDMAが脳に害を与えないと主張する論文を容認することはないだろうと言うのだ！　これが、2009年当時のMDMAに対する典型的な姿勢であった。

MDMAは認知機能を破壊するとの主張に根拠なし

MDMAが認知機能に悪影響を与えるという1990年代に展開された主張は、後の研究による反証に耐えられなかったか、今でも証明されていないか、再現されていない。

2019年のレビュー論文では、MDMAがそれまで糾弾されてきたように神経毒性を有するのかを明らかにする目的で、公衆衛生分野で広く使われている強力な評価手法であるブラッドフォードヒル基準を用いて疫学研究のエビデンスを評価している。結果は、ヴァル・カラン教授の主張を裏づけるものであった。そのうえで、次の点についても指摘がなされている。まず、対象となった研究ではライトユーザーとヘビーユーザーが適切に区別されていないこと、加えて「ほとんどのメタ分析では、エクスタシーの使用者と対照群との間に臨床的に関連する差異は認められなかった」こと、最後に「本研究分野には出版バイアス〔肯定的な結果ばかりが論文として発表され、否定的結果の場合は出版されないことが多いというバイアス〕の存在を示す一貫した証拠がある」ことである。[35]

もし1つ、幾ばくかのエビデンスがあるとすれば、それはMDMAが記憶に与える作用だ。しかし、これについても影響は極めて小さい。また記憶への微少な影響は、MDMAに限られたものではなく、娯楽目的での薬物使用全般にある。

2007年の研究では被験者を、エクスタシーの現役ユーザー、元ユーザー〔断薬期間1年以上〕、多剤ユーザー、使用経験なし、の4グループに分け、記憶と学習能力を調べている。その結果、現役ユーザー〔エクスタシー単独、多剤併用の両方〕では、言語学習と記憶に若干の低下が見られたが、元ユーザーには観察されなかった。[36]

オランダで行われた別の研究では、将来MDMAを使用する可能性のある若者グループを対象に、行動テストと神経画像検査を実施している。その後、被験者の一部がエクスタシーを経験した時点で、約60人のMDMA使用グループを、条件を揃えた非使用グループと比較した。大半のユーザーの使用経験は浅く、平均3・2錠、中央値は1・5錠であった。記憶に関する課題では、MDMAユーザーは、摂取前は30点満点中29・95点、使用経験後の追跡調査では29・66点となった。対照群のスコアは、29・88点で、2回目のテストでは29・93点であった。

両グループのスコアは、驚くほど僅差であった。単語の記憶では、非使用者グループが15個中ほぼ15個の単語を覚えていたのに対し、MDMAユーザーは14・5であり、単語0・5個分の差にとどまっている。しかしあえて有意差を見つけようというのか、論文執筆者たちは新しい評価法を考案した。「散発的にエクスタシーを使用したグループのパフォーマンスは依然として基準範囲内であり、観察された機能障害の臨床上の直接的な関連性は限定的であるが、長期的な悪影響を排除することはできない」と言うのである。[37]

現在では、MDMAの神経毒性の可能性は、以前ほど懸念されていない。また、MDMAの使用を止めると、脳や記憶への影響は時間の経過とともに好転するようである。セロトニンの減少に起因すると思われる、うつ病のような障害の発症例が大量に報告されたこともない。それどころか、MDMAがPTSD患者の回復に役立つ理由の1つが、神経可塑性のプロセスを通じた脳の治癒であることを示すエビデンスが蓄積されつつある（第5章を参照）。

MDMAは安全性を確認する臨床試験を経ている

医薬品として承認されるために、MDMAは長く続く一連の臨床試験を経て、各段階で広範かつ詳細な審査を受けてきた。医薬品としてのMDMAは、街角で売られているエクスタシーとは別物である。後者はほとんどの場合、いったい何が含まれているのか保証することさえできない。

全体として見れば、毎日服用するSSRIなどとは異なり、MDMAは定期的に服用する薬としては適さないことがエビデンスから示唆されている。しかし、セラピーの一環として限られた回数のみ投与され、注意深く用量が漸増され、他の薬物を併用摂取していないならば、MDMAは安全であることが科学的証拠により裏づけられているのである。

エクスタシーを摂取するリスクを整理する

エクスタシーの形で〈ストリートドラッグ、パーティドラッグとして〉MDMAを摂取した場合、1000人に1人の割合で何らかの副作用が生じる。[38] 摂取する用量が多いほど、また複数の薬物を混合することで、リスクは高まる。オーストラリアでは、2000年から2018年までに、MDMAに関連する死亡事故が329件報告されている。そのうちの約半数は、他の薬物と一緒に摂取したことによるもので、38%はその他の要因(主に交通事故)であり、MDMAの毒性が直接的な原因となったものは14%のみであった。なお、MDMAの毒性だけを理由に死亡した人々は、他の薬物と一緒に摂取して死亡した人々に比べ、MDMAの血中濃度がはるかに高かった。[39]

こちらもオーストラリアでの数字だが、MDMAユーザーの0・6%が病院の救急外来を受診している。「これらの入院の多くは、ユーザーが水分補給の重要性や安全な用量、薬物を混合することの危険性について理解していたならば避けられたはずです」とウィンストックは述べている。[40]

高含有量錠剤の使用

エクスタシーが初めて登場した当時、平均的なMDMA含有量は1錠あたり40ミリグラムであった。その後、含有量は増加していく。2009年には、140ミリグラム以上のMDMAを含む錠剤は、全体のわずか3％であったのに対し、２０１５年には53％を占めるようになった。２０１８年には、72％の錠剤に１５０ミリグラム以上のＭＤＭＡが含まれていた。一部の「スーパー錠剤」には、２７０〜３４０ミリグラムのＭＤＭＡが含有されており、これは一般的な成人の用量の最大4倍に相当する。[41]

２０２２年、平均的な錠剤の強さは１６７ミリグラムだったが、一部には２８０ミリグラムのＭＤＭＡを含むものもあった。[42]

ウィンストックは２０１６年に次のように述べている。「そのような用量を一度に使用したら、ほとんどの人は本当に不快な思いをすることになるでしょう。効果が強すぎ、嘔吐したり、混乱したり、幻覚を見ることになりかねません」

袋に入れられ、グラム単位で購入できる粉末や結晶状のＭＤＭＡを摂取する人も増えてきている。この場合、摂取量の判断が非常に難しい。袋丸ごとの使用は、間違いなく過剰摂取である。

もっともリスクが高いのは、初めて薬物を使用する10代の若者、特に若い女性だ。「ＭＤＭＡ関連の死亡のほとんどは、ＭＤＭＡの服用とは関係ありません。例外は、初めてＭＤＭＡを使用する人々、特に10代の若者です。青年期の若者と、高用量の使用には本質的に危険な何かが存在するのです。若者は、まだ薬物の使用方法を熟知していません。高体温になりやすく、水分の補給が足りなかったり、他のものと混ぜて摂取したりすることも考えられます。高用量摂取と経験の浅さは、実にまずいカクテル（組み合わせ）なのです」[43]

複数種の薬物を混合して摂取する

ある研究によると、MDMA関連の死亡例のうち、MDMAの摂取だけに直接的な原因があるのは、7件に1件の割合にとどまる。[44]

粗悪な薬物の摂取

「The Loop（ザ・ループ）」という、薬物関連の被害軽減をミッションとして音楽フェスなどの会場で薬物チェックサービスを展開する慈善団体がある。同団体によると、2021年の野外フェスのシーズン中、エクスタシーとして粗悪品が販売されるケースが大幅に増加したという。それらは実際には、たとえば、カフェインや、カチノンと呼ばれる精神刺激薬で、その一部は不眠や不安を引き起こすことが知られている。2022年のシーズンでは、粗悪品の割合はパンデミック以前の水準に戻り、MDMAを名乗りながらMDMAが含まれていない製品は11%であった。[45]

人々の命を救う薬物鑑定

娯楽目的で薬物を使用する人々の命を奪う2つの主な問題——偶発的な中毒と過剰摂取——は、どちらも薬物の鑑定サービスによって防ぐことができる。鑑定は、人々がテスト済みの薬物を手にできるという点だけでなく、市場に出回っている粗悪品や強度のばらつきをテストするうえでも効果的だ。これらの情報は、一般に共有されることになる。

このような鑑定サービスは、1960年代からオランダで行われていたが、近年、オーストラレーシア地域（オーストラリアやニュージーランド、ニューギニア、その近海の諸島が含まれる）、北米、南米にも広がっている。世界では、現在30を超えるＮＧＯが同様のサービスを提供している。ニュージーランド政府は最近、これらの活動を行う組織に対するライセンス制度を構築した。このアイデアはグローバルに展開できるのではないだろうか。

英国の主要団体は、ザ・ループである。しかし、フェスの主催者は多くの場合、このサービスの提供と警察や土地所有者からの許可取得にまつわる法的関係が不明確であることを理由に、これらのサービスを利用しようとしない。彼らは、イベント参加者が被る被害を軽減することよりも、法的責任を問われるリスクを回避するという、誤った判断をする傾向があるのだ。

ザ・ループは、無料かつ匿名、中立的なサービスを提供している。30人の化学者を含むスタッフが移動式のラボで対応し、鑑定に要する時間は約1時間だ。チームには、医師、看護師、薬剤師、精神科医、ソーシャルワーカー、薬物乱用の専門家などがおり、幅広いアドバイスを提供できる。

音楽フェス「シークレット・ガーデン・パーティ」の創設者兼オーナーのフレディ・フェローズは、ザ・ループについて次のように述べている。「シークレット・ガーデン・パーティを運営してきたこの15年間で、ドラッグ被害の軽減に唯一建設的な進展をもたらしました。同サービスは、緊急入院の数を減らし、命にかかわる可能性のある偶発事故を防いできました。当局の全関係者は、このようなタイプの、開催に許可が求められるすべての音楽イベントの法的要件に、今なお薬物鑑定サービスの提供が含まれていないという事実に対して、答えを出すことを求められています」[46]

英国の3つの音楽フェスで薬物鑑定サービスを実施したザ・ループの調査報告によると、2017年には、薬物が期待していたものではなかったことを知った購入者の半数以上が、その物質を廃棄したという。[47]

MDMAが命取りとなるのはどのようなときか

□心拍数と血圧の上昇

ＭＤＭＡは心拍数と血圧を上昇させるため、心臓疾患を持つ人々を危険にさらす。高血圧や心臓に疾患を持つ人々が、ＭＤＭＡを用いた臨床試験に参加できないのもそのためである。

□高熱と高体温

ＭＤＭＡは、体温の調節機能を担う脳領域である視床下部を刺激するため、高体温となるリスクがある。熱気のこもった屋内環境などで長時間踊り続けると、そのリスクはさらに高まる。摂取用量とも関連があり、用量が多いほど危険性が増す。

□低ナトリウム血症（血中のナトリウム濃度の低下）

低ナトリウム血症は、けいれんや昏睡につながる。MDMAは腎臓の働きを低下させるホルモンの分泌を促すため、水分を摂りすぎた際に起こることが多い。

□セロトニン症候群

セロトニンの急激な大量放出は、けいれん、昏睡、心不全、頭蓋内出血を直接的に引き起こす可能性がある。

□自己免疫反応

稀ではあるものの、肝不全に至った自己免疫性肝炎の症例が報告されている。これは、どのような薬物でも、医薬品であっても生じる可能性がある。MDMAで発生する仕組みについては、まだ理解が進んでいない[48,49]。

MDMA、ケタミン、幻覚剤の使用の実用的ガイドライン

もし読者の皆さんに子どもがいて、彼らが薬物を摂取する可能性を懸念している場合、あるいは薬物を摂取する機会があると認識している場合は、彼らが安全な使用方法を理解しているか確認してほしい。若者の死亡事故の多くは、無知に起因する。

なお以下の項目の一部は、薬物の種類によってより関連性が高いもの、または低いものがあることに留意されたい。

- できれば、事前に薬物を鑑定してもらおう。テストを受けていない錠剤や粉薬は摂取しないのが理想だ。
- 摂取前にテストを受けられない場合は、ごく少量を試し、どのような変化があるか数時間様子を見ること。
- 複数の薬物を混ぜない。
- 酔っぱらっているときは、薬物を摂取しない。ケタミン関連の死亡事故のほとんどは、飲酒後にケタミンを摂取したために起こっている。いかなる鎮痛剤やオピオイド(麻薬性鎮痛薬)も、薬物摂取後の「カムダウン」目的で使用しない。
- 薬物の種類を問わず、頻繁な使用や高用量の使用は避ける。
- 用量を量ること。粉末や結晶状のものは過剰摂取になりやすいので特に注意したい。自分の体重に応じた用量を確認すること。けっして全量を摂取してはいけない。錠剤の強さには大きなばらつきがあることを覚えておいてほしい。
- どのような薬剤であっても、摂取は気分のいいときに限ること。気分の落ちこみを改善する目的では使用しない。
- 気分や体調が優れないときに助けてもらえるよう、薬物を使用していない友人にそばにいてもらおう。
- 体温の上昇を避けるために、踊りの合間に休憩をはさむ。
- トイレに行き、排尿することも忘れずに。

■安全な帰宅手段を確保すること。いざというときのために予備のお金を持ち歩きたい。アルコールや薬物を摂取した人が運転する車には乗らない。
■ケタミンに関しては、入浴時または寒い屋外に出る際は特に安全に気を配ること。崖や高いビルの屋上など、高所にいるときは幻覚剤を摂取しない。
■何らかの心臓疾患、血圧異常、てんかん、喘息のある人は薬物の使用を避ける。
■最後のアドバイスは幻覚剤とは関係ないが、重要なので付記しておく。オピオイドは服用しないこと。また、いかなる薬の摂取にも、けっして注射針を使ってはいけない。

科学的エビデンスから、薬物には実際に害がある一方で、害を軽減する手段があることもわかっている。このことは特に、医薬品として使用され、投与方法や量が慎重に管理されている場合に当てはまる。

第13章
幻覚剤の依存性と危険性の真実

幻覚剤が禁止されたのは危険だからではない

依存症の専門家会議で、幻覚剤を用いた依存症治療の可能性について初めて講演したときのことは今でも忘れられない。講演後の質疑応答の際、マイクを握った治療提供者の1人に、薬物依存の問題を抱えた人々に違法薬物を与えるなど、よくもそんなことが言えたものだと詰問されたのだ。そのような提案を行うこと自体が言語道断であり、卑しむべき行為だと非難された。あまりに激しい口調に、いささか面食らったことを覚えている。後に質問に立った別の専門家は、治療の可能性に関して研究が示すことが正しいとしたら（第7章を参照）、既に確立している治療モデルを大きく衰退させることになり、それらの利益率も大幅に低下させるだろうと発言した。

幻覚剤研究コミュニティ以外のイベントで講演をすると、（ありがたいことにそれほど喧嘩腰ではないものの）最初の発言者と同じような方向の質問をよく受ける。「危険な薬物を医薬品として用いても安全なのか」と。このような疑問を持つのは、依存症の専門家だけではない。医師、精神科医、政治家、精神薬理学者、そして一般の人々からも同様の質問を受けてきた。
多くの人はいまだに、幻覚剤や幻覚剤類似薬物は規制の対象となっているから危険であるに違いない、と考えている。その背後にある論拠、つまり「薬物が規制されているなら、それは危険なものに違いない、さもなくば、規制されてこなかったはずだ」は、論理学でいうところの循環論である。論証すべき論点が前提となっており、議論の堂々巡りに陥ってしまう。
しかし1960年代に幻覚剤が禁止されたのは、危険だからではなく、政治的な理由からだった。LSDが研究室や治療室の外で摂取されるようになると、LSDに油を注がれた若者たちの運動は「古臭い」現状に異を唱えるようになる。とりわけ、ベトナム戦争への徴兵に対する若者たちの考えを変えていった。
民族植物学者で哲学者のテレンス・マッケナがかつて述べたように、幻覚剤は「知的な異議申し立ての触媒」なのである。LSDが禁止されたのは、それが人々の考え方を変化させたからであり、彼らに害を与えたからではない。マッケナはこうも言っている。「幻覚剤が違法なのは、愛に満ちた政府が、人々が3階の窓から飛び降りやしないかと心配しているからではない。幻覚剤が違法なのは、考え方の構造や、文化を背景とした行動と情報処理のモデルを崩壊させてしまうからだ。幻覚剤のおかげで人々は、自分の知っていることがすべて間違っているかもしれない可能性に気づくのである」[1]
幻覚剤を禁止した米国政府は、それを正当化する必要に迫られた。そのために疑わしい科学研究を奨励してLSDが実際に持つリスクの一部を誇張したり、その他のでっち上げを行ったりして、中流階級の白人ティーンエイジャーや若者の親たちをターゲットにしたプロパガンダを展開した。[2]
映画では、「バッド・アシッド」〔アシッドはLSDの別称〕のせいで子どもたちが精神病院に強制収容され二度と出られなくなったり、LSDががんや先天性欠損症を引き起こしたりする場面が描かれ危険性が警告された。プロパガンダ・ポスターには次のような文句が書かれている。「あなたのスイッチをオンにするのか……それともあなたに牙をむくのか（Will they turn you on … or will they turn on you?）」

LSDの禁止後、サイロシビンをはじめ類似の薬物も禁止されていった。そして米国が国連を通じて国際的な影響力を行使したことから、禁止の流れは、これらの薬物に関する誤った情報と神話とともに世界中に広がっていった。

時間を早送りして、現代に話を戻そう。マジックマッシュルームもLSDもこの60年間、世界中で試され、テストされてきた。そして、摂取した人の数を考えれば、およぼした害は比較的わずかであった。これは、過去40年間広く使用されてきたMDMAにも当てはまる。

サイロシビンとMDMAが医薬品として位置づけられるようになった現在、これらの薬物が「危険」であるという神話を私たちは払拭することができる。両薬物にリスクと副作用があることは否定しない。だがそれは、あらゆる医薬品に言えることだ。これらの薬物を摂取した後、亡くなったり、苦しんだりした人がいるのも事実だ。しかし、本章で説明していくように、これらの薬物を摂取するリスクのほとんどは、それらが違法に入手した薬物であること、そしてその違法薬物をどこでどのように摂取するかに起因する。今求められているのは、これらの薬物の医薬品としてのもっとも安全で、もっとも効果的な使用法を見つけることである。それはまさに、最新の幻覚剤研究の波が模索する1つの到達点であるし、私たちは、薬物使用の長い歴史からも学ぶことができる。

古典的幻覚剤に依存性はない

古典的幻覚剤に関して、私がこれまで遭遇してきた中でも特に根強い思いこみの1つは、幻覚剤には依存性があるというものだ。国連でさえいまだに、幻覚剤は精神的な依存につながると述べている。[3]

そして、精神医学診断のバイブルである『DSM－5（精神疾患の診断・統計マニュアル第5版）』（米国精神医学会が発刊する診断手引書。第5版は2013年に刊行された）でも、これらの薬物の依存性について独自の分類がなされており、「その他の幻覚剤（LSD、MDMA）：使用障害」に記載されている。

依存症の定義を1つ挙げよう。「脳内で生じる変化に基づく行動障害であり、離脱（禁断）症状などの問題に直面しているにもかかわらず薬物や物質の使用を止められず、その物質の使用により家庭生活や社会生活に支障をきたし、自分自身にも害を引き起こす」その物質の入手と使用に気を取られる時間が増える一方となり、より多くの金銭を費やすようになる。薬物の摂取のために他の活動を諦めたり、おろそかにしたりする。仕事を失うこともあれば、家族との関係にひびが入ることもある。

一般的に、依存は耐性（時間とともに効果が薄れること。同じ効果を得るため、量を増やさねばならなくなる）と離脱症状（使用を中止すると生じる不快な作用）の両方をともなう。古典的幻覚剤は、これらの定義に該当しない。[4] 依存症の治療施設が、LSDやサイロシビンの依存症患者で溢れ返っているようなことはない。その鍵は、LSDやサイロシビンの脳への作用にある。幻覚剤は、脱感作現象

（繰り返しの刺激によって、刺激に対する応答が減弱すること）、つまり耐性反応が起こるのがとても早い。LSDの摂取を続けると、高揚感や幻覚効果はすぐに減退するようになる。だが、依存性のある薬物とは異なり、より多くの用量を摂取しても効果が戻ることはない。言い換えれば、より多くの効果を得たいと思っても（そもそも、誰もが望むわけではない）、それはできない相談なのである。

米軍で行われた研究で、LSD摂取の3日目には、効果が薄れることが確認されている。[5] この研究が実施された当時は、冷戦のピークであった。当時は幻覚剤に関する風説が絶えず、LSDの効果は非常に強力で、敵がLSDのボトルを1本、たとえばニューヨーク市の水道網に混入させるだけで、都市インフラを無力化できるなどと噂された。しかし、耐性がつくまでの時間の短さをかんがみれば、LSDは大した武器にはなるまい。[6] 時間とともに、単に人々が効果を感じなくなるからだ。

ある物質に依存性があるか否かを調べる以前からの手法は、動物実験である。依存性がある物質の場合、動物はいつまでも自己投与を続ける。だが幻覚剤ではこれが起こらない。[7] また、離脱症状も生じない。唯一の例外が、最小限の離脱症状をともなう可能性のあるアヤワスカだ。[8]

それどころか、サイロシビンについては、依存リスクはカフェインのそれに満たないと結論づけた研究もある。[9]

第3章で説明したように、幻覚剤には実際、抗依存性の性質がある。人々がイボガインを使用する主な理由はまさに、オピオイド系薬物を中心とした依存症の治療なのである。また、サイロシビンとLSDについては現在、ニコチン、ヘロイン、コカイン、アルコールなど、さまざまな薬物依存症の治療を目的とした臨床試験が進行している。

1973年に実施されたLSDを用いたヘロイン中毒治療研究に参加した患者、レオナルド・Nは次のような感想を述べている。「ヘロインとLSDという2つの体験は、まるで夜と昼のようです。ヘロインは夜です。眠る時間であり、眠っている間は何も訪れません。それに対して、LSDは夜明けです。新たな目覚めであり、心を開放し、人生に対するまったく新しい展望を与えてくれるのです」[10]

MDMAとケタミンには依存の可能性がある

とはいえ、ケタミンとMDMAには依存の可能性がある。しかし、その度合いはコカインやヘロインなどと比較すればはるかに小さい。両者にどれほどの依存性があるのかは、まだはっきりとはわかっていない。存在する推定は、違法な薬物使用のデータ（ケタミンに関して言えば、精神医学の治療目的で用いられる用量に比べ、はるかに高用量のデータ）に基づくものに限られる。

専門家はそれらのデータから、ケタミンの依存リスクはアルコール依存症のそれと同程度であり、MDMA依存症になる可能性はその3分の2程度であると推論している。[11]

4000人近いコカインとMDMAおよび／またはケタミンの使用者を対象に、依存症状についてたずねたアンケート調査がある。その結果は、コカインについて以外は前述の推論とは若干異なり、MDMAとケタミン使用者では、依存症になる可能性が低いのはケタミンユーザーの方で、15％であった。[12]

MDMA、ケタミンの使用が依存につながる可能性は、この2つの薬物をいくぶん逆説的なものにしている。というのも、両者とも依存症の治療に使用されることがあるからだ（第7章参照）。[13,14]

ケタミン依存の離脱症状は心理的なもの

ケタミン依存は離脱症状をともなう可能性がある。ただしその症状は、不安や不眠など、身体的というよりも心理的なものである。定期的に摂取した場合、ケタミンへの耐性が生じるのはかなり早く、数週間も経たないうちに、同じ効果を得るためにより多くの量を摂取しなければならなくなる。[15]

しかし、臨床環境でケタミンを使用する限り、患者は少量を決められた回数のみ摂取するため、依存症のリスクは解消される。娯楽目的では、治療目的の場合に比べてはるかに高用量を使用する傾向があり、必然的にリスクも高まる。米国では医師から処方されたケタミンを乱用する人々の報告もある。[16]このような事態を防止する目的で、国家規模での登録制度と処方薬の監視プログラムといった仕組みづくりが検討されている。[17][18]

MDMAの依存性も低く治療が必要なことはまれ

MDMAにどれほどの依存性があるかという問いは、MDMAが脳にもたらす影響と同様に、大いに議論を呼ぶテーマとなっている。だが、野外フェス、パーティ、クラブでもっともユーザーから支持を得ている薬物であることから予想できるように、MDMA依存症はほとんど神話であると言えよう。ユーザーのMDMA摂取頻度は概して、週に1回か2週間に1回である。

動物実験では、ケタミンと同様にMDMAへの依存は、心理あるいは行動に関連することが示されていて、コカインのような依存性が高い薬物で見られる身体的なものとは異なる。[19]これはおそらく、MDMAのセロトニン系への強い作用によるもので、この薬物のドーパミン系への作用により生じる依存性が軽減されるためだと考えられる。

MDMA依存のために治療を必要とする人はめったにいない。[20] メンタルヘルス上の懸念からMDMAの使用を中止する者もいるが、傾向としては、人生を前進させたいから、クラブ通いを止めたいから、薬の質が低下している気がするからといった理由で断薬する人が多い。[21] MDMAが、一般的な依存の症状を引き起こさないためだろうか。MDMAを使用するとある程度の耐性がついていくが、ユーザーが薬物使用を延々とエスカレートさせていくことはない。持続的な使用欲求が生じないのは、社会的なコンテキスト〔レイヴやフェス、クラブなど〕以外でMDMAを摂取しようと思わないためだ。彼らはMDMAを他の薬物とは異なる動機で、具体的には、周囲の人々との共感や交流、つながりといった効果を求めて摂取するのである。[22]

2010年のアンケート調査では、DSM–IV〔前述の米国精神医学会が刊行する『精神疾患の診断・統計マニュアル』の第4版〕の依存症状に3つ以上該当すると答えたMDMA使用者の割合は4分の1に上り、コカインやケタミンの使用者よりも多かった。しかしながら、そのことを心配したり、使用を控えたいと考えたり、助けを求めたり、使用に対する持続的な欲求に苛まれるという回答は少なかった。なお、依存症状の報告は、若い女性の間でもっとも多く見られた。[23]

治療薬としてのMDMA使用については、良いニュースがある。アルコール依存症治療研究に際して私たちは、MDMAを2回投与した後に患者が再びMDMAを使用するかどうかモニタリングを行った。その結果、患者が再度MDMAを使用することはなく、MDMAに対する渇望を訴えることもなかった。[24]

幻覚剤が精神疾患を引き起こすことはあるか

ＬＳＤに関する数々の根強い都市伝説の中に、７回以上ＬＳＤを摂取した者は、法律上、自動的に精神障害者に分類されるというものがある[25]。

幻覚剤トリップが、精神病でない人ができる精神病の体験に一番近いからかもしれない。重なる「症状」には、非現実感、自制心の喪失、自我の崩壊（自分という感覚の喪失）、理路整然とした思考の欠如、感覚の変化などがある。なお感覚の変化については、統合失調症に見られる聴覚の変化とは対照的に、幻覚剤では視覚に影響が出る。

１９５０年代から１９６０年代の米国の精神医学では、現在では性格の問題や適応障害に分類されるような多様な症状を幅広く精神分裂病（現在は統合失調症と呼ぶ）と診断する傾向があった[26]。それにもかかわらず、精神分裂病の診断数が顕著に増加することはなかった。このことから、ＬＳＤ使用者の急増に呼応するような精神病患者数の急増は起こらなかったことがうかがえる。

また、幻覚剤が精神疾患を引き起こすとしたら、１９５０年代から１９６０年代にかけて、４万人超の被験者に加え、何百万人もの人々が幻覚剤を使用していたのだから、私たちの周りに今なお多くの「アシッド（ＬＳＤ）犠牲者」が存在しても良さそうである。米国市民を対象に、幻覚剤の使用経験を持つ人々と、持たない人々のメンタルヘルスを比較した大規模研究が２件ある。

１つ目は、ノルウェーの研究者たちが実施したものだ。13万人以上のデータを使用しており、そのうちの13％強が幻覚剤（ＬＳＤ、サイロシビン、メスカリン）を使用した経験の持ち主であった。同研究では、これらの人々が直近で不安、抑うつ気分、自殺願望、その他の深刻な精神的苦痛を経験したり、メンタルヘルスの治療を受けたりした割合が、幻覚剤を使用したことのない人々のそれを上回らないことが確認された。それどころか、研究者たちは次のように書いている。「むしろ、いくつかのケースでは、幻覚剤の使用経験と、メンタルヘルスの問題を抱える割合の低さとの間に関連性が見られた」[27]。

もう1つの研究では、19万人を超える人々のサンプルを調べている。その結果、幻覚剤を使用した経験がある人は、過去1カ月の間に心理的苦痛を覚えた割合、過去1年間に自殺願望を持った割合とともに低いことが示された[28]。ジョンズ・ホプキンス大学のマシュー・ジョンソン教授は次のように話している。「幻覚剤によって害を被った人はいないと主張しているわけではありません。アシッド犠牲者にまつわるエピソードはなかなか揺るぎそうにありませんが、そのような事例は稀であると言いたいのです」[29]

前者の研究の論文執筆者の1人である研究者テリ・クレブスは、「幻覚剤は心理的に強烈なので、多くの人はその後の人生に起こるすべてのことを幻覚体験のせいにしたがる」と指摘している[30]。

幻覚剤は精神分裂病や精神病を悪化させる

1950年代に研究者たちがＬＳＤのテストを開始した当初に立てられた仮説は、ＬＳＤが精神分裂病や精神病の治療に役立つのではないかというものだった。だが、臨床試験で得られた結果は、その逆を示していた。ほとんどのケースで症状を悪化させる傾向があり、それどころか症状を「著しく悪化」させたのである[31]。

幻覚剤トリップの「症状」は精神病患者に見られる症状の一部と非常によく似ているため、英米の研究者たちは当時、幻覚剤を「精神異常発現薬」ないしは「精神病模倣薬」と呼んでいた。そして研究者たちは、幻覚剤を用いて、精神分裂病のような障害で何が起こっているのかを解明しようと試みた。

実際、精神病患者の脳をモデル化する研究で、幻覚剤は今でも使われている。インペリアル・カレッジでは、キングス・カレッジのミトゥル・メータ教授とともに、精神病患者を対象としたより複雑な治験に入る前の「近道」として、幻覚剤影響下の被験者の協力を得て、精神病の新薬の可能性テストや選別を行っている。私たちは健康なボランティア被験者にサイロシビンを摂取してもらい、精神病に似た体験を作り上げたうえで、抗精神病薬の候補薬を数種類投与した。その結果、「saracatinib（サラカチニブ）」という薬が、健康な被験者の脳でサイロシビンの作用を減退させることがわかった。サラカチニブはもともと抗がん剤として開発されたが、脳に与える影響を理由に開発が中断されていたものだ。同プロジェクトは現在、パーキンソン病と精神病の患者を対象とした臨床試験の段階へ入るところである[32,33]。

時に、幻覚剤を摂取した人の一部に、数日間精神病のような症状が現れ、その後回復を見せることがある。現在の見解では、幻覚剤は、持続的な精神疾患の原因となることはないものの、もともとその素因を持つ人には持続的な精神疾患を発現させることがあると見られている。

その一方で、研究が一回りして元の問題に戻ることの好例だが、イスラエルで今ちょうど、マイクロドージング（少量の定期的投与）が精神病に有用かどうかを調べる研究が進められている。その背景にあるのは以下のような仮説だ。幻覚剤はセロトニン２Ａ受容体を刺激することで精神病を悪化させるが、マイクロドージングならば逆の効果がもたらされるのではないか。つまり、セロトニン２Ａ

受容体を脱感作することで、抗精神病の効果が得られるというのである。[34]

ＭＫウルトラ計画によるＬＳＤ健康被害

１９５０年代から１９６０年代初頭にかけての冷戦時代、米中央情報局（ＣＩＡ）は秘密実験プロジェクト「ＭＫウルトラ計画」の一環として、さまざまな大学、病院、研究財団、さらには刑務所や軍隊で、ＬＳＤを含む薬物実験を行った。そのアイデアの１つは、ＬＳＤによって共産主義者の脳のソフトウェアを資本主義者のそれへと書き換えられるのではないかというものだった。また、ＬＳＤを尋問の際の自白剤として、あるいは敵軍を混乱に陥れる武器として使えるか評価するためのテストも実施している。

多くのデータは１９７０年代初頭に破棄されたが、残されたデータからも十分に、倫理規範に反するありとあらゆる実験が行われていたことを読み取れる。一例を挙げれば、兵士や民間人（未成年者も含まれた）に同意も説明も警告もなく、[35]しかも、拘束され、時には目隠しまでされた状態でＬＳＤを投与している。これが被験者のメンタルヘルスに恐ろしい結果をもたらしたことは、想像に難くない。

１９７５年から76年にかけて行われた米上院の公聴会では、同プロジェクトによって少なくとも２名の米国市民が死亡したこと、そして「プロジェクトの他の参加者たちも、今なおその後遺症に苦しんでいる可能性がある」ことが言明されている。さらに、「テストの性質、その規模、そして無自覚の個人にＬＳＤを投与することの危険性が理解されるようになってなお数年にわたり実験が継続された事実は、人命の価値を根本的に軽視していることの表れである」とも述べられている。[36][37]

これは、精神医学の専門家がそそのかされ、患者に対して非倫理的な実験に手を染めてしまった恐ろしい前例である。

世にも奇妙なLSD神話の本当と嘘

LSDは、1960年代に展開された政府のプロパガンダ、メディアによる恐怖キャンペーン、そして都市伝説のおかげで、突飛な話題に事欠かない薬物である。

○**LSDは流産の原因となり、精子や胎児にダメージを与える。〈嘘〉**

1960年代に行われた一連の研究でこのような主張が展開されたが、いずれも1971年に反証されている。それにもかかわらず、神話は今に至るまで語り継がれている。1968年の『National Examiner（ナショナル・イグザミナ）』誌（米国のタブロイド誌）のヘッドラインも紹介しておこう。「少女がカエルを出産：医師はLSDのせいと主張」[38]

○**LSDはがんを誘発する。〈嘘〉**

1960年代後半の研究結果や患者の症例報告に基づく、もう1つの恐怖の物語である。最近の集団調査では、幻覚剤の使用とがんの間に関連性は認められていない。[39,40]

○**粗悪なLSD（バッド・アシッド）は、バッド・トリップにつながる。〈嘘〉**

幻覚剤を使用する人々は、時に恐怖、不安、妄想など、いわゆる「バッド・トリップ」と呼ばれる困難な経験をする。1969年のウッドストック・フェスティバルの参加者は、まさにこの理由で「ブラウン・アシッド」を避けるよう警告を受けた。不快な経験をもたらす別の幻覚剤の混入に起因する可能性も確かにあるが、バッド・トリップの原因は不適切なセットとセッティング、または過剰摂取のせいであった可能性が高い。あるいは、単に「バッド・アシッド」を摂取したと言われただけでバッド・トリップを経験することもある。

◦LSDを摂取すると、空を飛べると思ってしまう。〈可能性あり〉

不慮の事故による死亡は、稀ではあるものの実際に起こっている。マジックマッシュルームを摂取した後に、2階のバルコニーから飛び降りた若者の例をはじめ、ビルから飛び降りた人々に関する報告が存在する。[41]

その他にも、ひと際注目を集めた、ミュージシャンのニック・ケイヴとデザイナーのスージー・ケイヴの息子アーサー・ケイヴの悲劇的な死に代表されるような事故がある。10代のアーサーは、LSDを摂取後、ブライトン近郊の断崖から転落して死亡した。以下は、検視官のヴェロニカ・ハミルトン＝ディーリーの言だ。「探究と実験を行う若者たちがそれ［LSD］を摂取しました……探究と実験はまさに子どもたちが四六時中、ほとんどの時間を費やすものです……彼らはうまくやり抜くものですが、このような悲しい例外的な出来事はあります」。教訓は、危険な場所にいるときには、幻覚剤の使用を避けることである。[42]

・LSDは自殺願望を誘起する。〈(極めて稀だが)真実〉

非常に少ないものの、幻覚剤摂取後の自殺未遂ならびに自殺については症例報告がある。これらの事例からは、安全とは言えない「セッティング」、または既往症との関連があることがうかがえる。[43] その一方で、集団調査では幻覚剤、特にサイロシビンを摂取した人の間で、自殺願望が低下することが示唆されている。[44]

最近でも、治療抵抗性のうつ病患者を対象とした臨床試験で、サイロシビンを投与したところ、一部の被験者が自殺念慮を抱いたことが報道で大きく取り上げられた。しかし実際には、この報道で言及された3人はいずれも、この治療に対するノンレスポンダー(治療に反応を示さなかった人のこと。非応答者とも)であった。[45]

バッド・トリップを完全に排除することは困難

一部の人の幻覚体験が時にバッド・トリップとなってしまう理由を、私たちはまだ解明できていない。セットとセッティングが重要であることは認識しており、そのために特別な環境を整え、臨床試験中にはセラピストがサポートにあたるようにしている。また、私たちは、たとえばうつ病を患っている人などが、苦しく困難で、辛い体験をする可能性が高いことも知っている。うつ病患者が経験したトリップを目の当たりにしてきた私たちとしては、心の健康に問題を抱えている人には、幻覚剤を用いて自己治療に取り組むことは断じて勧められない。

LSDによるフラッシュバックはまれ

トリップが終わったずっと後になって、薬物による視覚的またはその他の症状を追体験することをフラッシュバックと呼ぶ。終わりのない精神的な二日酔いのようなものである。とはいえ、フラッシュバックが起こる確率は多くの人が思っているよりずっと小さく、しかも短く、軽い。以前は、LSDが何年もの間、体内に残留すると考えられていたが、現在では、数日どころか数時間で体外へ排出されることがわかっている。

視聴覚や知覚の歪みが数カ月から数年続く場合は、幻覚剤持続性知覚障害(HPPD)という診断名がつくことになる。ある研究によると、HPPD患者では脳波データに異常が見られ、正常な脳とは異なる働きをしていることが示唆された[46]。そうは言っても、HPPDは稀である。実際、サイロシビンの現代的な臨床試験に参加した数百人の患者(その多くは、精神医学上の問題を抱えていた)のうち、深刻な有害事象が見られた者は1人もいなかった。ちなみに、ここでの深刻な有害事象とは、「結果として、死に至る、生命を脅かす、入院を長引かせる、持続的または重大な障害をもたらす反応」と定義されている。なお、サイロシビン、アヤワスカ、LSDの現代的な臨床試験において、持続的な精神疾患やHPPDが生じた報告例は存在しない[47]。

ケタミンの乱用が身体と脳におよぼす害

ＭＤＭＡと同様に、ケタミンはクラブや野外フェスなどで非合法に使用されることがもっとも多い薬物であり、他の薬物と混合されることが多分にある。[48]すぐに現れる可能性のあるネガティブな影響には、錯乱、見当識障害、妄想、動揺などが挙げられる。解離性麻酔薬であるため、多量に摂取すると、自分がどこにいるのかわからなくなったり、動くことができなくなったり、動揺した状態に陥ったりして、自分自身を危険にさらすことになりかねない。犯罪や事故、さらには事故死にも遭いやすい。凍死する人もいれば、河川や風呂場で溺れ死ぬ人もいる。21歳のルイーズ・キャッテルはケタミンを摂取した後、バスタブで溺死した。彼女の母親であるヴィッキー・アンウィンは現在、人々が十分な情報を得たうえで薬物を選択できるようにするために、そして薬物をより安全なものにするために、薬物の合法化を求めるキャンペーンを推進している。[49][50]

ケタミンを定期的に摂取すると、すぐに耐性がつく。これは、同じ結果を得るためには、より多くの用量を摂取しなければならないことを意味する。多量を高頻度に摂取すると、「Ｋけいれん」と呼ばれる、痛みをともなう膀胱のけいれんが起こることが多い。これは、時間とともに膀胱や腎臓の炎症につながり、排尿時の痛み、頻繁な尿意、失禁、そして最終的には不可逆的な膀胱障害である膀胱潰瘍を引き起こす。この段階に至ると、膀胱を摘出するしか治療法はなく、患者は生涯カテーテルの使用を余儀なくされる。その結果、腎盂腎炎やその他の感染症にかかるリスクが高まるため、寿命が数年分縮むことになりかねない。

ケタミンの大量摂取は、脳のダメージにもつながる可能性がある。これは脳スキャンで確認することができ、灰白質体積の減少などが観察される。[51]認知症、あるいは統合失調症の陰性症状に似た症状が生じ、無気力、認知能力と意欲の減退、記憶力や注意力の低下などが見られたり、計画を立てることに困難を覚えたりする。このようなダメージがどの程度、可逆的なのかは不明だが、用量依存的（用量が増えるほど、障害の可能性や程度が増すこと）であると見られている。[52]

ヘビーユーザーにも認知機能の問題や妄想症状が生じることがあり、抑うつ気分が生じる可能性も高まる。娯楽目的での使用でも、妄想症状が出ることがある。その一方で、使用頻度の少ないユーザーや元ユーザーには、これらの症状は現れないようである。[53]

幻覚剤の臨床試験に適さない人

■ 精神病と診断された者。精神病の病歴を持つ、あるいは統合失調症を患ったことのある第一度近親者（自分と2分の1の遺伝子を共有する親族、つまり親または兄弟姉妹）がいる者。

理由：精神病になりやすい素因を持つ人は、幻覚剤が症状の発現を促進してしまったり、変性意識状態での知覚や思考プロセスの変化がより極端なものになったりする可能性がある。

■ 双極性障害の患者。

理由：躁状態の症状を誘発する可能性があるため。

■ 心臓の病気を持つ患者。

理由：幻覚剤は、心拍数や血圧を変化させる可能性があるため。

これらの物質が引き起こす害の大部分は、それらが違法とされていることと関係がある。すなわち、混ぜ物による中毒、過剰摂取、幻覚剤摂取に適さない人々による使用、不適切なセットとセッティングでの摂取などだ。

前章で、娯楽目的でエクスタシーを摂取することの実害を、乗馬のそれと比較することで、はっきりと理解することができるのではないかという私の考えを説明した。これらの薬物が医薬品になろうとしている今では、乗馬よりも、車の運転にたとえる方が適切かもしれない。指導も練習もなしに、運転に挑戦するのは危険である。でも教官が運転初心者に、運転方法と安全運転の秘訣を指南すれば、危険ではなくなる。同じことが、MDMA、ケタミン、そして幻覚剤を用いたセラピーを処方する場合にも当てはまる。

臨床現場での有害性、そしてこれらの化合物をより安全なものにする方法については、一層の研究が求められている。現在、臨床試験で確認された副作用の報告方法を標準化し、比較できるようにするための議論が進行中だ。さらに、幻覚剤とMDMAをスケジュール1の分類から外すことができれば、研究をより安価かつ容易に進められるようになり、非常に有益であろう。これを最初に実行に移したのがオーストラリアだ。具体的には、同国は2023年2月、治療抵抗性のうつ病の治療にサイロシビンを、治療抵抗性のPTSDの治療にMDMAを処方することを承認した。[54]

前章と本章では、潜在的な有害性についての説明に紙幅の多くを費やしたが、これまで述べてきた害のほとんどは、人々が理想的とは言えない方法で薬物を使用したことに起因している点をどうか覚えておいてほしい。[55] さらに言えば、理想的ではない方法で摂取されているにもかかわらず、そのことがメンタルヘルス上の悪影響につながることはほとんどない。それどころか、どちらかと言えばポジティブな影響をもたらす傾向があることを最後に述べておこう。

おわりに　幻覚剤の未来へ向けた重要な問い

幻覚剤療法を支える制度上の革新

1960年代に社会の形を変化させたように、幻覚剤は今後、医療の形にも変化をもたらす可能性がある。心理療法と幻覚剤の組み合わせは今にも、既存のメンタルヘルス治療に風穴を開けようとしている。

2023年7月1日からオーストラリアでサイロシビンとMDMAが合法となるのにともない、薬物の効能を明らかにする方法も変化していくかもしれない。同国のイニシアティブは、現在利用可能な薬が効かない難治性の病を持つ患者に希望を与えるだけでなく、この分野の知識の蓄積を加速させていくだろう。

オーストラリアでは、心理療法と薬物治療の両方の訓練を受けた精神科医であれば、治療抵抗性うつ病患者にサイロシビンを、治療抵抗性のPTSD患者にMDMAを投与することが認められる。同国で提供される治療は、本書で紹介してきた数々の臨床試験に基づき設計されているが、重要な要素がいくつか新たに付加されている。その1つは、患者の治療プログラムのモニタリングを担う、有識者から構成される監視グループの設置だ。幻覚剤支援療法を受ける患者はもれなく継続的に登録され、不成功に終わった過去の治療記録や新たな治療経過の詳細が記録されることになる。

これはリアルワールドエビデンス（RWE）が得られる実臨床であり、幻覚剤支援療法の対象となる患者グループにとって、無作為化比較試験（RCT）よりも優れたアプローチになると考えられる。無作為化比較試験は、ある患者グループにおいて、特定の治療法にプラセボを上回る効果があるかどうかを調べるにとどまる。加えて、幻覚剤を用いた治療抵抗性の患者の治療に関しては、無作為化比較試験は倫理的な困難がつきまとうと同時に、科学の観点からも限界がある。具体的には、このような患者は多くの場合、複数の先行治療で失敗しており、この時点でプラセボを投与することは非倫理的と言えるが、無作為化比較試験にはプラセボが投与される被験者が必須である。さらに、幻覚剤が持つ精神活性作用ゆえに、臨床試験を完全に盲検化することは不可能である。患者は、自身がプラセボを投与されたことをただちに悟るため、気分や健康状態に悪影響（ノセボ効果〔プラセボ効果の逆で、偽薬を処方されたことを悟った患者の症状が悪化する〕）が生じる可能性もある。

実験ができないのであれば、エビデンスに注目するよりほかない。リアルワールドエビデンスは、各々の治療歴を考慮したうえで、患者自身を自らの「対照群」として扱う。ドラッグ・サイエンスの治療分析グループは、気候変動や経済学の分野で使用され、経験から未来を予測する方法として確立されているベイズ分析手法に基づいて、このリアルワールドエビデンスを分析する統計的アプローチを開発している。

十分な数の患者のリアルワールドエビデンスが集まれば、一定期間（たとえば3カ月）に個別の患者に臨床的に意義のある改善が示される尤度《ゆうど》（特定のデータがその仮説から得られる確率）がわかるだろう。難治性（薬剤抵抗性）てんかんを持つ小児患者に対する医療用大麻（カンナビス）の効果を調べる際にこのアプローチを適用したところ、わずか21人の患者データから、同じようなてんかん症状を持つ未来の小児患者が反応を示す可能性は96％であることが示された。

医師は、個々の患者にどの薬が合うかを決める際に、つねにこのプロセス〔ベイズ分析〕を用いている。だが、どの薬に効果があるのかを決定するうえでも有効な方法であることを認識すべき時が来ている。英国国立医療技術評価機構（ＮＩＣＥ）および英国医薬品・医療製品規制庁（ＭＨＲＡ）のトップを務め、高名な識者として知られたマイケル・ローリンズ教授は長年にわたり、規制に関する意思決定にベイズ分析とリアルワールドエビデンスのアプローチを用いるべきだと主張してきた。[1]

オーストラリアの幻覚剤支援療法プログラムには、もう１つ先進的な要素がある。同国では、サイロシビンとＭＤＭＡが、Mind Medicine（マインド・メディシン）という非営利団体から慈善行為として提供されることになっているのだ。私がこれを強く支持する理由は、患者が手頃な価格で治療を受けられるようになると考えるためだ。このような非営利団体がなければ、利益を追求する製薬会社がそれぞれの国で求められる治療薬の販売ライセンスを取得するまで、患者たちは幻覚剤支援療法にアクセスできない。それでは患者たちは自殺のリスクにさらされ続けることになり、そのようなことは看過できない。

世界を見渡せば、日々、何百万人もの人々が、戦争や自然災害を理由に心的外傷（トラウマ）を負っている。２０２３年のトルコ・シリア地震だけでも、数十万人がうつ病やＰＴＳＤに苦しむことになると予測されている。しかし、製薬会社がこれらの地域で一般の人々にも利用可能な価格で幻覚剤支援療法を提供するまでには、良くても数十年を要するか、そのような日は到来しない可能性すらある。本書で詳述してきたエビデンスを踏まえれば、訓練を受けた医師たちが、他の選択肢で効果がなかった患者のために速やかに幻覚剤にアクセスし、使用できるよう環境を整えることが求められる。

幻覚剤をめぐるルールを変える必要がある

今後、必要不可欠な研究を実現させていくには、幻覚剤の分類を見直し、1971年に国連で採択された「向精神薬に関する条約」が定める、医薬品としての価値がない薬物のカテゴリーである「スケジュール1」から除外する必要がある。これは、米オレゴン州やオーストラリアのように、州や国単位で着手することができる。英国でも、ドラッグ・サイエンスのような慈善団体、Conservative Drug Reform Group（コンサバティブ薬物改革グループ）、そしてマンチェスター大学がキャンペーンを展開しているところだ。

その一方で、大半の国の薬物政策を決定づけている世界保健機関（WHO）と国際連合（UN）のレベルでも分類の見直しを行うことが極めて重要だ。WHOは最終的に、カンナビスに医薬品としての価値があることを認めており〔大麻草に含まれる成分カンナビノイドのうち、幻覚作用を持たないとされる物質CBDについて、WHOは医療上の有用性があるとして規制の見直しを勧告。2020年に国連麻薬委員会（UNCND）がこれを承認した〕、いずれ幻覚剤についても同様の対応が取られることになるだろう。だが国連は、いまだ医療用大麻を認めておらず、おそらく医薬品としての幻覚剤の使用についても阻止を試みるだろうと考えられる。朗報は、国連の頑なな態度にもかかわらず、自ら行動を起こせることを理解する政府の数がますます増えていることだ。

将来的にはより多くの政府が、薬物の取り締まりに関する法規制において進歩的な対応を取るようになるだろうことはほぼ確実である。ポルトガル、オランダ、カナダでは既に薬物の所持を非犯罪化しており、各国がこれに続くだろう。

中南米諸国は、幻覚作用を持つ植物やマッシュルームが自国内に自生するものである限り違法ではないという法的スタンスを取っているが、私はこれに共感を覚える。英国におけるマジックマッシュルームの禁止を撤回すべきだと考える理由もこの点にある。我が国では現在、マッシュルームを採集してその場でただちに食すならば法に触れないが、マッシュルームを自宅に持ち帰ると違法な所持に該当し、これを誰かに渡すと、たとえ金銭の授受がなくとも供給（取引）と見なされるという、なんとも滑稽な状況にある。

天然の物質が店舗で販売されるようになれば、管理された市場へと移行していくことになるだろう。これはオランダや、オレゴン州を筆頭に米国の多くの州で起きていることであり、これらの国や州では、他者への提供を目的とした天然物の栽培に関する規制が整備されつつある。販売される物質はすべて、適切な使用方法に関する情報提供の一環として、効能と有効成分を含む詳細ラベルの表示が義務づけられることになろう。また、カンナビスの場合と同様に、有効成分の含有量にも基準値を設定すべきである。

そして、これらの天然物質から恩恵を受けることになる以上、たとえばアヤワスカやイボガインの原産地に暮らす先住民などに相応の補償がなされることが重要だ（詳細は、第6章を参照）。

もし政府がＬＳＤやＭＤＭＡのような合成薬物を合法化する場合は、心身の健康の問題から服用に適さない人々がそれらを摂取してしまう事態を避けるために、何らかの監視システムを設けて、安全に販売する仕組みを確保しなければならない。認可された店舗を介してのみ販売され、おそらくスマートカードなどの手段を用いて薬物へのアクセスを管理することになるのではないか。

幻覚作用を持たないプラストゲン（神経可塑性に働きかける薬物）の開発に対する米国政府による研究支援は、同国政府がこのような法的問題や幻覚剤トリップを回避しながら人々が治療にアクセスできるよう望んでいることの証左である。医師としては、バッド・トリップのリスクを懸念せずに患者の治療にあたれるのであれば、それに越したことはない。産学双方の研究者がプラストゲンの研究に取り組んでおり、今後この分野でどのような進展が起こるか目が離せない。数年もすれば、研究の成果が明らかになるだろう。果たして、幻覚剤トリップをともなわない薬物でも十分な治療効果が得られるだろうか。実のところ私は懐疑的で、幻覚剤の効能は部分的に、神秘体験（第９章を参照）に由来すると考えられるため、効果がそれほど期待できるとは思えないのだがどうだろうか。

幻覚剤研究の発展の方向性

今後10年のうちに、幻覚剤の脳内での作用に関する理解がさらに進み、より多くのリアルワールドエビデンスが収集されていくにつれ、心理療法における幻覚剤の使用方法はより洗練され、進化していくに違いない。

本書を通して多くの症状に言及してきたが、幻覚剤が治療に役立つ可能性のある病気が他にもたくさんあることは推して知るべしである。あらゆる種類の内在化症状、つまり、思考プロセスを変化させることに困難を覚えるさまざまな状態について、治療の可能性がテストされていくことになるだろう。

とりわけ気持ちがはやるのは、失行症（発達性協調運動障害）および／または失読症の人々を助けることができる可能性だ。言語や発話をつかさどる脳領域には2A受容体が豊富に存在するため、古典的幻覚剤が役立つのではないかと見られている。また、ギャンブル依存症、ゲーム依存症、さらにはセックス依存症まで、従来型のアプローチでは介入が困難な、行動（非物質）依存症の人々を対象とした幻覚剤支援療法の臨床試験も興味深い。

もう1つの有望なアプローチは、アヤワスカの儀式や一部のマジックマッシュルーム・リトリートで一般的に見られるグループセラピーである。1960年代には、LSDを併用する形でグループセラピーが広く行われていた。私たちが行っているような2名のセラピストが伴走する現行のやり方はコストがかさむ。だが、幻覚剤支援療法が富裕層のためだけのセラピーであってはならない。そのためにも、コストを低減する方法を模索することが肝要だ。セラピストの数を2名から1名に減らすことも考えられる。コンパス・パスウェイズ社は、健康なボランティア被験者にグループ環境で幻覚体験を提供する試験を実施しており、これは患者を対象とした幻覚剤支援グループセラピーの実現へ向けた足がかりになる。[2]

しかしながら、グループワークには課題もある。たとえば、グループのメンバーの間でトラブルが起こる可能性などが挙げられる。そのため、グループセラピーを、治療を行う際の義務としないことも重要だ。

その他にも、治療が成功したものの、時間の経過とともに効果が薄れてしまった場合に備えて、効果を維持できるような方策を見つける必要もある。特に治療抵抗性うつ病では、多くの患者が、抑うつ的な思考パターンに逆戻りしてしまうことが知られている。いずれも今後の検証が必要であるが、以下に治療効果を維持するためのアイデアをいくつか紹介したい。

1）症状が再発した場合は、数カ月ごとに全治療計画を追加実施する。未検証のため、成否は明言できないが、うまくいく可能性は高いと考えられる。

2）患者支援グループ。前述のPsyPAN（サイパン）やロザリンド・ワッツが率いるACERグループは、症状に改善が見られた患者にサポートを提供することを目的に設立され、患者同士が回復のためのスキルやヒントを共有する場を提供している。

3）マイクロドージング。ごく少量の幻覚剤を摂取することで、以前のような抑うつ気分への逆戻りを阻止するのに十分な神経可塑性が維持される可能性がある。

4）幻覚剤で脳が「リセット」された後は、それまで効果がなかった他の薬物が効くようになり、再発を防げる可能性もある。他の薬物にはたとえば、SSRIやリチウムなどの気分安定薬が挙げられる。

5）前述の点は、トークセラピーにも当てはまる。治療後、自分の症状の根底にある問題についてより深く理解できるようになれば、認知行動療法（CBT）やその他の心理療法といった確立された治療法が奏功する可能性が高まると考えられる。

6）マインドフルネスや瞑想のアプローチも有望だ。幻覚剤と併用して治療にあたれば、心を開放する幻覚剤の働きにより、効果が高まると期待されている（第6章を参照）。マインドフルネスと瞑想は、症状の改善を維持するうえでも有用と思われる。

7）幻覚剤支援療法を追想する方法の模索。たとえば、音楽、あるいは神秘体験に入るための太鼓演奏のような伝統的アプローチなどが考えられる。

8）幻覚作用を持たないニューロプラストゲン。たとえうつ病からの回復や依存症の克服のための治療法としては効果が得られなかったとしても、症状が改善した状態の維持には役立つ可能性がある。

9）インペリアル・カレッジで私たちは現在、神経刺激の最新テクニックをテストしているところだ。これは電気パルスを用いて非侵襲的に脳の一部分のスイッチを入れたり、切ったりするものだ。これによって、低用量の幻覚剤からより高い効果を引き出すことができるかもしれない。

動物を用いた研究ではうまくいくことが明らかになっているが、ヒトでの試験にはまだ至っていない。神経刺激はさらに、幻覚剤が持つ神経可塑性の働きを増強する可能性もある。また、この手法により、扁桃体（脅威を検出し、アラームを発する脳領域）のスイッチをオフにすることができるのではないかと考えている。これはトラウマ体験の後ばかりでなく、その最中でも可能かもしれない。ギャンブル依存症の人がスキャナーに横たわり、ルーレット盤の上をボールが回っている映像を見ている最中に電気パルスによる神経刺激を与えることで、依存を断ち切れる日がいつか訪れる可能性もなきにしもあらずなのである。

治療用途での幻覚剤の復活は、医学の世界での長いキャリア（なにしろ、医師になるための臨床研修を開始したのが1969年なのだ！）を通して経験してきた数々の出来事の中で、もっともエキサイティングなことだ。官僚や行政組織からの強い反対に阻まれながらも、ここまでたどり着いた事実は、見識ある多数の研究者や臨床医が、私と同じ思いを抱き、この進歩の実現へ向け労苦をいとわず奮闘してきたことの表れである。本書は、彼らと私の粉骨砕身の一端を記した物語とも言えよう。治療薬としての幻覚剤の使用が健全な科学的エビデンスに裏づけられた、真剣かつ重要な人類の試みであることを人々に理解してもらううえで、幻覚剤の脳科学の発展が大いに寄与したことにも言及しておきたい。いつの日か幻覚剤が、世界中のほとんどの家庭でメンタルヘルスや神経系の問題を抱える患者とその家族に恩恵をもたらす治療法となり得ることを理解してもらえたなら、著者冥利につきる。

オルダス・ハクスリーが次の文章を書いたのは1950年代のことだが、本書の締め括りにふさわしい一文をこれ以外に思いつかない。ここまで読み通してくださった読者の皆さんも同じように感じてくれることを願いつつ、筆をおきたい。

私は思うのだ、これらの薬物［幻覚剤］は人間に関する事柄において、少なくともアルコールがこれまで果たしてきたのと同じぐらい重要で、比較にならないほど有益な役割を果たす運命にあるのではないかと。

謝辞

研究者そして精神科医としての職業人生を通して、これまでたくさんの人に支えられ、励まされてきた。とりわけ、オックスフォード大学のMRC臨床薬理学ユニットのディレクターであったデヴィッド・グラハム＝スミス教授に感謝の気持ちを伝えたい。臨床研究フェローとして教授の研究室に参加させてもらったことが、科学研究へ分け入る極めて重要な最初の一歩となった。その後も、神経精神薬理学という新しい世界を探求する私を、驚嘆に値する忍耐力を持って見守り、導いてくださった。オックスフォード大学の精神医学科のトップを務められたマイケル・ゲルダー教授には、臨床研究への移行をサポートしていただき、また医療研究財団ウェルカム・トラストからは財政面からこの移行を支援いただいた。心よりお礼申し上げる。レキット＆コールマン社のリサーチ・ディレクターであるジョン・ルイス博士には、ブリストル大学の精神薬理学ユニットの立ち上げに際して並々ならぬご支援を賜った。独自の研究キャリアを築くうえで欠かせない独立性を与えていただいたと、恩義を感じている。

本書で縷々述べてきた幻覚剤とMDMAの研究は、時間と頭脳を持って研究に協力してくれた仲間や同僚の献身なくしてはけっして叶わなかった。ヴァル・カラン教授、ベン・セッサ博士、ティム・

ウィリアムズ博士、スレッシュ・ムトゥクマラスワミ博士、デヴィッド・エリツォ博士、マーク・ボルストリッジ博士、エンゾ・タリアズッキ教授、ロザリンド・ワッツ博士、ジェームズ・ラッカー博士、リック・ストラスマン博士、ミトゥル・メータ教授、ジョージ・ゴールドスミスとエカテリーナ・マリエフスカイア博士、メグ・スプリッグス博士、セリア・モーガン教授、リック・ドブリン博士、マインド・メディシン・オーストラリアのピーター・ハントとタニア・デ・ヨン、そしてドラッグ・サイエンスのチーム全員を含む、ここに名前を挙げきれない多くの人たちのおかげである。

アレクサンダー・モズレー慈善信託、サイセイ財団、サンジャイ・シンガル、アントン・ビルトン、チャールズ・エンゲルハード財団、ベックリー・サイテック社、オーチャードOCD、それから私たちの幻覚剤研究を支援してくれる数々の少額寄付提供者にこの場をお借りして謝意を述べたい。

アマンダ・フィールディングと彼女が率いるベックリー財団には、過去10年にわたり知的アドバイスと財政の両面から研究を支えてもらった。感謝の言葉を捧げたい。また、MDMA研究に資金を投じてくれたチャンネル4サイエンス、幻覚剤研究を支援してくれたコンパス社、サイロシビンを用いた2回目のうつ病研究を支えてくれたモズレー財団にもお礼申し上げる。

ブリジット・モスと再び一緒に仕事ができたことは、このうえない喜びだ。本書の成功は、彼女の大量の情報を体系化する能力、幻覚剤の科学と歴史の丹念な分析と問いかけ、そして明晰な文章力に負うところが大きい。

末筆になるが、この困難かつ論争を呼び起こす一連の研究を遂行し、驚くべき成果を結実させたロビン・カーハート＝ハリス教授の並外れた功績には、どれほど感謝の言葉を尽くしても足りない。彼のたゆまぬ努力と知性なくして、ヒトの脳研究におけるこの新たな章が綴られることはなかっただろう。

著者略歴

デヴィッド・ナット David Nutt

ケンブリッジ大学医学部卒業、オックスフォード大学にて医学博士号取得。英王立内科医学会フェロー、英王立精神医学会フェロー、英薬理学会フェロー、英医科学アカデミーフェロー、バース大学名誉法学博士。

精神科医。インペリアル・カレッジ・ロンドン付属ハマースミス病院医学部脳科学部門の神経精神薬理学教授。精神薬理学を専門とし、精神医学や神経学における薬物治療の作用について、またなぜ人はアルコールなどの薬物を使用し、中毒になるのかといった観点から、薬物が脳におよぼす影響を研究している。脳内での薬物の影響を研究するために、PET や fMRI、さらには EEG や MEG といった最先端のイメージング技術を駆使。脳画像研究の成果を中心にこれまで 500 本を超えるオリジナル論文を発表しており、これは世界の研究者の上位 0.1%に入る。また、同様の数の論文の査読、書籍の監修、薬物に関する 8 本の政府報告書の執筆に携わる他、2014 年にトランスミッション賞を受賞した一般向け書籍『Drugs: Without the Hot Air（薬物：虚言に惑わされず理解するために）』を含む 37 冊の著作を持つ。欧州脳委員会、英国精神薬理学会、英国神経科学学会、欧州神経精神薬理学会の会長職など、科学および医学分野で数々の要職を歴任。政治その他の干渉を受けることなく、合法・非合法を問わずすべての薬物に関する真実を追求・発信することを使命とした慈善団体 DrugScience.org.uk の創設者であり、現在は会長を務める。また、オープン大学とマーストリヒト大学の客員教授でもある。

一般視聴者向けの情報発信にも注力しており、ラジオおよびテレビに広く出演する他、ポッドキャスト番組も配信（下記参照）。2010 年には英『タイムズ』紙の科学雑誌『エウレカ』が選ぶ英国でもっとも影響力ある科学者 100 人に、唯一の精神科医として選出された。2013 年には、科学のために立ちあがった功績により、科学ジャーナル『ネイチャー』と慈善団体センス・アバウト・サイエンスの共同イニシアティブであるジョン・マドックス賞を受賞。2017 年にはバース大学から名誉法学博士号を授与された。

https://en.wikipedia.org/wiki/David_Nutt
https://www.sciencemag.org/content/343/6170/478.full
https://www.imperial.ac.uk/people/d.nutt
https://www.imperial.ac.uk/medicine/departments
https://www.drugscience.org.uk/podcast

訳者略歴

鈴木ファストアーベント理恵（すずき・ふぁすとあーべんと・りえ）

学習院大学法学部政治学科卒業、ロンドン・スクール・オブ・エコノミクス（LSE）国際関係学修士課程修了。外資系企業、在ドイツ経済振興組織などでの勤務を経て、英日・独日翻訳に従事。訳書に『熟睡者』（サンマーク出版）、『Amazon 創業者ジェフ・ベゾスのお金を生み出す伝え方』（文響社）などがある。

索引

数字・欧字

ア

カ

サ

タ

ナ

ハ

原注

第1章

1）https://www.tga.gov.au/news/media-releases/change-classification-psilocybin-and-mdma-enable-prescribing-authorised-psychiatrists
2）https://www.psychiatrictimes.com/view/psychiatry-long-view
3）https://www.goodreads.com/quotes/542554-taking-lsd-was-a-profound-experience-one-of-the-most
4）https://www.theatlantic.com/health/archive/2014/09/the-accidental-discovery-of-lsd/379564
5）https://wchh.onlinelibrary.wiley.com/doi/pdf/10.1002/pnp.94
6）https://www.ncbi.nlm.nih.gov/pmc/articles/PMC6787540
7）https://www.nytimes.com/2019/06/03/obituaries/james-ketchum-dead.html
8）https://www.theguardian.com/tv-and-radio/2022/jun/09/dr-delirium-and-the-edgewood-experiments-documentary
9）https://www.thetimes.co.uk/article/drug-session-showed-me-huge-vision-of-god-reveals-paul-mccartney-2s9p8kg5m
10）https://pubmed.ncbi.nlm.nih.gov/21305914
11）https://druglibrary.net/schaffer/lsd/valencic.htm
12）https://akjournals.com/view/journals/2054/7/1/article-p48.xml
13）https://www.nytimes.com/2005/01/30/magazine/dr-ecstasy.html
14）Huxley, A.（1977）*The Doors of Perception*. London, UK: Harpercollins. 『知覚の扉』オルダス・ハクスリー著、河村錠一郎訳、平凡社、1995年
15）https://maps.org/images/pdf/books/lsdmyproblemchild.pdf

第2章

1）https://www.frontiersin.org/articles/10.3389/fphar.2018.00172/full#B47
2）https://www.drugscience.org.uk/drug-information/#1551446554226-ae27d089-48e9
3）https://pubmed.ncbi.nlm.nih.gov/33059356
4）https://www.imperial.ac.uk/news/187706/potent-psychedelic-dmt-mimics-near-death-experience
5）https://pubmed.ncbi.nlm.nih.gov/28129538
6）https://pubmed.ncbi.nlm.nih.gov/33059356
7）https://www.ncbi.nlm.nih.gov/pmc/articles/PMC4855588
8）https://digitalcommons.buffalostate.edu/cgi/viewcontent.cgi?article=1034&context=exposition
9）https://www.organism.earth/library/document/turn-on-tune-in-drop-out
10）https://www.ncbi.nlm.nih.gov/pmc/articles/PMC3181823
11）https://www.thelancet.com/pdfs/journals/lancet/PIIS0140-6736(08)60943-5.pdf
12）https://www.ncbi.nlm.nih.gov/pmc/articles/PMC3181823
13）https://www.inverse.com/article/14503-bicycle-day-albert-hofmann-lsd-acid-trip

14) Hofmann, A. (1992). *LSD, My Problem Child: Reflections on Sacred Drugs, Mysticism, and Science*. Mt. View, Calif.: Wiretap. 『LSD—幻想世界への旅』アルバート・ホッフマン著、福屋武人監訳、堀正／榎本博明訳、新曜社、1984年
15) https://www.ncbi.nlm.nih.gov/pmc/articles/PMC4813425
16) https://www.wholecelium.com/blog/the-forgotten-story-of-valentina-wasson
17) https://timeline.com/with-the-help-of-a-bank-executive-this-mexican-medicine-woman-hipped-america-to-magic-mushrooms-c41f866bbf37
18) https://www.britishcouncil.org/voices-magazine/maria-sabina-one-of-mexicos-greatest-poets
19) https://psychedelictimes.com/psychedelic-timeline
20) https://www.drugscience.org.uk/drug-information/dmt
21) https://www.thetimes.co.uk/article/santo-daime-the-drug-fuelled-religion-3mkf2pcfc58
22) https://www.bbc.co.uk/programmes/p0438553
23) https://www.mirror.co.uk/tv/tv-news/bbc-presenter-takes-drug-brazil-8693692
24) https://psychedelictimes.com/the-universal-archetypes-of-ayahuasca-dreams-and-making-sense-of-your-own-visions
25) https://www.youtube.com/watch?v=Z9RFpR5VHN4
26) https://www.ncbi.nlm.nih.gov/pmc/articles/PMC6378413
27) https://smallpharma.com/press-releases/dmt-trials-phase-i-consistent-quality-psychedelic-response
28) https://www.forbes.com/sites/natanponieman/2021/07/28/nasdaq-listed-mindmed-launches-human-trials-into-dmt-the-active-ingredient-in-ayahuasca/?sh=3067c9716c06
29) https://pubmed.ncbi.nlm.nih.gov/20942780
30) https://thethirdwave.co/colorado-river-toad
31) https://www.youtube.com/watch?v=jYcnaYEzX7Y
32) https://www.newyorker.com/magazine/2022/03/28/the-pied-piper-of-psychedelic-toads
33) https://www.nytimes.com/2022/03/20/us/toad-venom-psychedelic.html?login=email&auth=login-email&login=email&auth=login-email
34) https://pubmed.ncbi.nlm.nih.gov/30822141
35) https://pubmed.ncbi.nlm.nih.gov/30982127
36) Jay, M. (2021). *Mescaline: A Global History of the First Psychedelic*. London, UK: Yale University Press.
37) https://www.sciencedirect.com/science/article/abs/pii/S0028390822003537
38) https://digitalcommons.law.seattleu.edu/ailj/vol9/iss1/6
39) https://www.nature.com/articles/d41586-019-01571-2
40) https://digitalcommons.law.seattleu.edu/ailj/vol9/iss1/6
41) Boon, M. (2002). *The Road of Excess: A History of Writers on Drugs*. Cambridge, London: Harvard University Press.
42) https://www.bps.org.uk/psychologist/eye-fiction-heavenly-and-hellish-writers-hallucinogens
43) https://michaelpollan.com/books/this-is-your-mind-on-plants
44) https://pubmed.ncbi.nlm.nih.gov/36252614
45) https://pubs.acs.org/doi/10.1021/acsptsci.1c00018
46) https://pubmed.ncbi.nlm.nih.gov/32174803

47） https://www.thetimes.co.uk/article/a-grieving-mothers-bittersweet-moment-of-triumph-over-legal-highs-nfq0xqvwtf7
48） https://pubmed.ncbi.nlm.nih.gov/23994452

第3章

1） https://www.ncbi.nlm.nih.gov/pmc/articles/PMC5126726
2） https://www.theguardian.com/commentisfree/2015/feb/18/ketamine-common-sense-britain-war-on-drugs
3） https://www.jneurosci.org/content/35/33/11694
4） https://www.nature.com/articles/nrd2172.pdf?origin=ppub
5） Shulgin, A. T. (1992). *Controlled Substances: A Chemical and Legal Guide to the Federal Drug Laws.* Ronin Pub.
6） https://doubleblindmag.com/inside-sasha-shulgins-lab
7） https://www.nytimes.com/2005/01/30/magazine/dr-ecstasy.html
8） https://www.nytimes.com/2005/01/30/magazine/dr-ecstasy.html
9） Shulgin, A. T., & Shulgin, A. (2021). *PiHkal: A chemical love story.* Transform Press.
10） https://www.theguardian.com/science/shortcuts/2014/jun/03/alexander-shulgin-man-did-not-invent-ecstasy-dead
11） https://blogs.scientificamerican.com/cross-check/talking-death-with-the-late-psychedelic-chemist-sasha-shulgin
12） https://www.theguardian.com/science/from-the-archive-blog/2014/jun/03/shulgin-alexander-drugs-ecstasy-mdma
13） Shulgin, A. T., & Shulgin, A. (2017). *Tihkal: The continuation.* Transform Press.
14） https://www.bloodhorse.com/horse-racing/articles/235769/scopolamine-substance-in-middle-of-justify-scandal
15） http://www.chm.bris.ac.uk/motm/scopolamine/scopolamineh.htm
16） https://www.pbs.org/wnet/secrets/david-foran/204
17） https://onlinelibrary.wiley.com/doi/10.1111/j.1556-4029.2010.01532.x
18） https://www.vice.com/en/article/bvzdkw/tiktok-smelled-devils-breath-flower-hallucinogen-scopolamine
19） https://www.newsweek.com/women-smell-poisonous-flower-angels-trumpet-worlds-scariest-drug-tiktok-1604733
20） https://nationalpost.com/opinion/oliver-sacks-on-hallucinogenic-drugs-one-pill-makes-you-larger
21） https://www.criver.com/products-services/discovery-services/pharmacology-studies/neuroscience-models-assays/alzheimers-disease-studies/scopolamine-induced-amnesia-model?region=3696
22） https://journals.lww.com/clinicalneuropharm/Citation/2014/03000/The_Potential_Role_of_Scopolamine_as.10.aspx
23） https://www.reuters.com/article/astrazeneca-targacept-idUSL6E7M80SI20111108
24） https://bwitilife.com/bwiti-tradition
25） https://maps.org/research-archive/html_bak/ibogaine.html
26） https://www.theguardian.com/society/2017/dec/10/ibogaine-heroin-addiction-treatment-

gabon-withdrawal-danger-death
27）https://maps.org/news/bulletin/in-memoriam-howard-lotsof
28）https://www.herbalgram.org/resources/herbalgram/issues/87/table-of-contents/article3572
29）https://www.tandfonline.com/doi/full/10.1080/17425255.2021.1944099
30）https://www.nbcnews.com/id/wbna23573004
31）https://www.nature.com/articles/s41598-020-73216-8
32）https://thethirdwave.co/psychedelics/amanita-muscaria
33）https://www.samwoolfe.com/2013/04/the-sacred-mushroom-and-cross-by-john.html
34）https://scfh.ru/en/papers/alcohol-and-hallucinogens-in-the-life-of-siberian-aborigines9124/

第4章

1）https://pubmed.ncbi.nlm.nih.gov/23616706
2）https://www.ncbi.nlm.nih.gov/pmc/articles/PMC3277566
3）https://www.pnas.org/doi/10.1073/pnas.1518377113
4）https://www.pnas.org/doi/10.1073/pnas.2218949120
5）https://pubmed.ncbi.nlm.nih.gov/21609772
6）https://pubmed.ncbi.nlm.nih.gov/17188554
7）https://pubmed.ncbi.nlm.nih.gov/19580387
8）https://www.ncbi.nlm.nih.gov/pmc/articles/PMC2268790
9）https://royalsocietypublishing.org/doi/10.1098/rsif.2014.0873
10）https://journals.sagepub.com/doi/full/10.1177/2050324520942345

第5章

1）https://doi.org/10.1176/ajp.2006.163.11.1905
2）https://www.ncbi.nlm.nih.gov/pmc/articles/PMC3050654
3）https://jamanetwork.com/journals/jamapsychiatry/fullarticle/210962
4）D. Nutt personal communication.
5）https://www.sciencedirect.com/science/article/pii/S089662730500156X
6）https://pubmed.ncbi.nlm.nih.gov/20855296
7）https://www.thelancet.com/journals/lanpsy/article/PIIS2215-0366(16)30065-7
8）https://www.ncbi.nlm.nih.gov/pmc/articles/PMC5367557
9）https://pubmed.ncbi.nlm.nih.gov/27909164
10）https://compasspathways.com/our-work/treatment-resistant-depression/
11）https://compasspathways.com/wp-content/uploads/2022/05/Compass_APA_Poster_v5.1.pdf
12）https://www.nejm.org/doi/full/10.1056/NEJMoa2032994
13）https://www.ncbi.nlm.nih.gov/pmc/articles/PMC6442683
14）https://www.ncbi.nlm.nih.gov/pmc/articles/PMC5410405
15）https://www.ncbi.nlm.nih.gov/pmc/articles/PMC6082376
16）https://news.unchealthcare.org/2020/06/roth-leads-26-9-million-project-to-create-

better-psychiatric-medications
17) https://pubmed.ncbi.nlm.nih.gov/35072760
18) https://www.ncbi.nlm.nih.gov/pmc/articles/PMC6378413
19) https://www.nature.com/articles/s41598-019-51974-4
20) www.pnas.org/doi/10.1073/pnas.2218949120
21) https://smallpharma.com/press-releases/dmt-trials-phase-i-consistent-quality-psychedelic-response
22) https://pubs.acs.org/doi/10.1021/acsmedchemlett.1c00546
23) https://www.biologicalpsychiatryjournal.com/article/S0006-3223(22)01553-0/fulltext
24) https://tim.blog/2022/09/30/dr-john-krystal-ketamine
25) https://www.cell.com/neuron/pdf/S0896-6273(19)30114-X.pdf
26) https://www.nature.com/articles/srep46421
27) https://pubmed.ncbi.nlm.nih.gov/21907221
28) https://ejnmmiphys.springeropen.com/articles/10.1186/s40658-021-00384-5
29) https://www.oxfordhealth.nhs.uk/ketamine
30) Dr Ben Sessa personal communication.
31) https://www.bbc.co.uk/news/health-54014522
32) https://accp1.onlinelibrary.wiley.com/doi/abs/10.1002/jcph.1573
33) https://www.oxfordhealth.nhs.uk/ketamine
34) https://www.nejm.org/doi/full/10.1056/NEJMoa2032994
35) https://jamanetwork.com/journals/jamapsychiatry/fullarticle/2772630

第6章

1) Lee, Martin A. and Shlain, Bruce (2001). *Acid Dreams: The Complete Social History of LSD: The CIA, The Sixties, and Beyond*. London: Sidgwick & Jackson. 『アシッド・ドリームズ』マーティン・A・リー/ブルース・シュレイン著、越智道雄訳、第三書館、1992年
2) Lee, Martin A. and Shlain, Bruce (2001). *Acid Dreams: The Complete Social History of LSD: The CIA, The Sixties, and Beyond*. London: Sidgwick & Jackson. 『アシッド・ドリームズ』
3) Lee, Martin A. and Shlain, Bruce (2001). *Acid Dreams: The Complete Social History of LSD: The CIA, The Sixties, and Beyond*. London: Sidgwick & Jackson. 『アシッド・ドリームズ』
4) https://pubmed.ncbi.nlm.nih.gov/9924845
5) https://pubmed.ncbi.nlm.nih.gov/35107059
6) https://journals.sagepub.com/doi/full/10.1177/2050324516683325
7) https://journals.sagepub.com/doi/10.1177/2050324516683325
8) Lee, Martin A. and Shlain, Bruce (2001). *Acid Dreams: The Complete Social History of LSD: The CIA, The Sixties, and Beyond*. London: Sidgwick & Jackson. 『アシッド・ドリームズ』
9) Lee, Martin A. and Shlain, Bruce (2001). *Acid Dreams: The Complete Social History of LSD: The CIA, The Sixties, and Beyond*. London: Sidgwick & Jackson. 『アシッド・ドリームズ』
10) https://www.cambridge.org/core/journals/the-psychiatrist/article/dr-ronald-arthur-sandison/350EA7A27FA66EB827A66C22ACDB73E6
11) https://pubmed.ncbi.nlm.nih.gov/34326773
12) https://pubmed.ncbi.nlm.nih.gov/28447622
13) https://pro.psycom.net/psychedelic-assisted-therapy/how-to-administer-psychedelic-

assisted-therapy
14) https://psychiatryinstitute.com/podcast/about-psychedelics-pioneers-richards
15) https://www.frontiersin.org/articles/10.3389/fpsyt.2021.586682/full
16) https://www.drrosalindwatts.com
17) https://www.drugscience.org.uk/podcast/59-how-to-become-a-psychedelic-therapist-with-dr-rosalind-watts
18) https://www.sciencedirect.com/science/article/abs/pii/S0924977X16300165
19) https://www.ncbi.nlm.nih.gov/pmc/articles/PMC5893695
20) https://psycnet.apa.org/record/1973-07379-001
21) https://www.ncbi.nlm.nih.gov/pmc/articles/PMC5893695
22) https://pubmed.ncbi.nlm.nih.gov/22114193
23) https://pubmed.ncbi.nlm.nih.gov/29020861
24) https://pubmed.ncbi.nlm.nih.gov/30965131
25) https://www.sciencedirect.com/science/article/pii/S0149763422002135.
26) https://cris.maastrichtuniversity.nl/en/publications/depression-mindfulness-and-psilocybin-possible-complementary-effe
27) https://www.frontiersin.org/articles/10.3389/fpsyg.2022.866018/full
28) https://pubmed.ncbi.nlm.nih.gov/33732156
29) https://akjournals.com/view/journals/2054/5/2/article-p57.xml
30) https://pubmed.ncbi.nlm.nih.gov/28631526
31) https://www.iceers.org/about-us
32) https://pubmed.ncbi.nlm.nih.gov/25242255
33) https://maps.org/2019/05/24/statement-public-announcement-of-ethical-violation-by-former-maps-sponsored-investigators
34) https://psychedelicspotlight.com/maps-sex-elder-abuse-scandals-health-canada-reviews-mdma-trials
35) https://pubmed.ncbi.nlm.nih.gov/35031907
36) https://pubmed.ncbi.nlm.nih.gov/34267683
37) https://pubmed.ncbi.nlm.nih.gov/35924888
38) https://www.frontiersin.org/articles/10.3389/fpsyt.2022.831092
39) https://maps.org/2010/05/05/how-to-work-with-difficult-psychedelic-experiences

第7章

1) https://www.thymindoman.com/aa-co-founder-bill-wilsons-first-vision-account
2) https://en.wikipedia.org/wiki/Charles_B._Towns
3) Cheever, S. (2005). *My name is Bill: Bill Wilson: His life and the creation of Alcoholics Anonymous.* Washington Square.
4) https://silkworth.net/alcoholics-anonymous/ebby-t-the-man-who-carried-the-message-to-bill-w
5) https://www.gov.uk/government/publications/review-of-drugs-phase-one-report/review-of-drugs-summary
6) https://www.gov.uk/government/publications/delivering-better-oral-health-an-evidence-based-toolkit-for-prevention/chapter-12-alcohol#fnref:3:1

7）https://www.gov.uk/government/publications/2010-to-2015-government-policy-cancer-research-and-treatment/2010-to-2015-government-policy-cancer-research-and-treatment
8）https://ukhsa.blog.gov.uk/2019/02/14/health-matters-preventing-cardiovascular-disease
9）https://www.recoveryspeakers.com/if-there-is-a-god-will-he-show-himself-bill-w-recounts-his-spiritual-experience
10）https://www.ncbi.nlm.nih.gov/books/NBK99377
11）Kennedy, quoted in Lee, Martin A. and Shlain, Bruce (2001). *Acid Dreams: The Complete Social History of LSD: The CIA, The Sixties, and Beyond*. London: Sidgwick & Jackson. 『アシッド・ドリームズ』
12）https://www.ncbi.nlm.nih.gov/books/NBK99377
13）https://jamanetwork.com/journals/jamapsychiatry/article-abstract/490914
14）https://www.who.int/health-topics/tobacco#tab=tab_1
15）https://pubmed.ncbi.nlm.nih.gov/25213996
16）https://www.ncbi.nlm.nih.gov/pmc/articles/PMC5641975
17）https://clinicaltrials.gov/ct2/show/results/NCT01943994
18）https://clinicaltrials.gov/ct2/show/results/NCT01943994
19）Adapted from Baler and Volkow 2006.
20）Adapted from Baler and Volkow 2006.
21）https://onlinelibrary.wiley.com/doi/full/10.1111/adb.12980
22）https://pubmed.ncbi.nlm.nih.gov/9250944
23）https://psychology.exeter.ac.uk/kare
24）https://ajp.psychiatryonline.org/doi/10.1176/appi.ajp.2021.21030277
25）https://pubmed.ncbi.nlm.nih.gov/25586396
26）https://jamanetwork.com/journals/jamapsychiatry/fullarticle/2795625
27）https://www.nytimes.com/2022/08/25/health/psilocybin-mushrooms-alcohol-addiction.html
28）https://journals.sagepub.com/doi/full/10.1177/0269881121991792
29）https://www.heraldopenaccess.us/openaccess/how-well-are-patients-doing-post-alcohol-detox-in-bristol-results-from-the-outcomes-study
30）https://pubmed.ncbi.nlm.nih.gov/28402682
31）https://pubmed.ncbi.nlm.nih.gov/27870477
32）https://ajp.psychiatryonline.org/doi/1 0.1176/appi.ajp.2019.18101123

第8章

1）https://transformdrugs.org/blog/mdma-history-and-lessons-learned-part-1#_ftn3
2）https://transformdrugs.org/blog/mdma-history-and-lessons-learned-part-1#_ftn3
3）https://www.tga.gov.au/news/media-releases/change-classification-psilocybin-and-mdma-enable-prescribing-authorised-psychiatrists
4）https://time.com/6253702/psychedelics-psilocybin-mdma-legalization
5）https://www.kcl.ac.uk/news/pioneering-trial-of-mdma-treatment-hopes-to-help-veterans-with-ptsd
6）https://cks.nice.org.uk/topics/post-traumatic-stress-disorder/background-information/prevalence

7) https://www.ptsd.va.gov/understand/common/common_veterans.asp
8) https://watson.brown.edu/costsofwar/files/cow/imce/papers/2021/Suitt_Suicides_Costs%20of%20War_June%2021%202021.pdf
9) https://maps.org/mdma/ptsd/mapp1
10) https://www.nature.com/articles/s41591-021-01336-3
11) https://maps.org/news/media/press-release-fda-grants-breakthrough-therapy-designation-for-mdma-assisted-psychotherapy-for-ptsd-agrees-on-special-protocol-assessment-for-phase-3-trials
12) https://www.ncbi.nlm.nih.gov/pmc/articles/PMC4578244
13) https://www.gov.uk/government/statistics/drug-misuse-findings-from-the-2012-to-2013-csew/drug-misuse-findings-from-the-2012-to-2013-crime-survey-for-england-and-wales
14) https://journals.sagepub.com/doi/full/10.1177/2050324518767442
15) https://maps.org/wp-content/uploads/2015/10/MDMAIB13thEditionFinal22MAR2021.pdf
16) https://journals.sagepub.com/doi/full/10.1177/2050324518767442
17) https://journals.sagepub.com/doi/full/10.1177/2050324518767442
18) https://journals.sagepub.com/doi/full/10.1177/2050324518767442
19) https://journals.sagepub.com/doi/full/10.1177/2050324518767442
20) https://journals.sagepub.com/doi/pdf/10.1177/2050324518767442
21) https://www.thetimes.co.uk/article/ann-shulgino-bituary-6qdcfhrcb
22) https://podcasts.apple.com/au/podcast/37-maps-with-rick-doblin/id1474603382?i=1000523137520
23) https://journals.sagepub.com/doi/10.1177/2050324515578080
24) https://journals.sagepub.com/doi/10.1177/2050324515578080
25) https://journals.sagepub.com/doi/10.1177/2050324515578080
26) https://chriskresser.com/treating-ptsd-with-mdma-dr-michael-mithoefer
27) https://www.heroicheartsproject.org
28) https://www.heroicheartsuk.com
29) https://compasspathways.com/our-work/post-traumatic-stress-disorder-ptsd
30) https://ajp.psychiatryonline.org/doi/10.1176/appi.ajp.2020.20121677
31) https://chriskresser.com/treating-ptsd-with-mdma-dr-michael-mithoefer
32) https://pubmed.ncbi.nlm.nih.gov/29728331
33) https://www.ncbi.nlm.nih.gov/pmc/articles/PMC3122379
34) https://maps.org/2014/01/27/a-manual-for-mdma-assisted-therapy-in-the-treatment-of-ptsd
35) https://www.drugscience.org.uk/podcast/41-mdma-and-couples-counselling
36) https://maps.org/news-letters/v23n1/v23n1_p10-14.pdf
37) https://www.nature.com/articles/s41591-021-01336-3
38) https://www.ncbi.nlm.nih.gov/pmc/articles/PMC3573678
39) https://maps.org/news-letters/v23n1/v23n1_p10-14.pdf
40) https://pubmed.ncbi.nlm.nih.gov/24495461
41) https://pubmed.ncbi.nlm.nih.gov/24495461
42) https://pubmed.ncbi.nlm.nih.gov/24495461
43) https://www.nature.com/articles/npp201735

44） https://pubmed.ncbi.nlm.nih.gov/24345398
45） https://www.nature.com/articles/s41591-021-01385-8
46） https://pubmed.ncbi.nlm.nih.gov/24345398
47） https://pubmed.ncbi.nlm.nih.gov/28858536
48） https://pubmed.ncbi.nlm.nih.gov/27592327
49） https://pubmed.ncbi.nlm.nih.gov/26408071
50） https://www.nature.com/articles/s41586-019-1075-9
51） https://www.nature.com/articles/s41598-020-75706-1
52） https://www.frontiersin.org/articles/10.3389/fpsyt.2022.944849/full
53） https://pubmed.ncbi.nlm.nih.gov/30196397
54） https://maps.org/2022/06/29/mdma-assisted-group-therapy-for-ptsd-among-veterans-study-will-proceed-following-successful-safety-negotiations
55） https://clinicaltrials.gov/ct2/show/NCT03752918
56） https://maps.org/mdma
57） https://pubmed.ncbi.nlm.nih.gov/33601929
58） https://scienceofparkinsons.com/tag/Lawrence
59） https://www.bbc.co.uk/science/horizon/2000/ecstasyagony.shtml
60） https://pubmed.ncbi.nlm.nih.gov/22345403

第9章

1） https://lettersofnote.com/2010/03/25/the-most-beautiful-death
2） https://pubmed.ncbi.nlm.nih.gov/26029972
3） https://pubmed.ncbi.nlm.nih.gov/11324179
4） https://www.ncbi.nlm.nih.gov/pmc/articles/PMC1896303
5） https://pubmed.ncbi.nlm.nih.gov/34958455
6） https://pubmed.ncbi.nlm.nih.gov/20819978
7） https://www.ncbi.nlm.nih.gov/pmc/articles/PMC4086777
8） https://pubmed.ncbi.nlm.nih.gov/27909164
9） https://www.ncbi.nlm.nih.gov/pmc/articles/PMC5367557/#bibr16-0269881116675513
10） https://www.thelancet.com/journals/eclinm/article/PIIS2589-5370(20)30282-0/fulltext
11） https://psychedelicpress.co.uk/products/modes-of-sentience
12） https://www.frontiersin.org/articles/10.3389/fpsyg.2023.1128589/full
13） https://www.frontiersin.org/articles/10.3389/fnhum.2016.00269/full
14） https://www.frontiersin.org/articles/10.3389/fphar.2017.00974/full
15） https://journals.sagepub.com/doi/abs/10.1177/0022167817709585
16） https://quoteinvestigator.com/2019/06/20/spiritual
17） https://www.vice.com/en/article/yvqqpj/psilocybin-the-mushroom-and-terence-mckenna-439
18） https://www.theguardian.com/science/2011/apr/06/martin-rees-templeton-prize
19） Strassman, R. (2001). *DMT: The spirit molecule: A doctor's revolutionary research into the biology of near-death and mystical experiences*. Park Street Press. 『DMT―精神(スピリット)の分子―臨死と神秘体験の生物学についての革命的な研究』リック・ストラスマン著、東川恭子訳、ナチュラルスピリット、2022年

20） https://pubmed.ncbi.nlm.nih.gov/31745107
21） https://www.pnas.org/doi/10.1073/pnas.2218949120
22） https://pubmed.ncbi.nlm.nih.gov/23881860
23） https://www.nature.com/articles/s41598-019-45812-w
24） https://journals.sagepub.com/doi/abs/10.1177/0269881117736919
25） https://pubmed.ncbi.nlm.nih.gov/30174629
26） https://www.ncbi.nlm.nih.gov/pmc/articles/PMC6220878
27） https://pubmed.ncbi.nlm.nih.gov/35939083
28） https://www.youtube.com/watch?v=_92ZqEmeOFs
29） https://www.frontiersin.org/articles/10.3389/fnhum.2016.00269/Full
30） https://pubmed.ncbi.nlm.nih.gov/24508051
31） Shulgin, A. (2021) *PiHKAL: A Chemical Love Story.* Transform Press.
32） Pollan, M. (2018) *How to Change Your Mind.* London, UK: Penguin Press.
33） https://www.atpweb.org/jtparchive/trps-23-91-01-001.pdf
34） https://clinicaltrials.gov/ct2/show/NCT02421263
35） https://www.lucid.news/pioneering-clergy-of-diverse-religions-embrace-psychedelics

第10章

1） https://www.ncbi.nlm.nih.gov/pmc/articles/PMC8965278
2） https://www.nature.com/articles/s41386-022-01301-9
3） https://www.biologicalpsychiatryjournal.com/action/showPdf?pii=S0006-3223%2822%2901553-0
4） https://www.theguardian.com/science/2022/mar/08/demand-grows-for-uk-ministers-to-reclassify-psilocybin-for-medical-research
5） https://pubmed.ncbi.nlm.nih.gov/16801660
6） https://clusterbusters.org/resource/psilocybin-and-lsd-treatment
7） https://www.medrxiv.org/content/10.1101/2022.07.10.22277414v1
8） https://journals.sagepub.com/doi/abs/10.1177/0333102410363490
9） https://pubmed.ncbi.nlm.nih.gov/25903763
10） https://clusterbusters.org/resource/lsa-seeds-of-the-vine
11） https://pubmed.ncbi.nlm.nih.gov/29722608
12） https://tryptherapeutics.com/assets/documents/pdf/Tryp-Therapeutics_Pain-and-Psychedelics_Castellanos_2021-10-02-221023_huug.pdf
13） https://www.nature.com/articles/d41586-022-02878-3
14） https://pubmed.ncbi.nlm.nih.gov/32067950
15） https://algernonpharmaceuticals.com/dmt-stroke-program
16） https://www.ncbi.nlm.nih.gov/pmc/articles/PMC7472664
17） https://link.springer.com/article/10.1007/s00213-019-05417-7
18） https://www.eatingdisorderhope.com/information/anorexia/anorexia-death-rate
19） https://proto.life/2022/02/psychedelics-offer-new-route-to-recovery-from-eating-disorders
20） https://www.frontiersin.org/articles/10.3389/fpsyt.2021.735523/full
21） https://www.lidsen.com/journals/neurobiology/neurobiology-05-02-102

22）https://clinicaltrials.gov/ct2/show/NCT04052568
23）https://www.biologicalpsychiatryjournal.com/article/S0006-3223(22)00773-9/fulltext
24）https://compasspathways.com/comp360-psilocybin-therapy-shows-potential-in-exploratory-open-label-studies-for-anorexia-nervosa-and-severe-treatment-resistant-depression
25）https://compasspathways.com/compass-pathways-launches-phase-2-clinical-trial-of-psilocybin-therapy-in-anorexia-nervosa
26）https://link.springer.com/article/10.1007/s40519-020-01000-8
27）https://pubmed.ncbi.nlm.nih.gov/30474794
28）https://tryptherapeutics.com/updates/tryp-therapeutics-announces-interim-results-for-its-phase-ii-clinical-trial-for-the-treatment-of-binge-eating-disorder-with-psilocybin-assisted-psychotherapy
29）https://www.mdpi.com/2076-3425/12/3/382
30）https://pubmed.ncbi.nlm.nih.gov/17196053
31）https://clinicaltrials.gov/ct2/show/NCT03300947
32）https://icpr2020.net/speakers/francisco-moreno
33）https://www.youtube.com/watch?v=2JP3dtERUS0
34）https://www.youtube.com/watch?v=cIuU68pNVow
35）https://www.orchardocd.org/participate-in-research/the-psilocd-study-recruitment-is-now-open-now-closed
36）https://www.irishnews.com/magazine/entertainment/2022/02/10/news/rory-bremner-says-adhd-is-my-best-friend-and-my-worst-enemy--2585610
37）https://pubmed.ncbi.nlm.nih.gov/30925850
38）https://cks.nice.org.uk/topics/attention-deficit-hyperactivity-disorder/background-information/prevalence
39）https://www.ncbi.nlm.nih.gov/pmc/articles/PMC6753862
40）https://www.sciencedirect.com/science/article/pii/S0924977X20309111
41）https://pubmed.ncbi.nlm.nih.gov/28576350
42）https://discovery.ucl.ac.uk/id/eprint/1513566/1/Journal%20of%20Attention%20Disorders-2016-Mowlem-1087054716651927.pdf
43）https://clinicaltrials.gov/ct2/show/NCT05200936

第11章

1）https://www.itv.com/news/2022-11-09/the-tiktokers-who-claim-microdosing-psychedelic-drugs-helps-their-mental-health
2）Fadiman, J. (2011). *The Psychedelic Explorer's Guide: Safe, Therapeutic, and Sacred Journeys*. Rochester, VT: Park Street Press.
3）https://www.drugscience.org.uk/podcast/56-microdosing-with-james-fadiman
4）https://pubmed.ncbi.nlm.nih.gov/30925850
5）Waldman, A (2017) *A Really Good Day: How Microdosing Made a Mega Difference in My Mood, My Marriage, and My Life*. Deckle Edge
6）https://microdosinginstitute.com/microdosing-101/benefits
7）https://pubmed.ncbi.nlm.nih.gov/30685771

8) https://pubmed.ncbi.nlm.nih.gov/31853557
9) https://www.cambridge.org/core/journals/the-psychiatrist/article/dr-ronald-arthur-sandison/350EA7A27FA66EB827A66C22ACDB73E6
10) https://pubmed.ncbi.nlm.nih.gov/27210031
11) https://pubmed.ncbi.nlm.nih.gov/33059356
12) https://academic.oup.com/brain/article-abstract/145/9/2967/6648879
13) https://journals.sagepub.com/doi/full/10.1177/2045125320950567
14) https://hal.archives-ouvertes.fr/hal-02491823/document
15) https://journals.sagepub.com/doi/full/10.1177/0269881119857204
16) https://pubmed.ncbi.nlm.nih.gov/30726251
17) https://www.nature.com/articles/s41598-022-14512-3
18) https://www.nature.com/articles/s41598-021-81446-7
19) Hall, K. T. (2022). *Placebos*. The MIT Press.
20) https://www.nytimes.com/2018/11/07/magazine/placebo-effect-medicine.html
21) https://www.theguardian.com/science/2022/oct/08/placebos-expert-kathryn-t-hall-effect-painkillers-interview
22) https://psyarxiv.com/cjfb6
23) https://onlinelibrary.wiley.com/doi/abs/10.1111/adb.13143
24) https://www.nature.com/articles/s41598-021-81446-7
25) https://www.frontiersin.org/articles/10.3389/fphar.2018.00897/full
26) https://www.nejm.org/doi/full/10.1056/nejmoa2032994
27) https://elifesciences.org/articles/62878
28) https://pubmed.ncbi.nlm.nih.gov/33082016
29) https://www.nature.com/articles/s41598-021-01811-4
30) https://lighthouse.mq.edu.au/article/april-2022/clinical-trial-to-test-psychedelics-in-treating-depression
31) https://pubmed.ncbi.nlm.nih.gov/16149323
32) https://pubmed.ncbi.nlm.nih.gov/16149324
33) https://pubmed.ncbi.nlm.nih.gov/16149326

第12章

1) https://publications.parliament.uk/pa/cm200506/cmselect/cmsctech/1031/1031.pdf
2) https://www.thelancet.com/journals/lancet/article/PIIS0140-6736(07)60464-4/fulltext
3) https://assets.publishing.service.gov.uk/government/uploads/system/uploads/attachment_data/file/119088/mdma-report.pdf
4) https://journals.sagepub.com/doi/abs/10.1177/0269881108099672
5) https://publications.parliament.uk/pa/cm201213/cmselect/cmhaff/184/120619.htm
6) https://www.channel4.com/news/articles/uk/jacqui%2Bsmith%2Bin%2Bexpenses%2Brow/2932757.html
7) https://www.theguardian.com/politics/2009/mar/29/jacqui-smith-expenses-film
8) https://www.crimeandjustice.org.uk/sites/crimeandjustice.org.uk/files/Estimating%20drug%20harms.pdf
9) https://www.theguardian.com/politics/2009/nov/02/drug-policy-alan-johnson-nutt

10) https://www.thelancet.com/journals/lancet/article/PIIS0140-6736(10)61462-6/fulltext
11) https://www.nature.com/articles/srep08126?message1
12) https://pubmed.ncbi.nlm.nih.gov/29482434
13) https://www.research.lancs.ac.uk/portal/en/publications/mdmapowder-pills-and-crystal-the-persistance-of-ecstasy-and-the-poverty-of-policy(b9c5030b-cb26-4125-9418-33d996770f65).html
14) https://www.ons.gov.uk/peoplepopulationandcommunity/birthsdeathsandmarriages/deaths/bulletins/deathsrelatedtodrugpoisoninginenglandandwales/2021registrations
15) https://www.justice.gov/archive/ndic/pubs2/2580/odd.htm
16) https://www.ussc.gov/sites/default/files/pdf/news/congressional-testimony-and-reports/drug-topics/200105_RtC_MDMA_Drug_Offenses.pdf
17) https://www.sciencedirect.com/science/article/pii/S0140673698043293
18) https://pubmed.ncbi.nlm.nih.gov/12351788
19) https://www.webmd.com/mental-health/news/20020926/one-night-of-ecstasy-can-damage-brain
20) https://www.ncbi.nlm.nih.gov/pmc/articles/PMC194116
21) https://pubmed.ncbi.nlm.nih.gov/10867554
22) https://www.aclu.org/press-releases/court-rejects-harsh-federal-drug-sentencing-guideline-scientifically-unjustified
23) https://www.aclu.org/sites/default/files/field_document/mccarthy_decision.pdf
24) https://www.courthousenews.com/ecstasy-has-same-legal-penalties-as-cocaine
25) https://www.ncbi.nlm.nih.gov/pmc/articles/PMC1705495
26) https://pubmed.ncbi.nlm.nih.gov/19195429
27) https://jamanetwork.com/journals/jamapsychiatry/fullarticle/1151061
28) https://www.nature.com/articles/npp2011332
29) https://jamanetwork.com/journals/jamapsychiatry/fullarticle/211305
30) https://journals.sagepub.com/doi/abs/10.1177/0269881118767646
31) https://www.ncbi.nlm.nih.gov/pmc/articles/PMC1705495
32) https://pubmed.ncbi.nlm.nih.gov/21646575
33) https://pubmed.ncbi.nlm.nih.gov/34894842
34) https://pubmed.ncbi.nlm.nih.gov/19585107
35) https://pubmed.ncbi.nlm.nih.gov/30579220
36) https://link.springer.com/article/10.1007/s00213-007-0837-5
37) https://pubmed.ncbi.nlm.nih.gov/17548754
38) https://www.drugscience.org.uk/mdma-research
39) https://www.sciencedirect.com/science/article/abs/pii/S0955395919303445?via%3Dihub
40) https://www.theguardian.com/society/2015/mar/22/doctors-urged-to-talk-openly-with-patients-about-drug-taking-for-pleasure
41) https://transformdrugs.org/blog/mdma-history-and-lessons-learned-part-2
42) https://volteface.me/post-pandemic-trends-in-the-uk-mdma-market
43) https://www.dazeddigital.com/artsandculture/article/31093/1/why-are-pills-so-strong-right-now
44) https://www.sciencedirect.com/science/article/abs/pii/S0955395919303445
45) https://volteface.me/post-pandemic-trends-in-the-uk-mdma-market

46) https://www.drugscience.org.uk/drug-checking-the-evidence-is-building
47) https://www.sciencedirect.com/science/article/abs/pii/S0955395921001675
48) https://pubmed.ncbi.nlm.nih.gov/14673568
49) https://www.drugscience.org.uk/drug-information/mdma

第13章

1) https://www.vice.com/en/article/5g984z/why-are-psychedelics-illegal-368
2) https://digitalcommons.buffalostate.edu/cgi/viewcontent.cgi?article=1034&context=exposition
3) https://www.unodc.org/pdf/india/publications/DAIIM_Manual_TTK/3-17.pdf
4) https://www.ncbi.nlm.nih.gov/pmc/articles/PMC4813425
5) https://jamanetwork.com/journals/archneurpsyc/article-abstract/652297
6) https://www.nature.com/articles/1300711
7) https://www.nature.com/articles/npp201786
8) https://pubmed.ncbi.nlm.nih.gov/21842159
9) https://www.tandfonline.com/doi/abs/10.3109/00952999309001618
10) https://jamanetwork.com/journals/jamapsychiatry/article-abstract/490914
11) https://www.thelancet.com/journals/lancet/article/PIIS0140-6736(10)61462-6/fulltext
12) https://www.sciencedirect.com/science/article/abs/pii/S0955395914001728
13) https://journals.sagepub.com/doi/abs/10.1177/0269881121991792
14) https://discovery.ucl.ac.uk/id/eprint/10044586/1/Lawn%20Ketamine_NP_revised_references_WL_5thDec_clean.pdf
15) https://medwinpublishers.com/ACT/ACT16000106.pdf
16) https://www.nytimes.com/2023/02/20/us/ketamine-telemedicine.html
17) https://www.thelancet.com/journals/lanpsy/article/PIIS2215-0366(17)30102-5/fulltext
18) https://www.drugrehab.com/2016/05/20/bill-expands-prescription-drug-monitoring-programs
19) https://pubmed.ncbi.nlm.nih.gov/19836170
20) https://karger.com/nps/article/60/3-4/137/233556/Can-the-Severity-of-Dependence-Scale-Be-Usefully
21) https://pubmed.ncbi.nlm.nih.gov/14533132
22) https://pubmed.ncbi.nlm.nih.gov/36162335
23) https://www.sciencedirect.com/science/article/abs/pii/S0955395914001728
24) https://www.bioscience today.co.uk/results-of-mdma-treatment-trial-for-alcohol-use-disorder-published
25) https://en.wikipedia.org/wiki/Urban_legends_about_drugs_#Babysitter_places_baby_in_the_oven_while_high_on_LSD
26) https://jamanetwork.com/journals/jamapsychiatry/article-abstract/490493
27) https://pubmed.ncbi.nlm.nih.gov/23976938
28) https://pubmed.ncbi.nlm.nih.gov/25586402
29) https://www.bioedonline.org/news/nature-news-archive/no-link-found-between-psychedelics-psychosis
30) https://www.bioedonline.org/news/nature-news-archive/no-link-found-between-

psychedelics-psychosis
31）https://www.semanticscholar.org/paper/Effects-of-mescaline-and-lysergic-acid-(d-LSD-25).-Hoch-Cattell/1fa4f9ea1842d8a80738a77406927eccaba0acf1
32）https://clinicaltrials.gov/ct2/show/NCT03661125
33）https://gtr.ukri.org/projects?ref=MR%2FR005931%2F1
34）https://pubmed.ncbi.nlm.nih.gov/36280752
35）https://journals.sagepub.com/doi/pdf/10.1177
36）https://www.intelligence.senate.gov/sites/default/files/hearings/95mkultra.pdf
37）https://www.smithsonianmag.com/smart-news/what-we-know-about-cias-midcentury-mind-control-project-180962836
38）https://www.sciencenews.org/article/1967-lsd-was-briefly-labeled-breaker-chromosomes
39）https://journals.sagepub.com/doi/abs/10.1177/02698811221117536
40）https://www.psypost.org/2022/10/large-national-survey-suggests-that-the-use-of-psychedelics-is-not-associated-with-lifetime-cancer-development-64070
41）https://pubmed.ncbi.nlm.nih.gov/30548541
42）https://www.theguardian.com/music/2015/nov/10/nick-caves-son-died-from-fall-after-taking-lsd-inquest-hears
43）https://www.psychiatrist.com/read-pdf/39225
44）https://www.nature.com/articles/s41598-022-25658-5
45）https://www.nejm.org/doi/full/10.1056/NEJMoa2206443
46）https://pubmed.ncbi.nlm.nih.gov/8912957
47）https://pubmed.ncbi.nlm.nih.gov/35107059
48）https://assets.publishing.service.gov.uk/government/uploads/system/uploads/attachment_data/file/264677/ACMD_ketamine_report_dec13.pdf
49）https://www.theguardian.com/society/2012/mar/03/louise-death-drugs
50）https://transformdrugs.org/blog/welcoming-our-new-trustee
51）https://www.frontiersin.org/articles/10.3389/fnana.2022.795231/full
52）https://assets.publishing.service.gov.uk/government/uploads/system/uploads/attachment_data/file/119098/ketamine-report.pdf
53）https://pubmed.ncbi.nlm.nih.gov/19133891
54）https://www.tga.gov.au/resources/publication/scheduling-decisions-final/notice-final-decision-amend-or-not-amend-current-poisons-standard-june-2022-acms-38-psilocybine-and-mdma.
55）https://pubmed.ncbi.nlm.nih.gov/35107059

おわりに

１）https://www.ncbi.nlm.nih.gov/pmc/articles/PMC4954394/pdf/579.pdf
２）https://compasspathways.com/our-work/comp360-psilocybin-in-healthy-participants

幻覚剤と精神医学の最前線

2024年10月24日　第1刷発行

著　者　デヴィッド・ナット
訳　者　鈴木ファストアーベント理恵
装幀者　Malpu Design（清水良洋）
本　文
デザイン　Malpu Design（佐野佳子）
発行者　碇　高明
発行所　株式会社 草思社
〒160-0022　東京都新宿区新宿1-10-1
電話　営業 03(4580)7676　編集 03(4580)7680

本文組版　株式会社 キャップス
印刷所　中央精版印刷 株式会社
製本所　大口製本印刷 株式会社
翻訳協力　株式会社 トランネット

ISBN978-4-7942-2740-9 Printed in Japan　検印省略